"十二五"职业教育国家规划教材
经全国职业教育教材审定委员会审定

修订版

高频电子线路

第3版

主　编　郭根芳
参　编　许万里　范莉花　金巧芳

机械工业出版社

本书主要解决无线电广播、电视和通信中发射与接收设备中高频电子线路的有关技术问题，力求符合高职高专的教学特点。

本书是理实一体化教材，内容分为基础理论和实践操作两大部分，分别单独成册。基础理论分册包括第 1 章绪论，第 2 章小信号选频放大器，第 3 章高频功率放大器，第 4 章正弦波振荡器，第 5 章振幅调制、解调与混频电路，第 6 章角度调制与解调电路及第 7 章反馈控制电路；实践操作部分是实验与实训分册，共 14 个实验与实训，与理论知识分册学习配合使用，边学边练。

本书以应用为目的，用工程的观点删繁就简、突出重点，加强基本知识、基本理论和基本电路的分析；在内容取舍上，尽量做到少而精、重点突出、层次分明。每章编有目的和要求、重点和难点、重要知识点、本章小结、思考题与习题，书后附有文字符号及说明。本书在安排实验、实训内容时，力求突出本课程的重点和基本要求，并注意到与工程应用相结合。

本书可作为高职高专院校电子信息类、通信类、无线电技术类等专业的教材，也可供相关工程技术人员参考。

为方便教学，本书有二维码视频、电子课件、思考题与习题答案、模拟试卷及答案等教学资源，凡选用本书作为授课教材的老师，均可通过电话（010-88379564）或 QQ（3045474130）咨询。

图书在版编目（CIP）数据

高频电子线路/郭根芳主编. —3 版.—北京：机械工业出版社，2021. 5（2025. 8 重印）

“十二五”职业教育国家规划教材：修订版

ISBN 978-7-111-69691-9

Ⅰ. ①高…　Ⅱ. ①郭…　Ⅲ. ①高频-电子电路-职业教育-教材　Ⅳ. ①TN710. 2

中国版本图书馆 CIP 数据核字（2021）第 244786 号

机械工业出版社（北京市百万庄大街 22 号　邮政编码 100037）
策划编辑：曲世海　　责任编辑：曲世海
责任校对：李　杉　张　薇　封面设计：马精明
责任印制：常天培
河北虎彩印刷有限公司印刷
2025 年 8 月第 3 版第 5 次印刷
184mm×260mm · 13. 25 印张 · 320 千字
标准书号：ISBN 978-7-111-69691-9
定价：49. 80 元

电话服务　　网络服务
客服电话：010-88361066　　机 工 官 网：www. cmpbook. com
010-88379833　　机 工 官 博：weibo. com/cmp1952
010-68326294　　金 书 网：www. golden-book. com
封底无防伪标均为盗版　　机工教育服务网：www. cmpedu. com

前　言

本书是编者在多年从事高频电子线路教学改革的基础上编写而成的。在编写过程中，编者汲取了各高职高专院校教学改革、教材建设等方面的经验，充分考虑了高职高专学生的特点、知识结构、教学规律和培养目标等要求。

本书在结构安排和内容选取上有以下几个特点：

1）在内容取舍上以高频电子线路的基本知识、基本理论为主线，并注意使之与实用技术有机地结合起来，激发学生的学习兴趣和创新意识。

2）注重体现高职高专教学的特色，淡化理论、注重实践。重点讲清公式及结论的物理意义和应用，简化推导过程，降低理论分析的难度。

3）在知识结构上以“基本概念—基本原理—基本分析方法—典型电路的应用”为思路，注重引导学生掌握高频电子线路的学习方法，培养自学能力。

4）在内容安排上，本书兼顾知识的系统性与完整性，各章又保持相对的独立性，为开放教学和弹性教学留有选择和拓展的空间。

本书由郭根芳任主编，许万里编写第 4 章，范莉花编写第 6 章，金巧芳编写第 7 章，其余内容由郭根芳编写。本书视频资源由范莉花、金巧芳录制，其中，范莉花录制第 1 章、第 2 章、第 4 章、第 5 章、第 6 章，金巧芳录制第 3 章、第 7 章。

在本书的编写过程中，得到了石家庄邮电职业技术学院电信工程系领导的支持和老师们的帮助，在此表示诚挚的感谢。

由于编者水平有限，书中难免存在不足之处，恳请广大读者批评指正。

编　者

二维码索引

目　　录

第 1 章 绪　论

【目的和要求】

了解通信的概念、通信系统的基本组成；掌握无线电发送设备和接收设备组成框图；理解调制和解调的概念；了解无线电波段的划分、无线电波的传播途径；了解本课程的特点和学习方法。

【重点和难点】

- 无线电发送设备与接收设备的组成。
- 无线电波段的划分与传播途径。
- 调制与解调。

1.1　通信与通信系统

1.1.1　通信系统的基本组成

通信的一般定义是发送者与接收者之间信息的传递。用电信号（或光信号）传输信息的系统称为电信系统，也称通信系统。

通信系统的基本组成如图 1-1 所示，它由输入变换器、输出变换器、发送设备、接收设备和信道等组成。

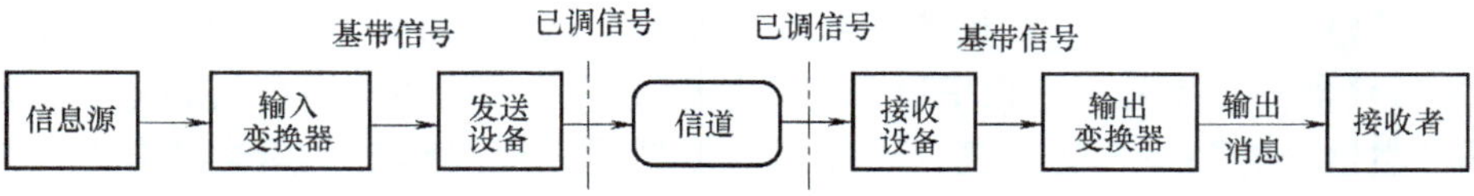

图 1-1　通信系统的基本组成

信息源就是信息的来源，它有不同的形式，如语音、文字、图像及电码等。输入变换器的作用是将来自信息源的输入信息变换成电信号，该电信号称为基带信号。不同的信息源需要不同的变换器，如送话器、摄像机等。

发送设备用来将基带信号进行某种处理并以足够大的功率送入信道，以实现信号的有效传输，其中最主要的处理为调制，发送设备的输出信号为已调信号。

信道是信号传输的通道，又称传输媒介，它大体分为无线信道和有线信道两大类。无线信道包括地球表面、地球大气层及宇宙空间；有线信道包括架空明线、同轴电缆及光缆等。

不同的信道有不同的传输特性，相同的媒介对不同频率信号的传输特性也是不相同的。

接收设备及输出变换器与发送设备及输入变换器的作用相反。从信道传输过来的已调信号由接收设备取出并进行处理，得到与发送端相对应的基带信号（这一过程称为解调）。该基带信号经输出变换器即可复原成原来形式的信息。

通信系统的种类很多，按所用信道的不同可分为有线通信系统和无线通信系统。按传输的基带信号不同可分为模拟通信系统和数字通信系统，前者传输幅度随时间连续变化的信号（模拟信号），而后者传输在时间上离散取值的信号（数字信号）。

1.1.2 无线电发送设备与接收设备

发送和接收设备是通信系统中的核心部分，不同的通信系统，其发送设备和接收设备的组成不尽相同，但基本结构相似。下面以无线电调幅广播系统为例来说明发送设备和接收设备的基本组成。

1. 无线电调幅广播发送设备

图 1-2 为无线电调幅广播发送设备的组成框图。

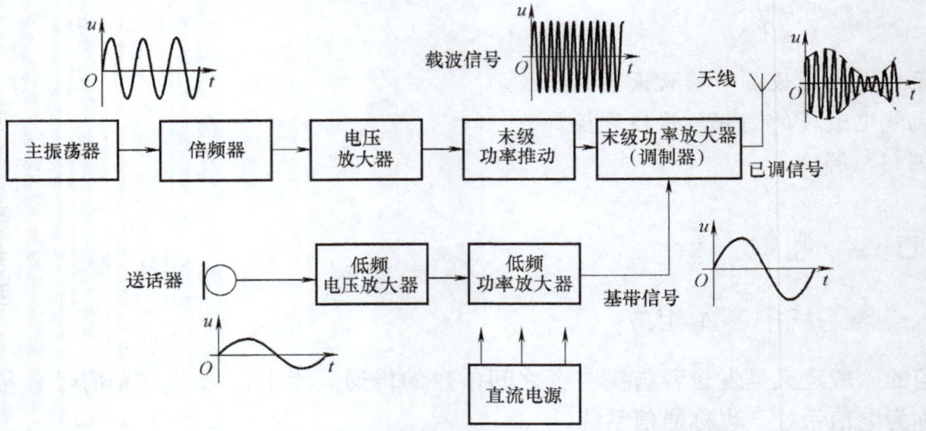

图 1-2 无线电调幅广播发送设备的组成框图

发送设备通常由高频、低频、电源和天线 4 部分组成。

高频部分包括主振荡器、倍频器、电压放大器、末级功率推动和末级功率放大器（调制器）。主振荡器的作用是产生频率稳定的高频振荡信号，现多采用石英晶体振荡器。由于石英晶体产生信号的频率不能太高，因此需用倍频器来提高频率，其输出即为载波频率信号。倍频后的信号还需要多级放大以达到推动末级功率放大器的电平。末级功率放大器（调制器）是将输入的高频载波信号和基带信号（低频调制信号）变换成高频已调信号，并以足够大的功率输送到天线。

低频部分包括送话器（声电变换器）、低频电压放大器、低频功率放大器。该部分用于实现声电变换，将音频信号逐级放大到调制所需要的功率，对末级功率放大器（调制器）进行调制。

电源部分的作用是给各部分电路提供直流电能。

天线部分的作用是把末级功率放大器（调制器）送来的高频已调波信号通过天线以电磁波形式辐射到空间。

2. 无线电调幅广播接收设备

超外差式调幅接收机是一种典型的无线电调幅广播接收设备。图 1-3 为超外差式调幅接收机的组成框图。

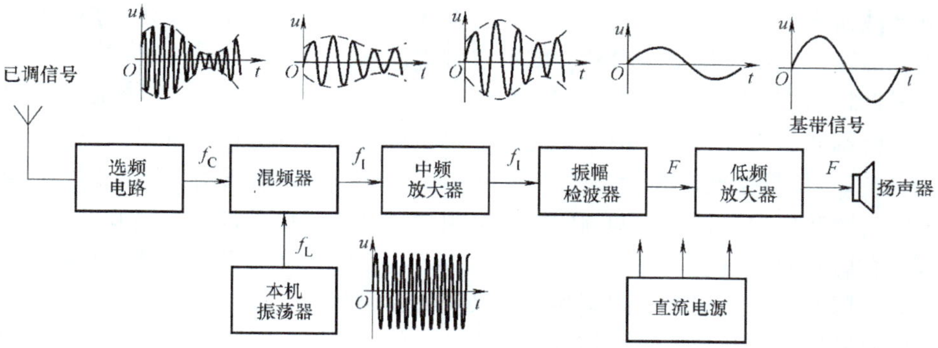

图 1-3 超外差式调幅接收机的组成框图

为了提高接收机的性能，目前常用的收音机、电视机和移动电话等都采用超外差式接收方式，超外差式调幅接收机的结构特点是具有混频器和本机振荡器。混频器的作用是将接收到的不同载波频率转变为固定的中频，即振荡器的振荡频率始终高于外来不同载频信号一个固定的中频，故称超外差。由于中频是固定的，因此中频放大器的选择性、增益都与接收的载频无关，给电路设计带来方便，也可提高接收机的灵敏度、选择性等性能。

图 1-3 中选频电路用来对天线接收的信号进行选频，即选出有用频率信号，抑制其他无用频率信号。选频电路输出载频为 f_C 的已调信号，该信号和本机振荡器所提供的频率为 f_L 的高频等幅信号同时进入混频器，在其输出端就可获得频率较低的中频已调信号，通常取中频频率 $f_I = f_L - f_C$。我国中、短波调幅广播接收机的中频是 465kHz。中频放大器为中心频率固定在 f_I 上的选频放大器，它可以进一步滤除无用信号，并将有用信号放大到合适值。从中频放大器输出的信号经振幅检波器解调，可恢复出原基带信号，再经低频放大器放大后输出，最后由扬声器把电信号转换成声音。

直流电源部分的作用是给各部分电路提供直流电能。

为了有助于理解各组成部分的作用，图 1-3 中画出了单频信号调制时各部分的电压波形。

3. 调制的基本概念

调制是本书重点讨论的内容之一，调制过程对于通信系统至关重要，因为调制方式在很大程度上决定了通信系统可能达到的性能。

在无线通信系统中，电信号是通过天线以电磁波的形式向空间辐射传输的。由天线理论可知，只有当电信号的频率很高，以至它的波长与天线的尺寸相近时，天线才能将电信号转换成电磁波有效地辐射传输。一般基带信号频率很低，而波长很长，例如，语音信号的频率为 300 ~ 3400Hz，其对应的波长为 1000 ~ 88km，试想，如此巨大的天线能否建造出来？答案当然是否定的。此外，无线通信系统要传送的原始信息是多个相同的物理量，如语音信息，将多个语音信息转换成语音信号，传输时它们会在频率域内的信道中彼此重叠、干扰，使接收机无法选择要接收的信号。

可见，要进行无线电通信，必须采用高频振荡信号作为运载工具，使其波长与天线的尺寸相近，将携带信息的低频信号“装载”到高频振荡信号上，这一过程称为调制。不同的发射台采用不同频率的高频振荡信号（称为高频载波）。这样，既解决了天线的尺寸问题，又解决了信号的选择问题。

高频载波通常是一个正弦波振荡信号，有振幅、频率和相位3个参数，用待传输的基带信号去改变高频载波信号的某一参数，就可以实现调制。

1）若用基带信号去改变高频载波信号的振幅，则称为振幅调制，简称调幅（AM）。经调幅获得的已调波称为调幅波。中、短波广播和电视的高频图像信号都是调幅波。

2）若用基带信号去改变高频载波信号的频率，则称为频率调制，简称调频（FM）。经调频获得的已调波称为调频波。调频广播和电视的高频伴音信号都是调频波。

3）若用基带信号去改变高频载波信号的相位，则称为相位调制，简称调相（PM）。经调相获得的已调波称为调相波。调频和调相又统称为调角。

高频载波信号经过基带信号调制后，称为已调信号。

1.1.3 无线电波段的划分和无线电波的传播

1. 无线电波段的划分

目前，无线电通信系统使用的频率范围为几十千赫到几百吉赫，这样宽的高频信号，在信号的产生、放大、发送和接收方法等方面大不一样，特别是不同频率的无线电波的传播方式不相同，应用范围也不相同。为了便于分析和应用，习惯上将无线电的频率范围划分为若干个区域，称为频段，也称波段。

表1-1列出了按波长划分的波段名称、波长范围、频率范围、频段名称和主要用途。

表1-1 波段的划分及用途

波段名称	波长范围	频率范围	频段名称	主要用途
超长波	100～10km	3～30kHz	甚低频（VLF）	语音、电话和数据传送
长波（LW）	10～1km	30～300kHz	低频（LF）	海上船舶通信、海上导航
中波（MW）	1000～100m	0.3～3MHz	中频（MF）	中波广播、业余无线电通信
短波（SW）	100～10m	3～30MHz	高频（HF）	短波广播、军事通信和业余无线电通信
超短波（米波）	10～1m	30～300MHz	甚高频（VHF）	中继通信、电视、调频广播和外空间飞行体通信
微波	100～10cm	0.3～3GHz	特高频（UHF）	电视、雷达、导航、移动通信、蓝牙技术和空间遥测
	10～1cm	3～30GHz	超高频（SHF）	数字通信、微波接力、雷达、卫星和空间通信
	10～1mm	30～300GHz	极高频（EHF）	

无线电波在空间传播的速度与光速相同，为 $c=3\times10^8\mathrm{m/s}$，高频信号的频率 f(单位为Hz) 与其波长 λ(单位为m) 的关系为

$$\lambda=\frac{c}{f} \tag{1-1}$$

由上式可知，因传播速度固定不变，频率越高，波长越短；频率越低，波长越长。

应该说明，波段的划分是很粗略的，因而在各波段之间并没有明显的分界线。所以各波段之间的衔接处，无线电波的特性也无明显的差别。

2. 无线电波的传播

无线电波的传播是无线通信系统的一个重要的环节。无线电波的传播方式可大体分为3种：沿地表绕射传播，称为地波，如图1-4a所示；依靠电离层的折射与反射传播，称为天波，如图1-4b所示；在空间直射传播，称为空间波，如图1-4c所示。频率不同的无线电波其传播方式和传播特点不同。

频率在3MHz以下的电波（如长波和中波）的波长较长，遇到障碍物时绕射能力强，且地面的吸收损耗较小，可沿地表远距离传播，由于地表的电性能在短时间内的变化不会很大，因此这种传播比较稳定，所以长波和中波的通信和广播主要以地波方式传播。

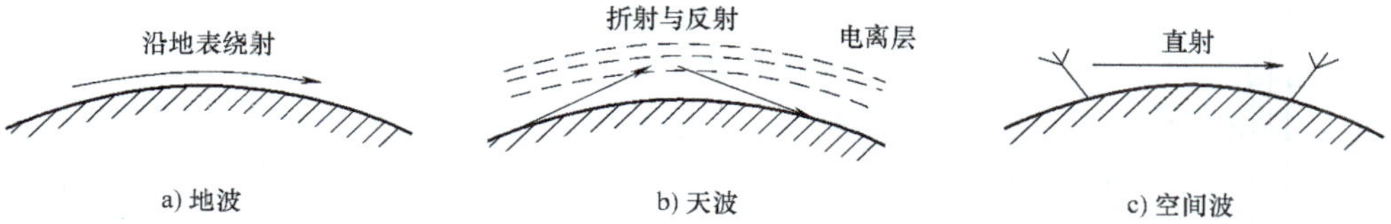

图1-4　无线电波的传播方式

频率在3~30MHz范围内的短波，因波长较短，地面绕射能力弱，且地表吸收损耗较大，这种损耗随电波频率的升高而增加，用地波传播时衰减很快，故不宜沿地表绕射传播，但短波能被天空的电离层折射与反射到远处，因此短波的通信和广播主要以天波的方式传播。但因电离层状态随时间变化而变化，所以电波的传播不稳定。

频率在30MHz以上的电波（如超短波）的波长很短，往往小于地面障碍物（如山峰、建筑物等）的尺寸，不能绕过障碍物，且地面吸收损耗很大，所以不能以地波的方式传播。还有超短波能穿过电离层，即电离层很难折射与反射它，所以也不能以天波的方式传播。因此，超短波只能在空间以直射的方式传播。由于地球表面的弯曲，空间波的传播距离受限于视距范围。架高发射天线，利用通信卫星可以增大其传输距离。

1.2　本课程的主要内容及特点

高频电子线路是低频电子线路的后续课程，是无线电技术、通信技术以及相关专业的一门十分重要的专业基础课。

本课程着重讨论构成发送设备、接收设备的各主要单元电路的电路组成、工作原理、基本分析方法和典型电路，介绍高频小信号放大器、振荡器、高频功率放大器、混频器、振幅调制与解调器、角度调制与解调器、自动增益控制电路（AGC）、自动频率控制电路（AFC）、锁相环路（PLL）及其频率合成电路等。

目前，国内无线电广播使用的无线电波的频段是：一般中波调幅广播为535~1605kHz；短波广播为2~24MHz；调频广播为88~108MHz。电视广播使用的频段为甚高频和特高频两个频段：甚高频段有12个频道，频率范围为48.5~223MHz；特高频段有56个频道，频率范围为470~958MHz。双频GSM手机发射频率范围：GSM900为890~915MHz，带宽25MHz；GSM1800为1710~1785MHz，带宽75MHz。双频GSM手机接收频率范围：GSM900为935~960MHz，带宽25MHz；GSM1800为1805~1880MHz，带宽75MHz。

高频电子线路的“高频”是相对的，究竟高、低频的界定频率值是多少，并无严格定义。如 AM 广播接收机中，接收的载频范围为 535 ~ 1605kHz，相对于音频而言就是高频。一般认为，只要频率高到 PN 结电容及分布参数的影响不能忽略，但可用“路”（集总参数）的概念来分析问题，都归结为高频电子线路的范畴。微波电路则是用“场”（分布参数）的概念来分析电路。本书所讨论的“高频”范畴为几百千赫至几百兆赫。

本课程内容的特点及学习方法：

1）大部分电路属于非线性电路。电路输入、输出信号的频率不一致，能够产生新的频率，即有频率变换作用，如振荡电路、高频功率放大电路、混频电路、振幅调制与检波电路、调频与鉴频电路等。非线性电路分析时不适用叠加定理。

2）各单元之间有关联性。例如，本机振荡电路与混频电路，调制与解调电路，高频振荡与调制电路。学习时应注意信号的传输方向。

3）高频电子线路的分析方法多样，也较为复杂，既有时域分析又有频域分析。理论学习时，电路可采用图解法和解析法来进行分析，但在实际电路中，常采用工程近似解析法。所谓工程近似解析法，就是根据工程实际情况，对器件的数学模型和电路工作条件进行合理地近似，列出电路方程，求解并获得具有实际意义的结果。工程近似解析法的精度虽比较差，但它有助于了解电路工作的物理过程，并能对电路性能进行粗略估算。

同低频电子线路一样，有源器件仍是高频电子线路的核心。但是当信号的频率有较大的变化时，电路的性能会有较大的差异。在低频时，晶体管可以用纯阻性网络模拟，电路大多是线性应用；而在高频段，由于结电容及分布参数不能再忽略，晶体管不可以再用纯阻性网络模拟，因而分析方法会有很大区别。在分析低频电路时，通常采用时域分析方法，而分析高频电路时，由于电路的非线性，仅采用时域分析是不够的，还要进行频域分析。

4）由于高频电子线路的工作频率较高，元器件及电路的分布参数对电路的干扰较严重，因而电路的制作与调试较为困难。

5）本课程与无线电技术、无线电通信联系非常紧密，随着电子技术的飞速发展，新器件、新技术不断涌现，高频电子技术也随之不断更新、变化。学习本课程，应有一定的知识储备，如高等数学、电路基础、模拟电子技术等知识。

6）本课程是一门实践性很强的课程，在学习中要加强实验与实训，通过实践性环节来加强对理论的认识。

重要知识点

- 高频电子线路：所谓高频是一个广义、相对的概念。
- 通信：泛指把信息从发出信息者传送到接收信息者的过程。
- 通信系统：传输信息的系统，是指实现通信过程的全部技术设备和信道的总和。
- 发送设备：将电信号变换为适应于信道传输特性的信号的一种装置。
- 接收设备：其功能与发送设备相反，它是将接收到的电信号恢复成与发送设备输入信号相一致的一种装置。
- 超外差：本机振荡频率（f_L）始终超出接收的不同载波频率（f_C）一个固定的中频（f_I），即中频频率固定不变，$f_I = f_L - f_C$。
- 基带信号：原始信息（声音、图像和文字等）通过变换器变换后的电信号（低频信号）。
- 载波信号：未经调制的高频振荡信号，它好比一个装载和运送基带信号的工具。

- 已调信号：经调制携带有基带信号的高频振荡信号。
- 信道：传输信息的通道，或传输信号的通道。
- 调制：用待传输的基带信号去改变高频载波信号的某一参数的过程。
- 调幅：用基带信号去改变高频载波信号的幅度。
- 调频：用基带信号去改变高频载波信号的频率。
- 调相：用基带信号去改变高频载波信号的相位。
- 地波：电磁波绕着地球弯曲的表面传播。
- 天波：电磁波依靠天空中电离层的折射和反射传播。
- 空间波：电磁波沿空间直线传播。

本章小结

1. 用电信号（或光信号）传输信息的系统称为通信系统，它由信息源，输入变换器、输出变换器，发送设备、接收设备和信道等组成。通信系统的类型很多，利用空间电磁波来传送信号的系统称为无线通信系统。高频电子线路就是研究解决无线电通信、广播、电视中发送设备和接收设备有关高频电路技术问题的学科。

2. 无线电发送设备、接收设备中除了直流电源和低频放大器外，主要是处理高频信号的电路，如高频电压和功率放大器，振荡器、倍频器和混频器，调制和解调器，以及 AGC、AFC 和 PLL 等。

3. 无线电通信是以自由空间作为信道，信号是以电磁波的形式传送的。无线电波的频率相差很大，不同频率的无线电波传播方式不同，应用范围也不同，因此通常把无线电波划分成不同的频段。

4. 为了改善无线通信系统性能，实现信号的有效传输及信道的复用，通信系统中发射设备广泛采用调制技术，调制方式有调幅（AM）、调频（FM）和调相（PM）；接收设备（如收音机、电视机和移动电话）广泛采用超外差式的接收方式。

思考题与习题

1-1 何为通信系统？通信系统由哪些部分组成？各组成部分的作用是什么？

1-2 无线电广播发送设备和接收设备由哪些单元组成？各组成单元的作用是什么？

1-3 通信设备中为什么要采用调制技术？调幅波有何特点？

1-4 无线电波传播方式大体可分为哪几种？各有何特点？

1-5 中波、短波和超短波的波长范围、频率范围是多少？它们的主要用途各是什么？

1-6 什么是调幅？什么是调频？你使用过调幅（AM）和调频（FM）收音机吗？它们接收信号的频率范围是多少？

1-7 超外差式接收机有何特点？为什么要混频？某收音机若接收的中波广播信号频率为 882kHz，中频频率为 465kHz，则收音机的本机振荡频率是多少？

1-8 某电视机在接收 2 频道电视节目时，节目信号的图像载频是 57.75MHz，图像中频载频是 38MHz，问电视机的本机振荡频率是多少？

1-9 某调频广播收音机的本机振荡频率是 98.9MHz，中频频率是 10.7MHz，问该收音机接收的信号载波频率是多少？

1-10 某电视台第 1 套节目电视信号的伴音载波频率是 56.25MHz，问它的波长是多少？

第 2 章 小信号选频放大器

【目的和要求】

掌握并联谐振回路的主要性能；掌握常用的阻抗变换电路及其应用；了解不同形式的滤波器及其应用；熟悉单调谐回路放大器电路的组成及工作原理；掌握单调谐回路放大器的增益、通频带、选择性的计算方法；了解放大电路、谐振回路及滤波器故障的诊断方法。

【重点和难点】

- 并联谐振回路的主要性能、常用的阻抗变换电路及其应用。
- 单调谐回路放大器增益、通频带、选择性的计算。
- 单调谐回路放大器等效电路的变换过程。

在无线电技术中，接收到的有用信号往往会很弱，而这样的有用弱信号又往往与干扰信号同时进入到接收机中。所以在接收端，需要将有用的弱信号选择出来并进行放大，而对其他无用的干扰信号进行抑制。小信号选频放大器就是这样一种常用的选频放大器，它可以有选择地对某一频率的信号进行放大。这里的“小”信号是指放大器的输入信号小，而用于放大的有源器件（晶体管或场效应晶体管）则是在线性范围内工作，即放大不产生失真。

小信号选频放大器广泛用于通信设备的接收机中，多用于高频和中频放大，它是构成无线电通信设备的主要电路，其主要作用是从接收机所接收到的众多的微弱信号中选出所需要的频率分量，滤除不需要的频率分量，并对所滤出的有用频率分量进行放大。所以小信号选频放大器兼具选频和放大的作用，选频网络则是其重要组成部分。

因小信号选频放大器的选频放大对象为高频小信号，所以要求其中心频率较高，而通过的频率范围则相对较小，所以一般都是采用选频网络组成谐振放大器或非谐振放大器。这里所说的谐振放大器，就是采用谐振回路作为负载的放大器。谐振放大器对于靠近谐振点的信号有较大的增益，而对于远离谐振点的信号，其增益则迅速下降，所以谐振放大器既具有放大作用，又具有滤波或选频的作用。而由各种集中选频滤波器和集成放大器组成的各种非调谐窄带和宽带放大器，因其具有结构简单、性能稳定、选择性好、可集成化等优点，被广泛应用于各种通信设备。

高频电子线路中的选频网络分为两种，一种是谐振回路，即由电感和电容元件组成的各种振荡回路；另一种是各种滤波器，如 *LC* 集中滤波器、石英晶体滤波器、陶瓷滤波器及声表面波滤波器等。小信号选频放大器的主要性能在很大程度上取决于选频网络。本章所讨论的小信号选频放大器，因为其输入信号小，所以可认为它工作于晶体管的线性范围，一般工作于甲类状态，可以将其作为线性有源网络来进行分析。

2.1　谐振回路

谐振回路是由电感和电容元件所组成的振荡回路，按照电感、电容与外接信号源连接方式的不同，可分为串联谐振回路和并联谐振回路，前者适用于低内阻电源，而后者则适用于电源内阻较大的情况。谐振回路具有选频作用，当含有不同频率分量的输入信号经过谐振回路时，只选出特定的频率分量，而对其他频率分量则会产生不同程度的抑制作用。在本节中，我们将对并联谐振回路的基本特性进行分析。

2.1.1　并联谐振回路的选频特性

1. 并联谐振回路的基本原理

并联谐振又称为电流谐振。图 2-1a 为并联谐振回路，它由电感线圈 L、电容 C 与电流源 $\dot{I}_S$ 组成，r 为电感线圈的等效损耗电阻，$\dot{U}_o$为并联谐振回路两端输出电压；图 2-1b 为图 2-1a 的变换电路，图 2-1a 中 L、r 的串联支路变换为图 2-1b 中的 L、R_P 的并联支路，R_P 为并联谐振回路谐振时的谐振电阻，其值比 r 值大很多。此时暂不考虑信号源内阻。

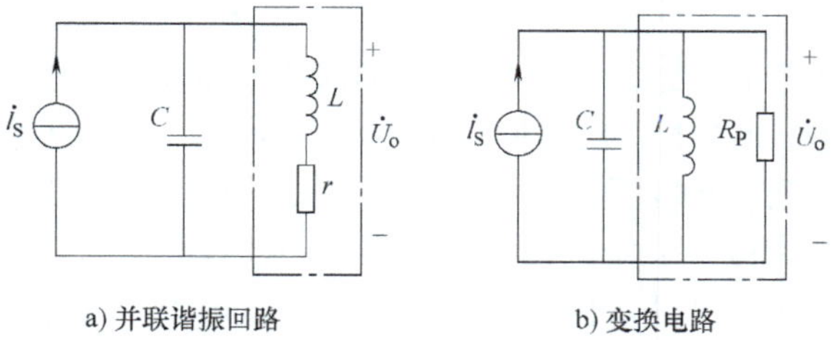

图 2-1　并联谐振回路及其变换电路

在图 2-1a 中，并联谐振回路两端的阻抗为

$$Z=\frac{\dot{U}_o}{\dot{I}_S}=\frac{(r+j\omega L)\dfrac{1}{j\omega C}}{r+j\omega L+\dfrac{1}{j\omega C}}=\frac{(r+j\omega L)\dfrac{1}{j\omega C}}{r+j\left(\omega L-\dfrac{1}{\omega C}\right)} \tag{2-1}$$

因为在实际应用中，$\omega L>>r$，所以由式（2-1）可得

$$Z\approx\frac{\dfrac{L}{C}}{r+j\left(\omega L-\dfrac{1}{\omega C}\right)} \tag{2-2}$$

当 $\omega L-1/\omega C=0$（即 $\omega L=1/\omega C$）时，式（2-2）分母中虚部即为零，此为并联谐振回路的谐振条件，也就是说图 2-1b 中感抗和容抗正好相互抵消，此时并联谐振回路的等效阻抗 Z 为纯电阻，且为最大值，其表达式为

$$Z=R_P=\frac{L}{Cr}=\frac{1}{G_P} \tag{2-3}$$

式中，G_P 为并联谐振回路谐振时的电导。

由并联谐振条件 $\omega L=1/\omega C$ 可得该并联谐振回路的谐振角频率 ω_P 为

$$\omega_P=\frac{1}{\sqrt{LC}} \tag{2-4}$$

频率为

$$f_P = \frac{\omega_P}{2\pi} = \frac{1}{2\pi\sqrt{LC}}$$

在这里引入一个新的概念——回路品质因数 Q_P，其值为并联谐振回路谐振时的感抗或容抗与电感等效损耗电阻的比值，其表达式为

$$Q_P = \frac{\omega_P L}{r} = \frac{1/\omega_P C}{r} \tag{2-5}$$

因为 $\omega_P = \frac{1}{\sqrt{LC}}$，所以又可得

$$Q_P = \frac{1}{r}\sqrt{\frac{L}{C}} = \frac{L}{Cr}\sqrt{\frac{LC^2}{L^2C}} = R_P\sqrt{\frac{C}{L}} \tag{2-6}$$

所以式（2-3）可表示为

$$R_P = \frac{L}{Cr} = \frac{\omega_P^2 L^2}{r} = Q_P\omega_P L = Q_P\frac{1}{\omega_P C} = \frac{1}{r\omega_P^2 C^2} \tag{2-7}$$

由式（2-7）可见，并联谐振回路的谐振电阻等于电感支路或电容支路电抗值的 Q_P 倍，当 $Q_P >> 1$ 时，此时回路呈现很大的电阻。因为此时没有考虑信号源内阻及所带负载，所以此时所得的品质因数也可称为并联谐振回路的空载品质因数（用 Q_0 表示）。

由以上分析可得，并联谐振回路等效阻抗与角频率的关系曲线如图2-2所示。同时，可得并联谐振回路的几个特性：

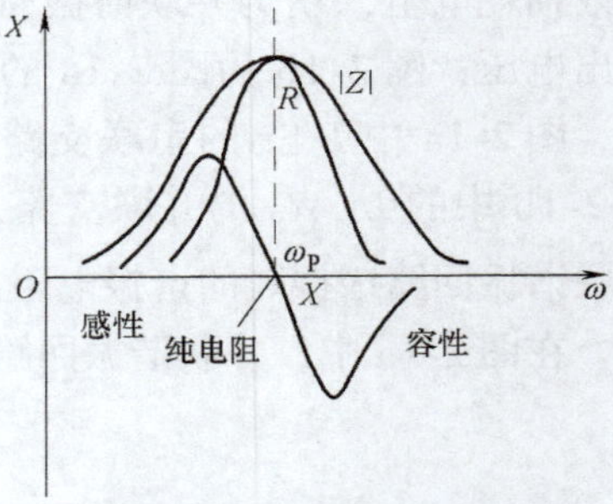

图2-2 并联谐振回路等效阻抗与角频率的关系曲线

1）并联谐振回路的谐振条件为 $\omega L - 1/\omega C = 0$，此时谐振频率为 $f_P = \frac{\omega_P}{2\pi} = \frac{1}{2\pi\sqrt{LC}}$。

2）并联谐振回路谐振时，即 $\omega = \omega_P$ 时，回路阻抗为纯电阻，且其值最大。

3）当 $\omega \neq \omega_P$ 时，并联谐振回路处于失谐状态，即非谐振状态，此时回路的等效阻抗由电阻 R 和电抗 X 两部分组成。当 $\omega > \omega_P$ 时，电抗 X 为容性；$\omega < \omega_P$ 时，电抗 X 为感性。

2. 并联谐振回路的谐振曲线、相位特性与通频带

由图2-1可知，并联谐振回路输出电压 $\dot{U}_o$ 为

$$\dot{U}_o = \dot{I}_S Z = \frac{\frac{L}{C}\dot{I}_S}{r + j\left(\omega L - \frac{1}{\omega C}\right)} = \frac{\frac{L}{Cr}\dot{I}_S}{1 + j\frac{\omega L - \frac{1}{\omega C}}{r}} = \frac{R_P\dot{I}_S}{1 + jQ_P\left(\frac{\omega}{\omega_P} - \frac{\omega_P}{\omega}\right)} \tag{2-8}$$

因为，谐振时 $Z = R_P$，所以谐振时并联谐振回路两端的输出电压 $\dot{U}_P$ 为

$$\dot{U}_P = \dot{I}_S R_P \tag{2-9}$$

将式（2-9）代入式（2-8）可得并联谐振回路输出电压归一化频率特性：

$$\frac{\dot{U}_o}{\dot{U}_P}=\frac{1}{1+jQ_P\left(\frac{\omega}{\omega_P}-\frac{\omega_P}{\omega}\right)}=\frac{1}{1+jQ_P\left(\frac{f}{f_P}-\frac{f_P}{f}\right)} \tag{2-10}$$

由式（2-10）可得并联谐振回路输出电压的幅频特性为

$$\left|\frac{\dot{U}_o}{\dot{U}_P}\right|=\frac{1}{\sqrt{1+\left[Q_P\left(\frac{\omega}{\omega_P}-\frac{\omega_P}{\omega}\right)\right]^2}} \tag{2-11}$$

相频特性为

$$\varphi=-\arctan\left[Q_P\left(\frac{\omega}{\omega_P}-\frac{\omega_P}{\omega}\right)\right] \tag{2-12}$$

通常，对于谐振回路主要研究谐振频率 ω_P 附近的频率特性，所以当外加信号源频率 ω 与回路谐振频率非常接近，即满足 $\omega+\omega_P\approx 2\omega_P$，$\omega-\omega_P\approx\Delta\omega$，$\omega\omega_P\approx\omega_P{}^2$ 时，式（2-11）、式（2-12）可化简为

$$\left|\frac{\dot{U}_o}{\dot{U}_P}\right|\approx\frac{1}{\sqrt{1+\left(Q_P\frac{2\omega_P\Delta\omega}{\omega_P^2}\right)^2}}=\frac{1}{\sqrt{1+\left(Q_P\frac{2\Delta\omega}{\omega_P}\right)^2}}=\frac{1}{\sqrt{1+\left(Q_P\frac{2\Delta f}{f_P}\right)^2}} \tag{2-13}$$

$$\varphi\approx-\arctan\left(Q_P\frac{2\Delta\omega}{\omega_P}\right)=-\arctan\left(Q_P\frac{2\Delta f}{f_P}\right) \tag{2-14}$$

式中，$\Delta\omega(\Delta f)$ 为信号角频率（频率）偏移谐振点的数量；$|\dot{U}_o/\dot{U}_P|$ 反映了回路对偏离谐振频率的抑制能力。

由式（2-13）和式（2-14）可得并联谐振回路幅频特性曲线与相频特性曲线如图 2-3 所示，其中，横坐标参量为 Δf，纵坐标参量分别为 $|\dot{U}_o/\dot{U}_P|$ 与 φ。由图可知：

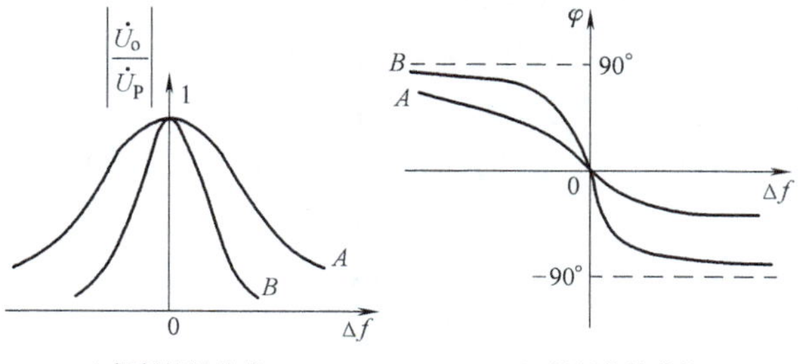

图 2-3　并联谐振回路幅频特性曲线与相频特性曲线

1）并联谐振回路在谐振时，即 $\omega=\omega_P$、$\Delta\omega=0$（$\Delta f=0$）时，幅值最大，相移为零。

2）当 $\omega>\omega_P$ 时，即 $\Delta\omega>0(\Delta f>0)$ 时，回路呈容性，相移为负值，且最大负值趋于 $-90°$。

3）当 $\omega<\omega_P$ 时，即 $\Delta\omega<0(\Delta f<0)$ 时，回路呈感性，相移为正值，且最大值趋于 $90°$。

图 2-3 中，给出了不同品质因数 Q_P 下的幅频特性曲线和相频特性曲线，其中，B 曲线

所对应的 Q_P 值要大于 A 曲线所对应的 Q_P 值，即说明 Q_P 越大则幅频特性曲线就越尖锐，相频特性曲线就越陡峭。

现在来研究并联谐振回路的通频带（$BW_{0.7}$）。所谓并联谐振回路的通频带，就是当回路的 $|\dot{U}_o/\dot{U}_P|$ 由谐振点最大值 1.0 下降为 $1/\sqrt{2}$（0.707）时所确定的频带宽度，通常用 $BW_{0.7}$ 表示，其值衡量了谐振回路的选择性，通频带越窄则并联谐振回路的选择性就越好，反之则越差。并联谐振回路的通频带示意图如图 2-4 所示。

由通频带含义可得

$$\left|\frac{\dot{U}_o}{\dot{U}_P}\right| = \frac{1}{\sqrt{2}} = \frac{1}{\sqrt{1+\left(Q_P\dfrac{2\Delta f_{0.7}}{f_P}\right)^2}}$$

其中，$2\Delta f_{0.7}$ 为 $|\dot{U}_o/\dot{U}_P|$ 为 0.707 时所对应的频带宽度，所以 $1+\left(Q_P\dfrac{2\Delta f_{0.7}}{f_P}\right)^2=2$，由此可得 $Q_P\dfrac{2\Delta f_{0.7}}{f_P}=1$，所以此时并联谐振回路的通频带为

$$BW_{0.7} = 2\Delta f_{0.7} = \frac{f_P}{Q_P} \tag{2-15}$$

可见，并联谐振回路的通频带 $BW_{0.7}$ 与谐振频率 f_P 成正比，与品质因数 Q_P 成反比。并联谐振回路品质因数 Q_P 越大，则幅频特性曲线就越尖锐，相频特性曲线就越陡峭，而通频带就越窄，回路的选择性越好。

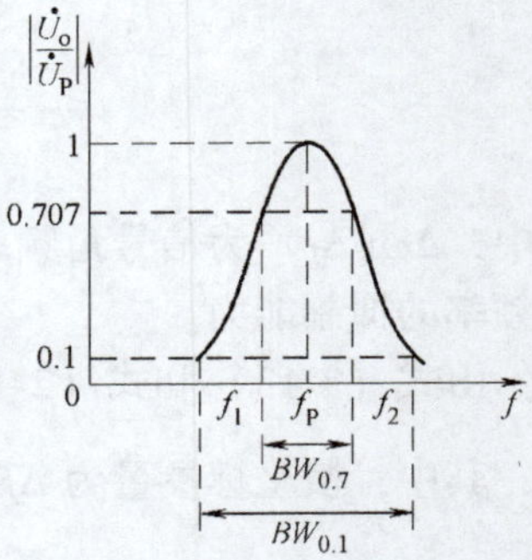

图 2-4　并联谐振回路的通频带示意图

在实际应用中，通常希望谐振回路对信号的选择能力越强越好，使通频带以内的频率分量具有相同的输出特性，通频带以外的频率分量则输出为零，这就要求所采用的谐振回路的幅频特性具有矩形特性，但这一想法只能在理论上实现。实际中，通常要求幅频特性曲线尽可能与矩形形状相似。为了表明二者的近似程度，在这里引入矩形系数（$K_{0.1}$）这一参数，它表征了放大器选择性的好坏，而选择性则是表示选取有用信号、抑制无用信号的能力，$K_{0.1}$ 的表达式为

$$K_{0.1} = \frac{BW_{0.1}}{BW_{0.7}} \tag{2-16}$$

式中，$BW_{0.1}$ 为谐振回路的 $|\dot{U}_o/\dot{U}_P|$ 由谐振点最大值 1.0 下降为 0.1 时所确定的频带宽度，其示意图如图 2-4 所示。

由式（2-16）可知，$K_{0.1}$ 越接近于 1，则并联谐振回路的幅频特性曲线越接近于矩形形状，谐振回路的选择性就越好。这也就是说当回路的 $|\dot{U}_o/\dot{U}_P|$ 由谐振点最大值 1.0 下降为 $1/\sqrt{2}$（即 0.707）时所对应的频带宽度与 $|\dot{U}_o/\dot{U}_P|$ 由谐振点最大值 1.0 下降为 0.1 时所对应的频带宽度相同时，即图 2-4 中的 $BW_{0.7}$ 与 $BW_{0.1}$ 的宽度相同时，该谐振回路的幅频特性曲线为矩形形状，回路将获得理想的选择性，同时降低了频率的失真。

例 2-1　并联谐振回路如图 2-1a 所示，已知 $L=210\mu\text{H}$，$C=120\text{pF}$，$r=15\Omega$。求该并联谐振回路的谐振频率 f_{P}、品质因数 Q_{P}、谐振电阻 R_{P}、通频带 $BW_{0.7}$。

解：
$$f_{\text{P}}=\frac{1}{2\pi\sqrt{LC}}=\frac{1}{2\pi\sqrt{210\times10^{-6}\times120\times10^{-12}}}\text{Hz}\approx1\text{MHz}$$

$$Q_{\text{P}}=\frac{1}{r}\sqrt{\frac{L}{C}}=\frac{1}{15}\sqrt{\frac{210\times10^{-6}}{120\times10^{-12}}}\approx88$$

$$R_{\text{P}}=\frac{L}{Cr}=\frac{210\times10^{-6}}{120\times10^{-12}\times15}\Omega\approx117\text{k}\Omega$$

$$BW_{0.7}=\frac{f_{\text{P}}}{Q_{\text{P}}}=\frac{1\times10^{6}}{88}\text{Hz}\approx11.4\text{kHz}$$

2.1.2　阻抗变换电路

在前面所讨论的并联谐振回路中并没有考虑信号源内阻和负载，而在实际应用中，并联谐振回路必须与信号源及负载相连接，这将使整个谐振回路的选择性变差，因此为了减小信号源及负载的影响，在并联谐振回路中往往采用阻抗变换的方法，使信号源或负载不直接并入回路的两端，而是经过一些简单的变换电路将其折算到回路两端。本小节将首先介绍信号源内阻及负载对谐振回路的影响，进而研究常见的几种阻抗变换电路。

1. 信号源内阻和负载的影响

图 2-5a 为带有信号源内阻及负载的并联谐振回路，图 2-5b 为其等效电路，图 2-5c 为最后的简化电路。图 2-5a 中，R_{S} 为信号源内阻，R_{L} 为负载电阻，r 为电感 L 的等效损耗电阻。其中，A 部分为电压源及其内阻的串联支路；B 部分为前面所讨论的并联谐振回路。图 2-5b 中，A′为 A 的等效变化——电流源及其内阻的并联支路；B′为 B 的变换电路，它是与图 2-1b 一致的并联谐振回路的变换电路，在 B′中，R_{P} 为无信号源内阻及负载的并联谐振回路的谐振电阻。

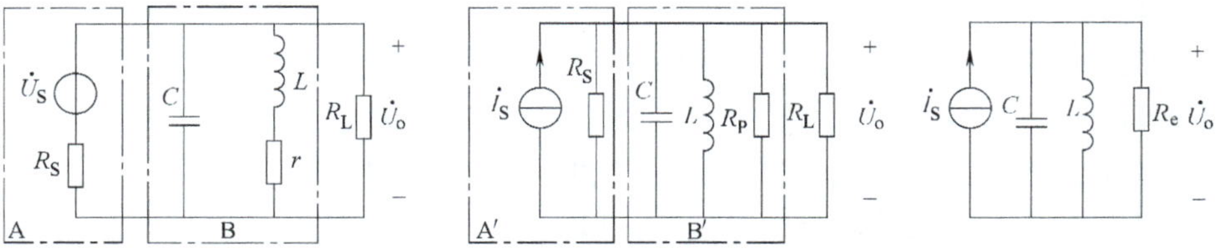

a) 带信号源内阻和负载的并联谐振回路　　b) 等效电路　　c) 简化电路

图 2-5　带信号源内阻及负载的并联谐振回路

在图 2-5c 中，R_{e} 为信号源内阻 R_{S}、负载电阻 R_{L} 及 R_{P} 的并联等效电阻，其值为

$$R_{\text{e}}=R_{\text{S}}\mathbin{/\!/}R_{\text{P}}\mathbin{/\!/}R_{\text{L}}\tag{2-17}$$

所以，由等效电阻 R_{e} 可得此并联谐振回路的有载品质因数 Q_{e} 为

$$Q_{\text{e}}=R_{\text{e}}\sqrt{\frac{C}{L}}\tag{2-18}$$

此时的通频带 $BW_{0.7}$ 为

$$BW_{0.7}=\frac{f_P}{Q_e} \tag{2-19}$$

因为 R_e 小于 R_P，所以由式（2-18）可知，有载品质因数 Q_e 小于空载品质因数 Q_0，因为品质因数下降，所以谐振回路的选择性变差，通频带变宽。

例 2-2 并联谐振回路如图 2-5a 所示。已知电感 $L=390\mu H$，电容 $C=300pF$，空载品质因数 $Q_0=100$，信号源内阻 $R_S=100k\Omega$，负载电阻 $R_L=200k\Omega$，求该谐振回路的谐振频率 f_P、谐振电阻 R_e、有载品质因数 Q_e、通频带 $BW_{0.7}$。

解：首先对此并联谐振回路进行变换，可得图 2-5b 所示等效电路。

1）$f_P=\dfrac{1}{2\pi\sqrt{LC}}=\dfrac{1}{2\pi\sqrt{390\times10^{-6}\times300\times10^{-12}}}\text{Hz}\approx466\text{kHz}$

2）因为 $R_e=R_S/\!/R_P/\!/R_L$，且已知 $R_S=100k\Omega$，负载电阻 $R_L=200k\Omega$，则需求 R_P。由式（2-6）变换可得

$$R_P=Q_0\sqrt{\frac{L}{C}}=100\sqrt{\frac{390\times10^{-6}}{300\times10^{-12}}}\Omega\approx114k\Omega$$

所以谐振电阻 $R_e=R_S/\!/R_P/\!/R_L=\dfrac{1}{1/100+1/114+1/200}k\Omega\approx42k\Omega$

3）$Q_e=R_e\sqrt{\dfrac{C}{L}}=42\times10^3\sqrt{\dfrac{300\times10^{-12}}{390\times10^{-6}}}\approx36.8$

4）$BW_{0.7}=\dfrac{f_P}{Q_e}=\dfrac{466\times10^3}{36.8}\text{Hz}\approx12.7\text{kHz}$

由例 2-2 计算过程及结果可知，信号源内阻及负载的引入使并联谐振回路总的谐振电阻减小，从而使有载品质因数减小，品质因数由空载时的 100 降为有载时的 36.8，这样，整个并联谐振回路的通频带就随之变宽，回路的选择性变差。因为信号源内阻及负载的存在直接影响了回路的选择性，所以在实际应用中应采用一定的方法减小二者的影响。

2. 常见阻抗变换电路

由信号源内阻及负载对谐振回路的影响可知，因信号源内阻及负载的存在，谐振回路的品质因数下降、通频带变宽、选择性变差，所以在实际应用中，为了保证回路有较高的选择性，就要减小信号源内阻及负载的影响。常用于减小信号源内阻及负载影响的方法有：增大信号源内阻及负载的阻值，从而提高品质因数；采用阻抗变换电路。常用的阻抗变换电路有变压器阻抗变换电路、电感分压阻抗变换电路及电容分压阻抗变换电路。

下面首先介绍串、并联阻抗的等效互换，进而讨论常用的阻抗变换电路。

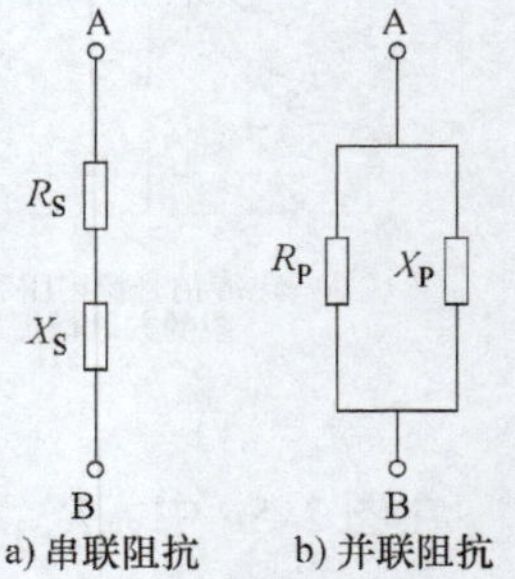

图 2-6 串、并联等效阻抗的互换

图 2-6 为串、并联等效阻抗的互换，所谓等效阻抗互换即为图中 A、B 端的阻抗相等。

若将图 2-6b 所示并联阻抗变换为图 2-6a 所示串联阻抗，可得

$$R_S+jX_S=\frac{R_P(jX_P)}{R_P+jX_P}=\frac{X_P^2}{R_P^2+X_P^2}R_P+j\frac{R_P^2}{R_P^2+X_P^2}X_P$$

所以可得

$$R_S = \frac{X_P^2}{R_P^2 + X_P^2}R_P = \frac{R_P}{1 + Q_P^2} \tag{2-20}$$

$$X_S = \frac{R_P^2}{R_P^2 + X_P^2}X_P = \frac{Q_P^2}{1 + Q_P^2}X_P \tag{2-21}$$

式中，Q_P 为并联谐振回路的品质因数，且 $Q_P = \frac{R_P}{X_P}$。

若将图 2-6a 所示串联阻抗变换为图 2-6b 所示并联阻抗，可得

$$\frac{1}{R_S + jX_S} = \frac{1}{R_P} + \frac{1}{jX_P}$$

所以可得

$$R_P = \frac{R_S^2 + X_S^2}{R_S} = (1 + Q_S^2)R_S \tag{2-22}$$

$$X_P = \frac{R_S^2 + X_S^2}{X_S} = \left(1 + \frac{1}{Q_S^2}\right)X_S \tag{2-23}$$

式中，Q_S 为串联谐振回路的品质因数，且 $Q_S = \frac{X_S}{R_S}$，其值与 Q_P 相等。

在这里，读者可以运用串、并联的阻抗变换来自行推导前面所介绍的并联谐振回路的 L、r 串联支路变换为 L、R_P 并联支路的过程。同时，由串、并联阻抗变换可以得到，串联电路变换为并联电路后，X_P 与 X_S 性质相同，并且在高品质因数 Q 的条件下，二者大小也相同；而串联支路较小的电阻 R_S（即 r）则通过串、并联阻抗变换转换为较大的 R_P。

图 2-7 为常见的阻抗变换电路。图 2-7a 为变压器阻抗变换电路。N_1、N_2 分别为变压器一、二次绕组匝数，L_1、L_2 分别为一、二次电感量值，R_L 为 3-4 端（低端）所接的负载电阻，R_L'为将 R_L 从 3-4 端（低端）折算到 1-2 端（高端）时所得的等效负载电阻。

图 2-7b 为电感分压阻抗变换电路。其中，$L_{1\text{-}2}$、$N_{1\text{-}2}$为 1-2 端的电感量值及线圈匝数，$L_{2\text{-}3}$、$N_{2\text{-}3}$为 2-3 端的电感量值及线圈匝数，M 为 $L_{1\text{-}2}$、$L_{2\text{-}3}$的互感量，R_L 为 2-3 端（低端）所接的负载电阻，R_L'为将 R_L 从 2-3 端（低端）折算到 1-3 端（高端）时所得的等效负载电阻。

图 2-7c 为电容分压阻抗变换电路。其中，C_1、C_2 为分压电容，分别接在 1-2 端、2-3 端。R_L 为 2-3 端（低端）所接的负载电阻，R_L'为将 R_L 从 2-3 端（低端）折算到 1-3 端（高端）时所得的等效负载电阻。

这 3 个电路有一个共同的特点，即负载 R_L 不直接接入回路两端，而是与回路的一部分相接，因此叫“部分接入”，或由抽头接入。

在相同的阻抗变换电路中，不改变回路参数，而只要改变抽头的位置即可获得不同的接入系数 p。接入系数为抽头部分电压与回路总电压之比，表示接入部分所占的比例。

图 2-7a 中，若将 3-4 端的负载电阻 R_L 折算到 1-2 端，则接入系数 $p = \frac{N_2}{N_1} = \frac{\dot{U}_2}{\dot{U}_1} = \frac{\dot{I}_1}{\dot{I}_2}$。

图 2-7b 中，若将 2-3 端的负载电阻 R_L 折算到 1-3 端，则接入系数 $p = \frac{N_{2\text{-}3}}{N_{1\text{-}2} + N_{2\text{-}3}} =$

$$\frac{L_{2\text{-}3}+M}{L_{1\text{-}2}+L_{2\text{-}3}+2M}=\frac{\dot{U}_2}{\dot{U}_1}。$$

图 2-7c 中，若将 2-3 端的负载电阻 R_L 折算到 1-3 端，则接入系数 $p=\frac{C_1}{C_1+C_2}=\frac{\dot{U}_2}{\dot{U}_1}$。

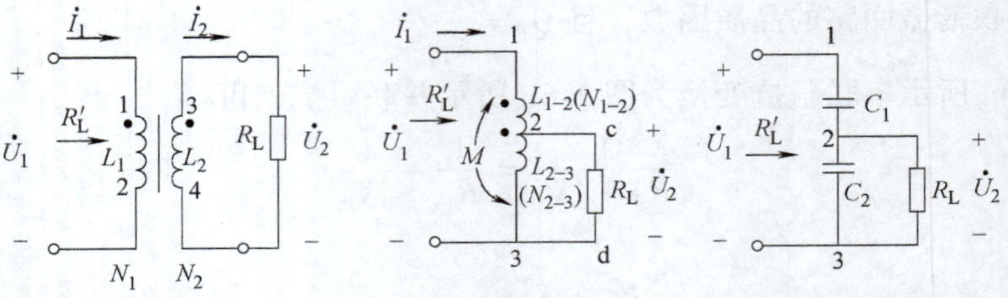

a) 变压器阻抗变换电路　b) 电感分压阻抗变换电路　c) 电容分压阻抗变换电路

图 2-7　常见的阻抗变换电路

由以上分析可知，接入系数 p 的值小于 1。在以上的阻抗变换电路中，可根据 R_L、R'_L 上所消耗的功率相同的原理得到二者的关系表达式为

$$R'_L=\frac{1}{p^2}R_L \text{ 或 } g'_L=p^2g_L \tag{2-24}$$

式中，g'_L、g_L 分别为 R'_L、R_L 的电导。

由式（2-24）可知，在阻抗变换电路中，若由低端向高端转换，则等效阻抗提高；若由高端向低端转换，则等效阻抗降低。所以，可得阻抗电路中高、低端间阻抗关系式为

$$Z_{\text{低端}}=p^2Z_{\text{高端}} \text{ 或 } Z_{\text{高端}}=\frac{1}{p^2}Z_{\text{低端}} \tag{2-25}$$

例 2-3　如图 2-8 所示电路，已知 $f_P=30\text{MHz}$，$C=20\text{pF}$，电感 $L_{1\text{-}3}$ 的空载品质因数 $Q_0=60$，$N_{1\text{-}2}=6$ 匝，$N_{2\text{-}3}=4$ 匝，$N_{4\text{-}5}=3$ 匝，$R=10\text{k}\Omega$，$R_i=2.5\text{k}\Omega$，$R_L=830\Omega$，$C_i=9\text{pF}$，$C_L=12\text{pF}$，求 $L_{1\text{-}3}$、Q_e。

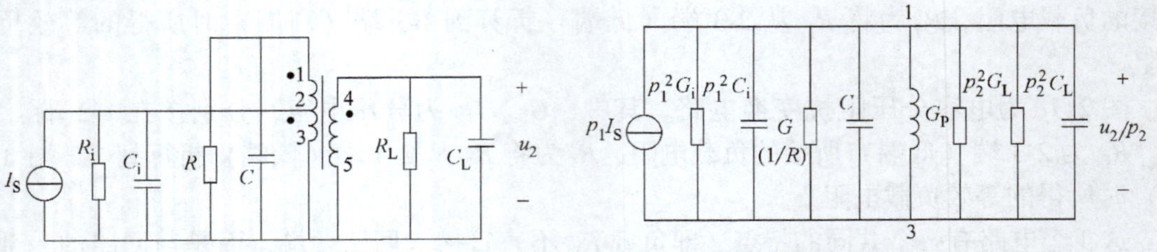

a) 电路　b) 折算到 1–3 端的等效电路

图 2-8　例 2-3 题图

解： 图 2-8a 包含了两个阻抗变换电路，一个是 1-3 端和 4-5 端的变压器阻抗变换电路；另一个是 2-3 端和 1-3 端的电感分压阻抗变换电路。所以要对此电路进行相应的计算，就必须将所有的参量折算到相同的抽头上。可以将 1-3 端、4-5 端均折算到 2-3 端进行计算；也可以将 2-3 端、4-5 端均折算到 1-3 端进行计算，在这里选择后一种方法。

根据电感分压阻抗变换电路基本原理，将 2-3 端的 I_S、R_i、C_i 折算到 1-3 端，设其接入

系数为 p_1，所以可得 p_1I_S、$p_1^2G_i$、$p_1^2C_i$，其中 G_i 为 $1/R_i$。

根据变压器阻抗变换电路基本原理，将 4-5 端的 R_L、C_L 折算到 1-3 端，设其接入系数为 p_2，所以可得 $p_2^2G_L$、$p_2^2C_i$，其中 G_L 为 $1/R_L$。

因为电感 $L_{1\text{-}3}$ 的空载品质因数 $Q_0=60$，所以可得空载时的并联谐振电导 G_P。

可得如图 2-8b 所示的等效电路，即可进行如下计算：

1）$p_1=\dfrac{N_{2\text{-}3}}{N_{1\text{-}3}}=\dfrac{4}{6+4}=0.4$，$p_2=\dfrac{N_{4\text{-}5}}{N_{1\text{-}3}}=\dfrac{3}{6+4}=0.3$，所以可得

$$C_\Sigma=p_1^2C_i+C+p_2^2C_L=(0.4^2\times 9\times 10^{-12}+20\times 10^{-12}+0.3^2\times 12\times 10^{-12})\text{F}=22.52\text{pF}$$

因为 $f_P=\dfrac{1}{2\pi\sqrt{L_{1\text{-}3}C_\Sigma}}$，所以可得

$$L_{1\text{-}3}=\frac{1}{(2\pi f_P)^2C_\Sigma}=\frac{1}{(2\times 3.14\times 30\times 10^6)^2\times 22.52\times 10^{-12}}\text{H}\approx 1.25\mu\text{H}$$

2）$G_P=\dfrac{1}{\omega_PL_{1\text{-}3}Q_0}=\dfrac{1}{2\times 3.14\times 30\times 10^6\times 1.25\times 10^{-6}\times 60}\text{S}\approx 70.7\mu\text{S}$

所以

$$\begin{aligned}G_\Sigma&=p_1^2G_i+G+G_P+p_2^2G_L\\&=\left(0.4^2\times\frac{1}{2.5\times 10^3}+70.7\times 10^{-6}+\frac{1}{10\times 10^3}+0.3^2\times\frac{1}{830}\right)\text{S}\\&\approx 343\mu\text{S}\end{aligned}$$

所以

$$Q_e=\frac{1}{\omega_PL_{1\text{-}3}G_\Sigma}=\frac{1}{2\times 3.14\times 30\times 10^6\times 1.25\times 10^{-6}\times 343\times 10^{-6}}\approx 12.37$$

对于阻抗变换电路来说，最重要的是要分析清楚电路的变换过程，要将所有的元件都折算到统一的回路中，应清楚变换是从高端到低端，还是由低端到高端，明确接入系数，然后再进行相应的分析与计算。

2.2　小信号谐振放大器

小信号谐振放大器的种类很多，若按照谐振回路分，则可分为单谐振回路谐振放大器、双谐振回路谐振放大器以及参差调谐谐振放大器；若按照晶体管连接的方法分，则可分为共基极单谐振回路谐振放大器、共集电极单谐振回路谐振放大器和共发射极单谐振回路谐振放大器等。本小节首先讨论由 LC 谐振回路和放大器件组成的单谐振回路谐振放大器，然后再介绍多级单谐振回路谐振放大器。

2.2.1　单谐振回路谐振放大器

晶体管在高频工作时，电流放大系数与频率有关，因此高频晶体管的分析常采用两种等效电路：Y 参数等效电路（形式等效电路）和混合 π 形等效电路（物理模拟等效电路）。本章采用 Y 参数等效电路来对晶体管进行分析。

图 2-9 为单谐振回路谐振放大器的原理电路及其等效电路。其中图 2-9b 中的晶体管等

效电路即为晶体管 Y 参数等效电路，它把晶体管看作一有源线性四端网络。

在图 2-9a 中，V_{BB}、V_{CC}提供能量，保证晶体管工作点合适。LC 单谐振回路构成集电极负载，调谐于放大器的中心频率，此时晶体管工作于甲类状态，晶体管的作用可用 Y 参数来表示。在此电路中，LC 谐振回路（1-3 端）与下级负载 G_L（4-5 端）构成变压器阻抗变换电路，而其与本级集电极电路（2-3 端）则构成电感分压阻抗变换电路，这种电路形式可减弱本级输出导纳与下级晶体管输入导纳对 LC 谐振回路的影响，并通过线圈匝数的合理选择实现负载导纳与输出导纳的匹配，从而获得最大的功率增益。

图 2-9b 中，左侧点画线框内的晶体管为其 Y 参数表示形式，g_{i1}、C_{i1}分别为本级晶体管的输入电导和输入电容；g_m 为晶体管的跨导；g_{o1}、C_{o1} 为本级晶体管的输出电导和输出电容。负载 G_L 为导纳形式，其通常为下一级晶体管的输入导纳，其表达式为 $G_L = g_{i2} + j\omega C_{i2}$。

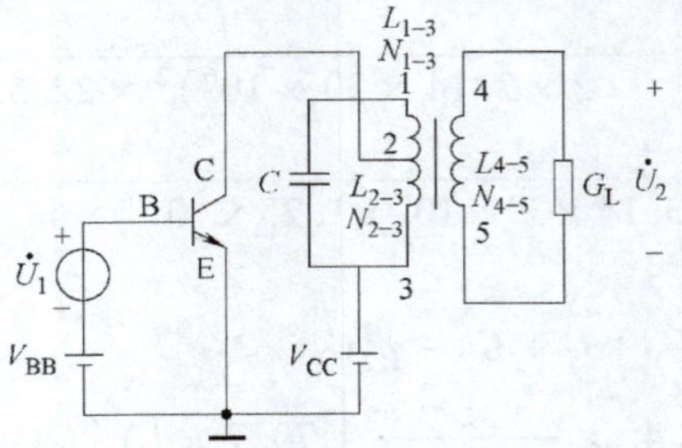

a) 原理电路

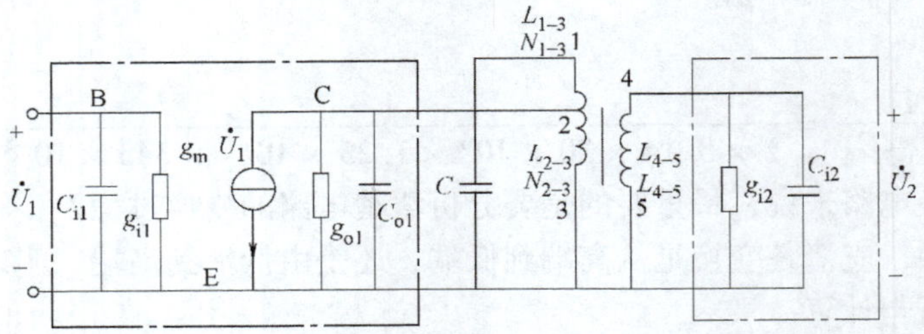

b) 等效电路

图 2-9　单谐振回路谐振放大器的原理电路及其等效电路

现在将图 2-9b 所示等效电路进行变换，将 2-3 端的本级集电极电路折算到 1-3 端，接入系数为 $p_1 = N_{2\text{-}3}/N_{1\text{-}3}$；4-5 端的下一级负载折算到 1-3 端，接入系数为 $p_2 = N_{4\text{-}5}/N_{1\text{-}3}$，所以最终可得折算到 1-3 端的等效电路如图 2-10a 所示。图 2-10a 中，点画线框①内部分为 2-3 端的本级集电极电路折算到 1-3 端的等效电路；点画线框②内部分即为 4-5 端的下一级负载折算到 1-3 端的等效电路，图中所标注的参量值是不同阻抗变换电路在变换过程中乘以不同的接入系数后得到的；点画线框③内为 LC 并联谐振回路，其中 G_P 为谐振回路谐振电导，其值为$1/R_P$。

通过分析，可最终将电路整理为图 2-10b，则整个并联谐振回路的总导纳为

$$Y = G_P + p_1^2(g_{o1} + j\omega C_{o1}) + p_2^2(g_{i2} + j\omega C_{i2}) = G_P + p_1^2 Y_{o1} + p_2^2 Y_{i2}$$

式中，$Y_{o1} = g_{o1} + j\omega C_{o1}$；$Y_{i2} = g_{i2} + j\omega C_{i2}$。

当输入信号在谐振频率点谐振时，$Y = G_P + p_1^2 g_{o1} + p_2^2 g_{i2} = G'_p$，为纯电阻，此时谐振放大器的输出电压将达到最大值，电路获得最大电压增益，即可得谐振电压增益（或称放大倍

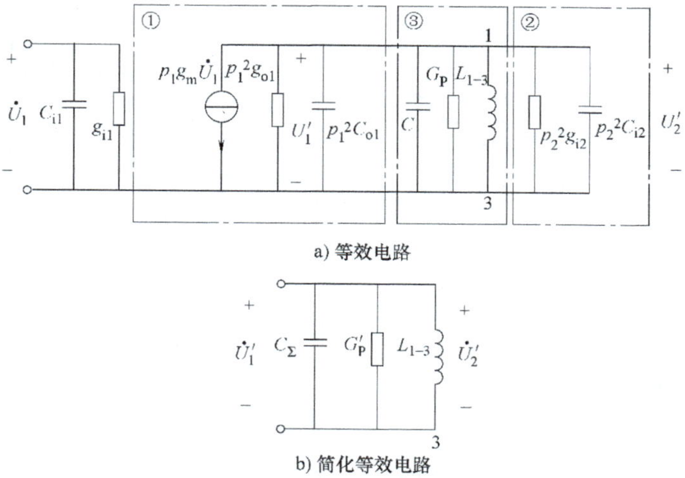

a) 等效电路

b) 简化等效电路

图 2-10 单谐振回路谐振放大器折算到 1-3 端的等效电路

数）$\dot{A}_{u0}$为

$$\dot{A}_{u0}=-\frac{p_1p_2g_m}{G_P+p_1^2g_{o1}+p_2^2g_{i2}}=-\frac{p_1p_2g_m}{G_P'}\tag{2-26}$$

当非谐振时，谐振电压增益将下降为

$$\dot{A}_u=-\frac{p_1p_2g_m}{Y}\tag{2-27}$$

因此，可得放大器增益的频率特性为

$$\frac{\dot{A}_u}{\dot{A}_{u0}}=\frac{1}{\sqrt{1+\left(Q_e\frac{2\Delta f}{f_P}\right)^2}}\tag{2-28}$$

式中，f_P 为回路的谐振频率，$f_P=\dfrac{1}{2\pi\sqrt{L_{1\text{-}3}C_\Sigma}}$；$\Delta f=f-f_P$；$Q_e$ 为回路的有载品质因数，$Q_e=\dfrac{\omega_PC_\Sigma}{G_P'}=\dfrac{1}{\omega_PL_{1\text{-}3}G_P'}$。

因此，可得该谐振放大器的通频带为 $BW_{0.7}=\dfrac{f_P}{Q_e}$，其含义是指输入信号的频率在通频带内的信号为正常放大，而输入信号的频率在通频带外的信号不能正常放大，即电压增益小，可近似认为不能通过放大器；$\Delta f=f-f_P$ 为工作频率对谐振频率 f_P 的失谐，是回路的绝对失谐量。

由式（2-28）可知，单谐振回路谐振放大器的 Q_e 越高，则通频带越窄，该谐振放大器的选择性就越好。但是，单谐振回路谐振放大器的主要缺点是其矩形系数远大于 1，其谐振曲线与矩形相差很远，所以其邻频道选择性差。

例 2-4 如图 2-11a 所示。晶体管的直流工作点是 $U_{CE}=8\text{V}$，$I_E=2\text{mA}$；工作频率为 $f_P=10.7\text{MHz}$；谐振回路采用中频变压器，$L_{1\text{-}3}=4\mu\text{H}$，$Q_0=100$，其抽头 $N_{2\text{-}3}=5$ 匝，$N_{1\text{-}3}=20$ 匝，$N_{4\text{-}5}=5$ 匝。求电压增益、通频带。

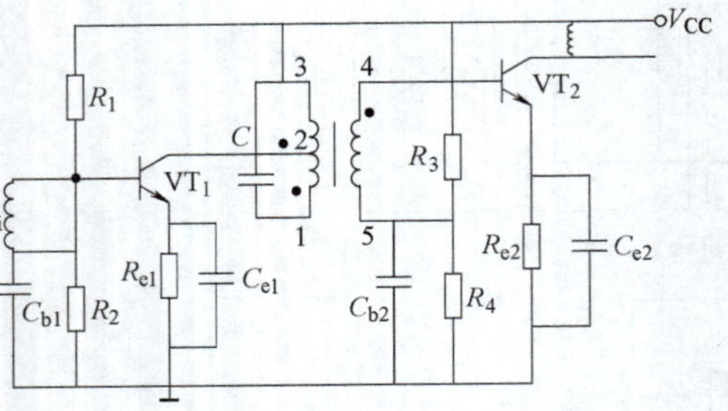

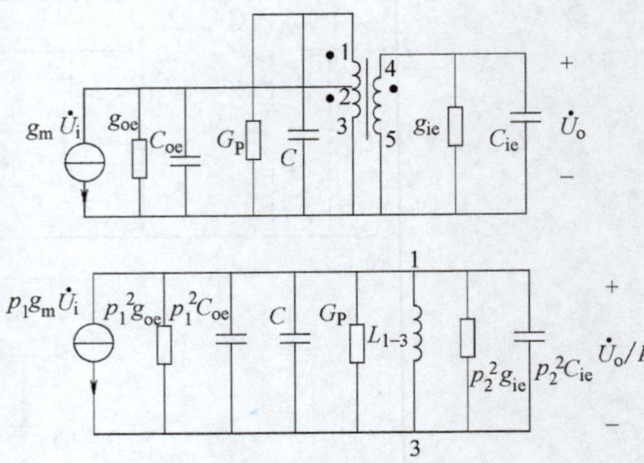

图 2-11　例 2-4 题图

已知晶体管在 $U_{CE}=8V$、$I_E=2mA$ 时的参数为：$g_{oe}=200\mu S$，$C_{oe}=7pF$，$g_{ie}=2860\mu S$，$C_{ie}=18pF$，$g_m=45mS$，求谐振电压增益 A_{u0}、有载品质因数 Q_e、通频带 $BW_{0.7}$。

解：首先对此单谐振回路进行变换，将 2-3 端折算到 1-3 端，接入系数为 p_1；将 4-5 端折算到 1-3 端，接入系数为 p_2。其变换电路如图 2-11b 所示，可得如下计算过程：

1）$\begin{cases} p_1=N_{2\text{-}3}/N_{1\text{-}3}=5/20=0.25 \\ p_2=N_{4\text{-}5}/N_{1\text{-}3}=5/20=0.25 \end{cases}$

所以可得

$$\begin{cases} p_1^2g_{oe}=0.25^2\times200\times10^{-6}S=12.5\mu S \\ p_2^2g_{ie}=0.25^2\times2860\times10^{-6}S=178.75\mu S \end{cases}$$

又有
$$\begin{cases} R_P=\omega_PL_{1\text{-}3}Q_0=2\times3.14\times10.7\times10^6\times4\times10^{-6}\times100\Omega\approx26.8k\Omega \\ G_P=\dfrac{1}{R_P}=\dfrac{1}{26.8\times10^3}S\approx37.3\mu S \end{cases}$$

所以

$$G_P'=G_P+p_1^2g_{oe}+p_2^2g_{ie}=(37.3\times10^{-6}+12.5\times10^{-6}+178.75\times10^{-6})S=228.55\mu S$$

$$A_{u0}=\frac{p_1p_2g_m}{G_P'}=\frac{0.25\times0.25\times45\times10^{-3}}{228.55\times10^{-6}}=12.3$$

2）$Q_e=\dfrac{1}{\omega_PL_{1\text{-}3}G_P'}=\dfrac{1}{2\times3.14\times10.7\times10^6\times4\times10^{-6}\times228.55\times10^{-6}}\approx16.3$

3）$BW_{0.7}=\dfrac{f_P}{Q_e}=\dfrac{10.7\times10^6}{16.3}Hz\approx0.66MHz$

2.2.2　多级单谐振回路谐振放大器

在接收设备中，经常需要把接收到的微弱信号放大到几百毫伏再送至检波器进行检波，所以当单级放大器的增益不能满足要求时，则可采用多级单谐振回路谐振放大器，即将多级单谐振回路谐振放大器级联。

设放大器有 m 级，各级电压增益分别为 A_{u1}、A_{u2}、A_{u3}、…、A_{um}，则总的增益 A_m 为各级增益的乘积，即为

$$A_m = A_{u1}A_{u2}A_{u3}\cdots A_{um} \tag{2-29}$$

若各级增益的单位均为分贝（dB），则表示形式为

$$A'_m = A'_{u1} + A'_{u2} + A'_{u3} + \cdots + A'_{um} \tag{2-30}$$

当放大器是由 m 级完全相同的单级放大器组成时，即 $A_{u1} = A_{u2} = A_{u3} = \cdots = A_{um}$，则

$$A_m = A_{u1}^m$$

所以其谐振曲线表达式为

$$\frac{A_m}{A_{m0}} = \frac{1}{\left[1 + \left(Q_e \frac{2\Delta f}{f_P}\right)^2\right]^{\frac{m}{2}}} \tag{2-31}$$

式中，A_m 等于各单级增益的乘积；A_{m0} 为多级单谐振回路谐振放大器谐振时的电压增益。

图2-12中标明了 $m=3$、2、1 取值下的谐振曲线。由图可观察到，m 越大，谐振曲线越尖锐，因此选择性越好，但通频带却越窄，由式（2-31）可得 m 级单谐振回路谐振放大器的通频带为

$$(BW_{0.7})_m = \frac{f_P}{Q_e}\sqrt{2^{1/m} - 1} = BW_{0.7}\sqrt{2^{1/m} - 1} \tag{2-32}$$

式中，$BW_{0.7}$ 为单级放大器的通频带。所以，在 m 级相同放大器级联后，总的通频带比单级放大器的通频带小，且 m 越大，总的通频带越小，这和图2-12所得结论一致。所以，要保证放大器总的通频带满足要求，就要使每一级放大器的通频带都要比总的通频带宽，这样才能保证最后所需要的频率无失真地通过放大器并获得放大。

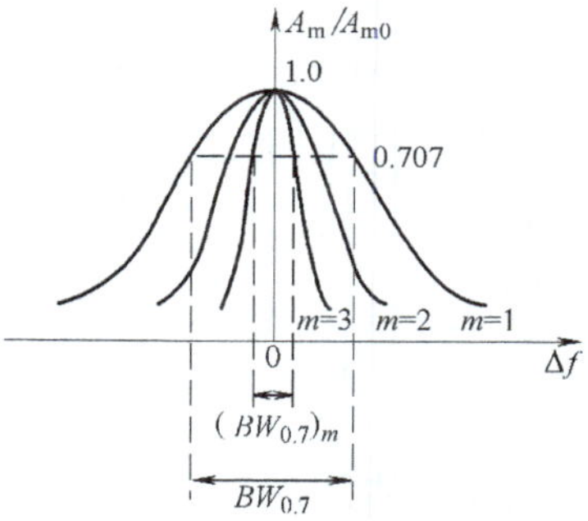

图2-12　多级单谐振回路谐振放大器曲线

以上所讨论的多级单谐振回路谐振放大器没有对每级谐振回路的谐振频率进行说明。若每级谐振回路均调谐在同一频率上，则称之为同步调谐；若各级谐振回路调谐在不同的频率上，则称之为参差调谐。在参差调谐谐振放大器中，若将每两级作为一组，而每一组内的两级均调谐在不同频率上，则称之为双参差调谐谐振放大器，若将3级不同调谐频率的放大器作为一组，则称之为三参差调谐谐振放大器。与单级放大器相比，双参差调谐谐振放大器的幅频特性更近似于矩形，所以其选择性要好于单谐振回路谐振放大器。

2.3　集中选频放大器

高频电子线路中，除了使用谐振回路与耦合回路作为选频网络外，还经常采用其他形式的滤波器来实现选频作用，常用的滤波器包括 LC 型集中选择性滤波器、石英晶体滤波器、陶瓷滤波器及声表面波滤波器等，不同的滤波器具有不同的特点。而随着电子技术的不断发展，小信号选频放大器中越来越多地采用了由集成宽带放大器和集中选频滤波器所组成的集中选频放大器，前者用于实现放大作用，后者用来实现选频作用，这种集中选频放大器的主要优点是电路简单、性能稳定、成本低、易于大规模生产。因为集成宽带放大器一般由多级差动集成放大器构成，原理上没有新的内容，所以本小节将重点介绍常用的几种集中选频滤

波器，进而再研究集中选频放大器。

2.3.1 滤波器

1. *LC* 型集中选择性滤波器

常用的 *LC* 型集中选择性滤波器如图 2-13 所示，它由 5 节单节滤波器组成，共有 6 个谐振回路。R_S、R_L 分别表示信号源内阻和负载电阻，U_S、U_o 分别表示输入电压和输出电压。其单节 *LC* 滤波器如图 2-14 所示。

在该滤波器的通带内，要求阻抗 Z_1、Z_2 异号，且要求 $|4Z_2| > |Z_1|$，而其他情况则为阻带。信号在通带内无衰减，而阻带内衰减迅速增大。

LC 型集中选择性滤波器的品质因数一般为 100 ~ 200，其品质因数不是很高。

2. 石英晶体滤波器

为了获得工作频率高度稳定、阻带衰减特性陡峭的滤波器，需要滤波器元件的品质因数很高，而 *LC* 型集中选择性滤波器则无法满足这一要求。用石英晶体切割成的石英晶体振荡器，因其品质因数可以高达几万甚至几百万，因而可构成工作频率稳定度极高、阻带衰减特性很陡峭、通带衰减很小的滤波器。

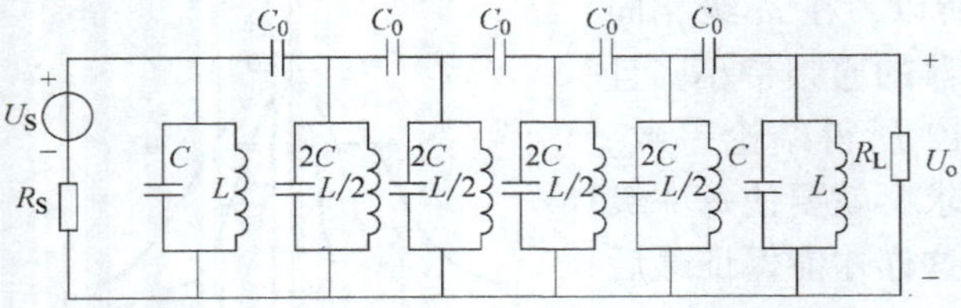

图 2-13 *LC* 型集中选择性滤波器

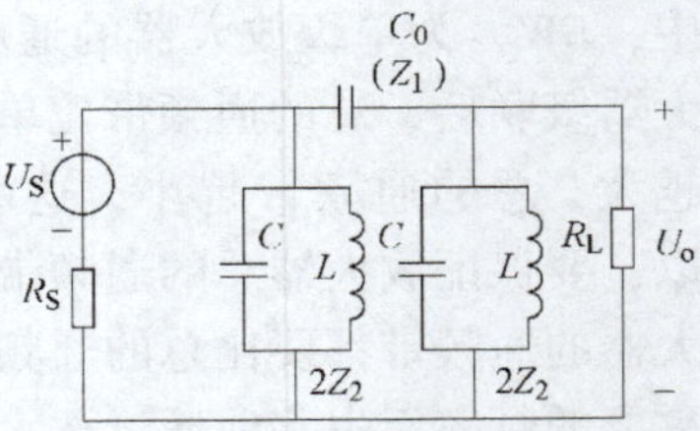

图 2-14 单节 *LC* 滤波器

石英晶体具有压电效应，即当石英晶体沿某一方向受到交变电场作用时，晶片会随交变信号的变化而产生机械振动，产生机械能；反之，当晶片受到机械力作用时，晶片相对两端将产生异号的电荷，产生电场能。因此石英晶体可以将机械能转换为电场能，也可以将电场能转换为机械能，是一种可逆换能器件，同时它的能量转换具有谐振特性，即在谐振点处换能效率是最高的，所以根据石英晶体的换能特性和谐振特性，可以由其构成滤波器，用作集中选频放大器的选频网络。图 2-15 为石英晶体振荡器的基频等效电路、电路符号及电抗特性曲线。

由图 2-15a 可知，该电路具有两个谐振回路。第一个谐振回路由 L_q、C_q、r_q 组成，为串联谐振回路，其谐振频率称为串联谐振频率 f_S，其表达式为

$$f_S = \frac{1}{2\pi\sqrt{L_q C_q}} \tag{2-33}$$

第二个谐振回路由 L_q、C_q、r_q 及 C_0 组成，为并联谐振回路，其并联谐振频率 f_P 为

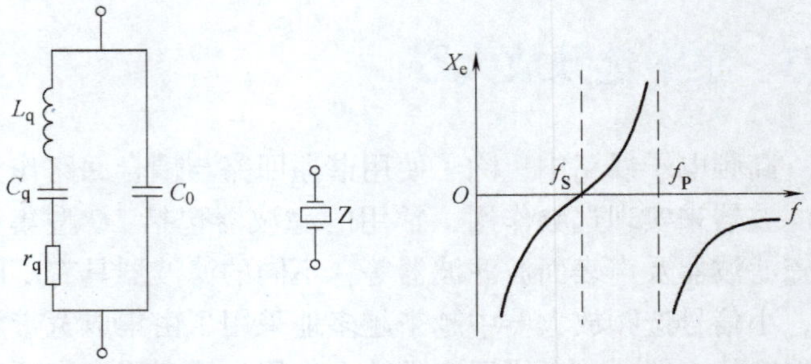

a) 基频等效电路 b) 电路符号 c) 电抗特性曲线

图 2-15 石英晶体振荡器的基频等效电路、电路符号及电抗特性曲线

$$f_P = \frac{1}{2\pi\sqrt{L_q \frac{C_q C_0}{C_q + C_0}}} \quad (2\text{-}34)$$

当$f > f_P$或$f < f_S$时，电抗呈容性；而当$f_S < f < f_P$时，电抗呈感性，其电抗曲线如图2-15c所示。所以，石英晶体滤波器在工作时，石英晶体两个谐振频率之间的宽度通常决定了滤波器的通带宽度。f_P、f_S一般相差很少，只有几十赫兹至几百赫兹，所以为了增加滤波器的通带宽度，可用外加电感与石英晶体串联或并联来实现。

3. 陶瓷滤波器

利用某些陶瓷材料的压电效应而构成的滤波器，称为陶瓷滤波器。陶瓷滤波器是由锆钛酸铅压电陶瓷材料制成的，即将此材料两面涂银并加高温制成银电极而成，它具有与石英晶体相类似的压电效应，因此也可以作为振荡器使用。这里所说的压电效应，就是当陶瓷片发生机械变形时，其表面会出现电荷，这样两极之间则会产生电压；反之，当两极之间加上电压时，它就会发生机械变形。这种材料存在固有的振动频率，而当固有的振动频率与外加输入信号的频率相同时，陶瓷片的机械振动为最大，其表面所产生的电荷量变化为最大，外围电路中的电流也最大。

陶瓷滤波器的品质因数为几百，比*LC*滤波器高，但远比石英晶体滤波器低，所以其通带没有石英晶体滤波器窄，选择性比石英晶体滤波器差。陶瓷滤波器的工作频率可达几百千赫兹至几十兆赫兹，其价格要比石英晶体滤波器低，且陶瓷易焙烧，可制成各种形状，所以特别适合滤波器的小型化，同时，陶瓷滤波器还具有良好的耐热性及耐湿性，并且不易受外界条件的影响。

图2-16为压片陶瓷滤波器的等效电路、电路符号及阻抗频率特性曲线。

在图2-16a中，当压电陶瓷片不振动时，可等效为一个平板电容器C_0，称为静态电容。当压电陶瓷片产生振动时，机械振动的惯性等效为电感L_q，弹性等效电容C_q，摩擦损耗等效为r_q。从等效电路可知，压片陶瓷滤波器也具有两个谐振频率，一个是串联谐振频率f_S，其表达式为

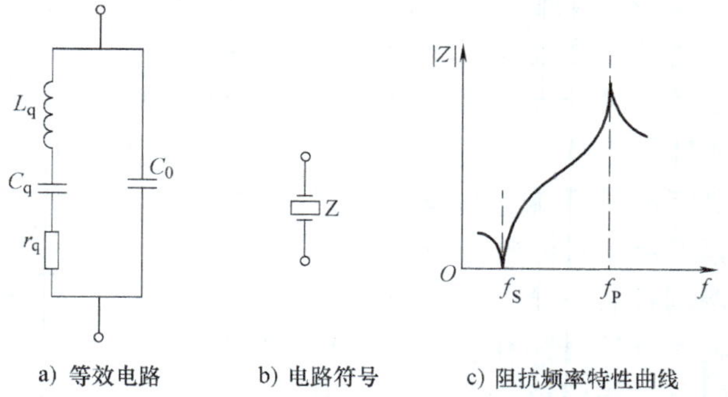

图2-16　压片陶瓷滤波器的等效电路、电路符号及阻抗频率特性曲线

$$f_S = \frac{1}{2\pi\sqrt{L_q C_q}} \quad (2\text{-}35)$$

另一个为并联谐振频率f_P，其表达式为

$$f_P = \frac{1}{2\pi\sqrt{L_q \frac{C_q C_0}{C_q + C_0}}} \quad (2\text{-}36)$$

图2-16b为压片陶瓷滤波器的电路符号，图2-16c为其阻抗频率特性曲线。由图2-16c可知，串联谐振时，陶瓷片的等效阻抗最小；并联谐振时，陶瓷片的等效阻抗最大。所以，若将不同频率的压电陶瓷片进行适当的组合连接，即可得到四端陶瓷滤波器，且谐振子数目

越多，滤波器的性能就越好。

图 2-17 为四端陶瓷滤波器及其电路符号，其中图 2-17a 为由两个谐振子连接而成的四端陶瓷滤波器，图 2-17b 为由 5 个谐振子连接而成的四端陶瓷滤波器，图 2-17c 为由 9 个谐振子连接而成的四端陶瓷滤波器，图 2-17d 为四端陶瓷滤波器的电路符号。

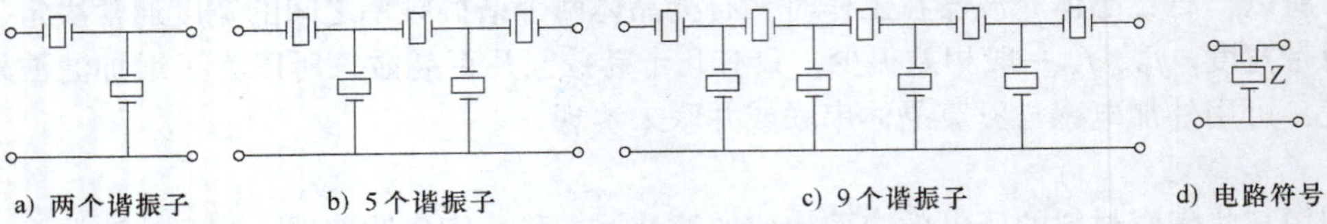

图 2-17　四端陶瓷滤波器及其电路符号

在使用四端陶瓷滤波器时，要注意输入、输出阻抗必须与信号源、负载的阻抗相匹配，否则其幅频特性将变坏，通带内的响应起伏增大，阻带衰减值变小。

4. 声表面波滤波器

目前应用较为广泛的集中选频滤波器是声表面波滤波器（SAWF），它是一种对频率具有选择作用的无源器件，它自 20 世纪 60 年代中期问世以来就获得了非常迅速的发展。

声表面波是利用局部扰动来产生一种通过固体介质内和沿表面传送的波，它是由换能器将电信号转换而成的，声表面波扰动产生的波动很小。换能器的基本原理是利用由铌酸锂或石英晶体所构成的压电衬底在电场作用时的膨胀和收缩效应，将电信号转换为声表面波；同理，它也可以将声表面波转换为电信号。

声表面波滤波器的基本结构如图 2-18a 所示，它以铌酸锂、锆钛酸铅和石英等压电材料作为基片，由发送端叉指换能器、接收端叉指换能器、传输介质和吸声材料 4 部分组成。叉指换能器就是指利用真空蒸馏镀法，在基片表面形成的叉指形金属膜电极，图 2-18a 中的左、右两端各有一个叉指换能器。当将高频输入电信号加在发送端叉指换能器上时，叉指间就会产生交变电场，又因为压电效应，基片表面将产生弹性形变，从而激发出与输入信号频率相同的声表面波，由发送端传向接收端；同样，在接收端再经压电效应使接收端叉指换能器的叉指对间产生电信号，并传送给负载。当传输到接收端叉指换能器的声表面波的频率与接收端叉指的固有频率相同或相近时，接收端叉指上将激起较大幅度的电振荡，因此可以实现选频作用。图 2-18b 为声表面波滤波器的电路符号。

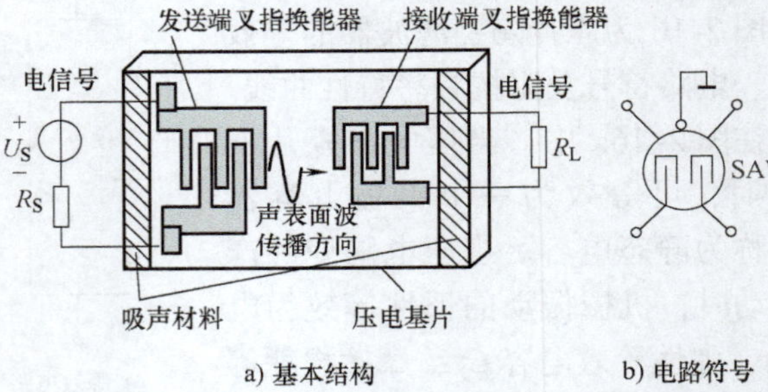

图 2-18　声表面波滤波器的基本结构及电路符号

声表面波滤波器具有体积小、重量轻、中心频率很高、相对带宽较宽、矩形系数接近于 1、特性一致性好、抗辐射能力强、动态范围大等特点。其中心频率、通频带等不仅与基片材料有关，还与叉指换能器的几何尺寸和形状有关，所以只要合理设计叉指换能器，即可获得预期的频率特性。声表面波滤波器可采用与集成电路工艺相同的平面加工工艺，其制造简单、成本低、重复性和设计灵活性高，可大量生产，因此是一种具有很好发展前途的滤波器。基于以上特点，声表面波滤波器在电视、通信、卫星、宇航等领域都得到了广泛的应用。

2.3.2　集中选频放大器应用举例

集中选频放大器因其电路简单、选择性好、性能稳定且便于调整等优点已广泛应用于通信设备、电视等电子设备中。

图2-19为用于电视机中频放大电路的声表面波滤波器实用电路。其中，晶体管VT为中频前置放大器，用于补偿声表面波中频滤波器的插入损耗。输入的中频信号在经过声表面波滤波器选频放大后送至集成中频放大电路，经过具有自动增益控制特性的中频放大级放大后，再送至同步检波电路。因为电路中采用了声表面波滤波器，所以该中频放大电路能够获得比 *LC* 中频滤波器更好的幅频特性，其矩形系数接近于理想状态。

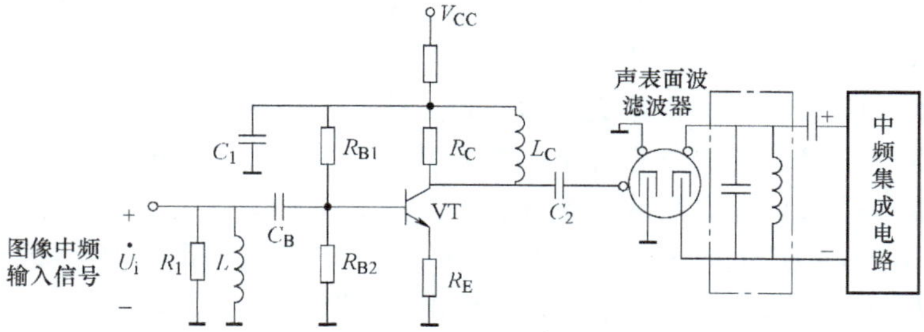

图2-19　用于电视机中频放大电路的声表面波滤波器实用电路

图2-20为采用集成宽带放大器和陶瓷滤波器所构成的选频放大器。其中，FZ_1 为共发-共基组合电路构成的集成宽带放大器；陶瓷滤波器的输入端为采用变压器耦合的并联谐振回路，而输出端则接有由晶体管构成的射极输出电路，并联谐振回路调谐在陶瓷滤波器频率特性的主谐振频率上，滤除带外小谐振峰对邻近频道产生的干扰，使输入信号通过时获得选频放大。

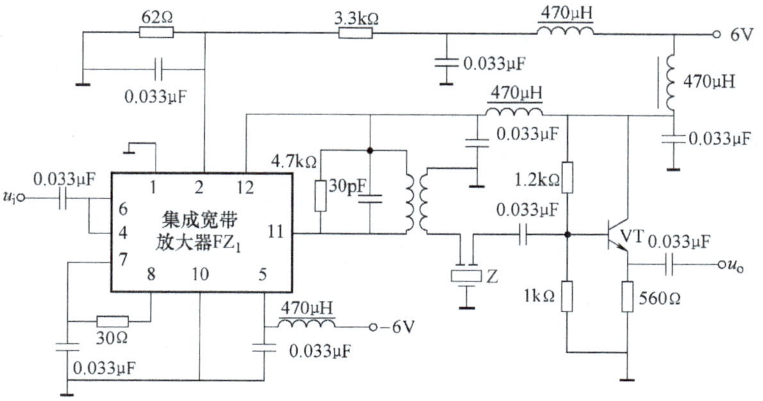

图2-20　陶瓷滤波器选频放大器

2.4　故障诊断

小信号选频放大器是无线电通信中接收设备的主要电路，其作用是对所选择信号进行放大，即放大高频小信号。所谓小信号，是指输入信号的电压一般在微伏至毫伏级，所以在放大这类信号时，放大器工作于线性范围；选频放大则是指放大器将对谐振点的信号进行最强放大，而对远离谐振点的信号进行抑制。因此无论是选频还是放大，对于无线电通信来说都非常重要，二者一旦发生故障，将直接影响信号的接收，所以本节我们将对放大电路、谐振回路与滤波器的故障进行分析。

2.4.1 放大电路的故障诊断

以收音机中频放大电路为例来分析放大电路的故障。单调谐中频放大电路在收音机中具有较为广泛的应用，中频放大级的好坏将直接影响收音机的特性指标，实际工作中，往往要求中频放大器具有如下特点：

1）具有较高的增益，以保证收音机一定的灵敏度。

2）具有较高的选择性，以阻止干扰信号。

3）具有一定的频带宽度，以不失真地进行工作。

4）在中频放大器增益较高的情况下，要求其稳定性好、不自激。

图2-21为某一收音机的中频放大电路，其中VT_2、VT_3分别为一级中频放大和二级中频放大晶体管；RP_1与C_8组成RC滤波电路；R_4为频带展宽电阻，其主要作用是降低回路品质因数的取值，改善回路音质；R_3与R_5为基极偏置电阻；C_{10}为基极输入回路旁路电容。该中频放大电路包含了两级，这两级都是单调谐的中频放大电路。VT_2及其所属元件构成了第一中频放大级，VT_3及其所属元件则构成了第二中频放大级。在电路中，变压器T_1选出465kHz的中频信号后，此中频信号经VT_2放大后，由T_2选出送至VT_3，再次放大后，经T_3选出送至VD_3进行检波，检波后的音频信号则经C_{15}送至低频放大器，实现了中频信号的选频及放大。

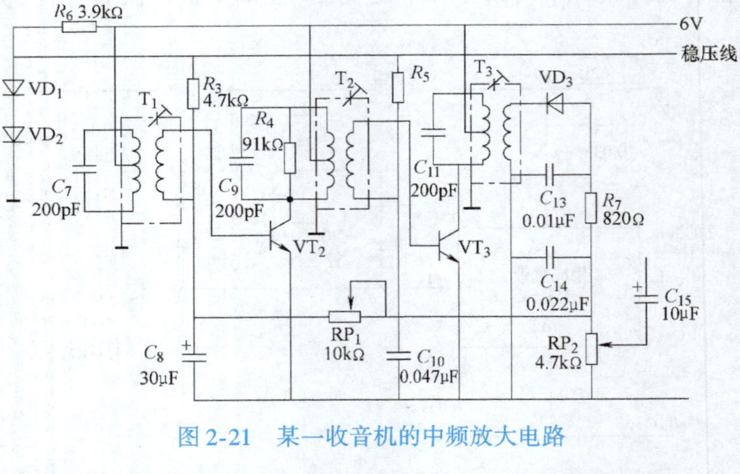

图2-21 某一收音机的中频放大电路

收音机中频放大级正常工作的条件是：直流工作点、集电极电流正常；中频频率准确；工作稳定，无中频自激啸叫。若在收音机中频放大级出现了以上正常状态以外的非正常现象，则可判断中频放大级出现了故障。中频放大级可能出现的故障包括：

1）直流工作点不正常，集电极电流过大。若电流增大幅度较大，就会伴有啸叫。故障主要原因是：二极管内部断路，使集电极电流增大；中频变压器一、二次侧短路或漏电；晶体管损坏等，均可造成以上的故障现象。在进行故障检查时，应首先关掉电源，然后对元器件进行在路测量，若数据不正常则需拆下元器件进行判断。

2）工作点不正常，集电极电流太小，此时收音机声音将会很小，且灵敏度降低，有时甚至根本收不到电台。此故障的主要原因可能是：二极管或其中一只被击穿短路，使集电极电流变小；可调电阻接触不好；中频变压器内部线圈烧断；C_8、C_{10}严重漏电或者短路，晶体管损坏等。

3）中频频率调不准，也就是当旋转中周磁帽至最下端或最上端时，收音机仍无法达到最大音量。出现此故障的主要原因可能是：谐振电容器变质，电容量发生了改变。

4）中频啸叫。出现此故障主要原因可能是：集电极电流过大，滤波电解电容器 C_8 损坏或电容量减小；中周外壳接地不良。

5）中频放大电路灵敏度低。出现此故障的主要原因可能是：当基极旁路电容器或发射极旁路电容器的电容量消失或失效时，交流通路被阻断，灵敏度自然降低。同时，集电极电流偏小、晶体管老化也同样会引起灵敏度降低。

例如，若某一收音机啸叫不止，且此时接通电源后，音量不管开大或者关小，啸叫声都不断，则可判断此故障发生在低频放大级之前。测量电源电压显示正常，所以关闭电源进行测量，发现测量二极管时，表笔调换后阻值较大且基本相同，拆下此元器件进行进一步检查，发现其内部断路，将其更换，则收音正常。

2.4.2　谐振回路与滤波器的故障诊断

下面以彩色电视机的中频通道为例对谐振回路与滤波器的故障进行分析。中频通道由图像中频通道和伴音中频通道组成，常集成在集成块中。

在彩色电视机中频通道中，声表面波滤波器是图像信号和声音信号的必经之路，它的作用是吸收邻频干扰和衰减本频道的伴音中频信号，以避免伴音干扰图像的现象，所以若其出现故障则会导致图像与伴音效果变差。若电视机出现无图像、无伴音，屏幕上有淡淡的雪花点，光栅亮度无变化时，其故障原因可能为声表面波滤波器损坏。此时，可检查声表面波滤波器有无异常，即用一瓷片电容短接其输入与输出端，若图像、声音出现，则可证明声表面波滤波器有问题。

在彩色电视机中，谐振回路是各种信号流通的门户，而电视机中的中周就是指由谐振回路组成的各种频率的滤波器和陷波器，它可以选通某种信号，阻断或旁路掉某种信号，所以，若电视机中的谐振回路失谐了，就会造成信号不畅或阻断，此时电视机的图像信号将会变差甚至不能收看，而伴音信号的效果也将变坏。彩色电视机中频通道中有 3 个重要的中周：38MHz 同步检波中周（图像中周）、AFT（频率自动微调）移相中周（AFT 中周）和 6.5MHz 鉴频中周（伴音中周），这 3 个中周都是由并联谐振回路组成，其中任何一个出现问题，电视机就会出现故障。

AFT 中周和图像中周出现故障时，最常见的故障现象是跑台，电视机不能实现自动存台。此时应对 AFT 中周和图像中周进行检查，查看二者内部的管状电容是否出现漏电现象，若管状电容变黑，则说明其漏电，此时应更换整个中周。除此故障外，若电视机出现不能正常接收图像，图像暗淡、不清晰、层次感不丰富，且彩色严重镀边、图像不同步，甚至无图像；断开 AFT 功能则图像正常，启动 AFT 则彩色图像变差，只收到部分节目等故障现象时，也应对图像中周和 AFT 中周进行检查、调整，来判断、排除故障。

伴音中周出现故障时，常会出现如下现象：噪声基本正常，有信号时伴音小、有杂音，且伴音失真、有交流“嗡嗡”声，甚至会出现无声现象，而此时图像、色彩均正常。此时可试着调试伴音中周，看能否恢复正常，若还不能恢复正常，则应更换该中周。

图 2-22 为由 TA8611 中频处理器构成的中频电路，图 2-23 为其内部结构框图及部分引脚说明，其内部包含有图像中频通道和伴音中频通道。

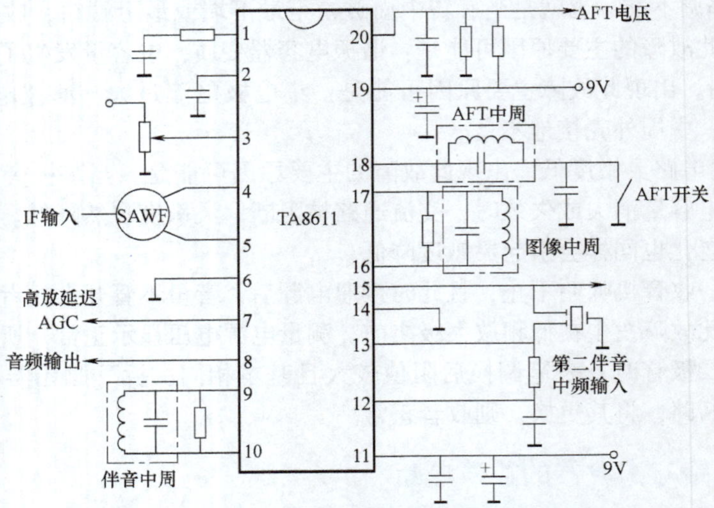

图 2-22　由 TA8611 中频处理器构成的中频电路

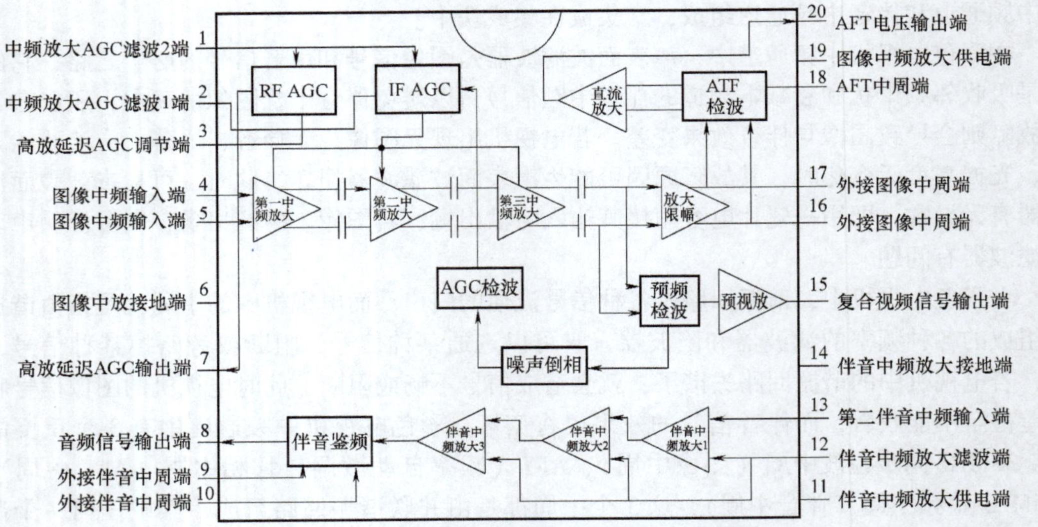

图 2-23　TA8611 内部结构框图及部分引脚说明

当彩色电视机出现图像不清晰、全自动搜索不存台或跑台现象时，则应重点检查图像中周和 AFT 中周。这两个中周发生故障时，往往会引起 20 脚静态电压发生变化，所以可通过检测 20 脚电压来判断图像中周和 AFT 中周是否失谐，若确定二者失谐，则可对其进行重新调整或更换。

若彩色电视机出现声音小、声音失真，且有杂音时，应重点检查 9、10 脚的伴音中周，可先对其进行调节，若故障仍不能排除，则需更换此中周。

总之，因为不同型号彩色电视机的回路失谐程度及中频放大特性参数不尽相同，故障现象也许会各有不同，所以要及时总结与积累相应的经验，针对不同的电路故障现象进行具体分析。

重要知识点

● 谐振条件：在并联谐振回路中 $\omega L - 1/\omega C = 0$，即容抗等于感抗。

● 谐振频率：并联谐振回路的谐振频率为 $f_P = \dfrac{1}{2\pi\sqrt{LC}}$。

● 幅频特性曲线：并联谐振回路输出电压的幅值与输入信号频率的关系曲线。

● 品质因数 Q：评价谐振回路损耗大小的参数，Q 越大，损耗越小，选频特性越好。

● 阻抗变换电路：当信号源内阻、负载电阻较小时，为了减小信号源和负载对回路的影响，常采用变压器阻抗变换电路、电感分压阻抗变换电路和电容分压阻抗变换电路进行阻抗变换。

● 放大器的调谐电压增益：放大器谐振回路的谐振频率等于输入信号频率时放大器的电压增益。

● 放大器的通频带：放大器输出回路的 $|\dot{U}_o/\dot{U}_P|$ 由谐振点最大值 1.0 下降为 $1/\sqrt{2}$（0.707）时所确定的频带宽度 $2\Delta f$，通常用 $BW_{0.7}$ 表示。

● 放大器的选择性：放大器从各种不同信号中选出有用信号、排除干扰信号的能力。

● 滤波器：滤除干扰杂波的器件。

● 集中选频放大器：由集中选频滤波器和集成宽带放大器组成。

● 多级单谐振回路谐振放大器：若单级放大器的增益不能满足要求，则可采用多个单调谐放大器级联。若每级谐振回路均调谐在同一频率上，称为同步调谐。

本章小结

本章主要介绍了小信号选频放大器的组成及基本原理。对并联谐振回路、单谐振回路谐振放大器、常见滤波器进行了介绍，并总结了放大电路、谐振回路等的常见故障。

1. LC 并联谐振回路具有选频作用。当 $\omega = \omega_P$ 时，并联谐振回路谐振，此时回路阻抗为纯电阻且其值最大，相移为零，谐振频率为 $f_P = \dfrac{1}{2\pi\sqrt{LC}}$；当 $\omega > \omega_P$ 时，并联谐振回路呈容性，相移为负值，且最大负值趋于 $-90°$；$\omega < \omega_P$ 时，并联谐振回路呈感性，相移为正值，且最大值趋于 $90°$。

当并联谐振回路接入信号源与负载时，信号源内阻及负载可使谐振回路的品质因数下降、通频带变宽、选择性变差，因此常采用两种方法来减小信号源内阻及负载的影响：一是增大信号源内阻及负载的阻值，从而提高品质因数；二是采用阻抗变换电路，使信号源或负载不直接并入回路的两端，而是经过一些简单的变换电路将其折算到回路两端。常用的阻抗变换电路有变压器阻抗变换电路、电感分压阻抗变换电路及电容分压阻抗变换电路，在不同的阻抗变换电路中要注意接入系数的获得及电路的变化过程。

2. 小信号谐振放大器的种类很多，若按谐振回路分，可分为单谐振回路谐振放大器、双谐振回路谐振放大器以及参差调谐谐振放大器；若按晶体管连接方法分，可分为共基极、共集电极、共发射极单谐振回路谐振放大器等。单谐振回路谐振放大器是由 LC 谐振回路和放大器件组成的，在电路的等效变换过程中，晶体管采用了 Y 参数等效电路形式，谐振电压增益 A_{u0} 为 $A_{u0}=-\frac{p_1p_2g_m}{G_P'}$。单谐振回路谐振放大器的 Q_e（有载品质因数）越高，则通频带越窄，回路的选择性就越好。

当单级放大器的增益不能满足要求时，即可将多个单谐振回路谐振放大器级联构成多级单谐振回路谐振放大器，若多级单谐振回路谐振放大器由完全相同的单级放大器组成，则其总的增益 $A_m=A_{u1}^m$，且 m 越大，谐振增益越大，谐振曲线越尖锐，因此选择性越好，但通频带却越窄。若各级谐振回路调谐在不同的频率上，则称之为参差调谐谐振放大器。

3. 除了可采用谐振回路作为选频网络外，还可采用不同形式的滤波器来实现选频作用，常用的滤波器包括 LC 型集中选择性滤波器、石英晶体滤波器、陶瓷滤波器及声表面波滤波器等。而且，随着电子技术的不断发展，在小信号选频放大器中越来越多地采用了集成宽带放大器和集中选频滤波器所组成的集中选频放大器，它具有接近理想矩形的幅频特性，且性能稳定可靠、调整方便，因此在通信、电视等电子设备中具有广泛的应用。

4. 无论是选频，还是放大，对于无线电通信来说都非常重要，二者一旦发生故障，将直接影响信号的接收，因此在实际应用中，要明确放大电路、谐振回路及滤波器的常见故障现象，并能够对故障现象进行分析。

思考题与习题

2-1 已知一并联谐振回路，其谐振频率为 $f_P=30\text{MHz}$，此时电感 $L=1\mu\text{H}$，$Q_P=100$。求该并联谐振回路中的电容 C、谐振电阻 R_P。

2-2 已知一并联谐振回路，谐振频率 $f_P=10\text{MHz}$，此时电感 $L=3\mu\text{H}$，空载品质因数 $Q_0=100$，并联的负载电阻 $R_L=10\text{k}\Omega$。求该并联谐振回路谐振时的电容 C、谐振电阻 R_e 及回路的有载品质因数 Q_e。

2-3 已知一并联谐振回路的 $f_P=10\text{MHz}$，$C=50\text{pF}$，$BW_{0.7}=150\text{kHz}$，求回路的电感 L、品质因数 Q_0。当 $\Delta f=600\text{kHz}$ 时，求电压的衰减倍数。

2-4 在题 2-3 中，若将通频带加宽为 300kHz，试求回路的有载品质因数 Q_e。应在该回路两端并联一多大阻值的电阻？

2-5 并联谐振回路如图 2-24 所示，若给定 $C=300\text{pF}$，$L=390\mu\text{H}$，空载品质因数 $Q_0=100$，信号源内阻 $R_S=100\text{k}\Omega$，负载电阻 $R_L=200\text{k}\Omega$，试求该回路的谐振频率、谐振电阻及通频带。

2-6 电容阻抗变换电路如图 2-25 所示。已知 $L=0.8\mu\text{H}$，$Q_0=100$，$C_1=C_2=C_o=20\text{pF}$，$C_i=5\text{pF}$，$R_i=10\text{k}\Omega$，$R_o=5\text{k}\Omega$。求回路谐振频率 f_P、谐振电阻 R_e、有载品质因数 Q_e 及通频带 $BW_{0.7}$。

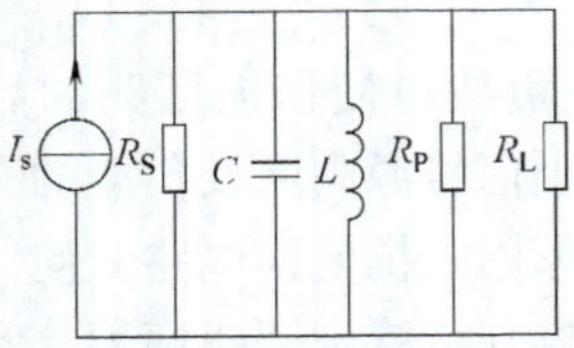

图 2-24 题 2-5 图

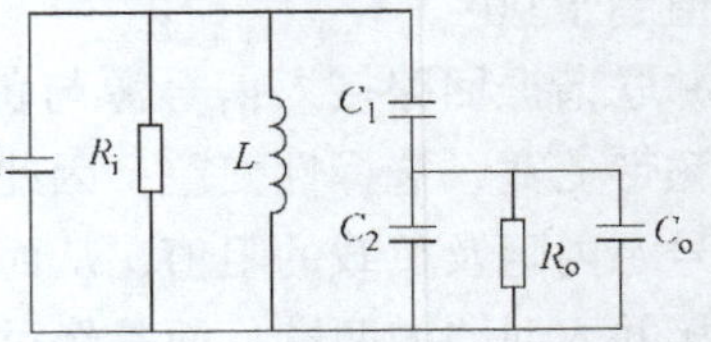

图 2-25 题 2-6 图

2-7 电感分压阻抗变换电路如图 2-26 所示，已知 $L_{1-2}=100\mu\text{H}$，$L_{2-3}=10\mu\text{H}$，$M=4\mu\text{H}$，等效损耗电阻 $r=10\Omega$，电容 $C=300\text{pF}$，求并联谐振回路 2-3 端的谐振电阻。

2-8 变压器阻抗变换电路如图 2-27 所示。已知 $C=360\text{pF}$，$L_1=280\mu\text{H}$，$L_2=50\mu\text{H}$，$Q_0=100$，$N_1=100$ 匝，$N_2=10$ 匝，$R_L=1\text{k}\Omega$，求该回路的通频带 $BW_{0.7}$ 及等效谐振电阻 R_e。

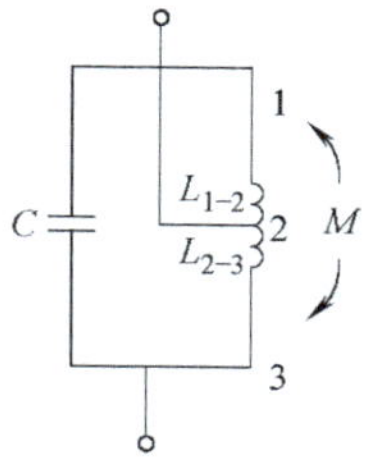

图 2-26 题 2-7 图

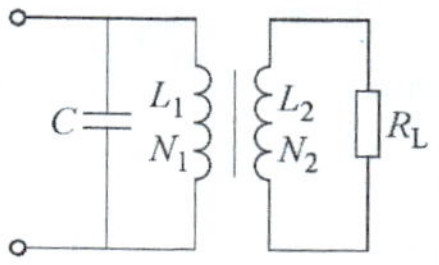

图 2-27 题 2-8 图

2-9 单谐振回路如图 2-11a 所示。已知工作频率 $f_P=10.7\text{MHz}$，$L_{1-3}=4\mu\text{H}$，$Q_0=100$，$N_{2-3}=5$ 匝，$N_{1-3}=20$ 匝，$N_{4-5}=6$ 匝，晶体管参数为 $g_{oe}=0.2\text{mS}$，$g_{ie}=2.86\text{mS}$，$C_{oe}=19.35\text{pF}$，$C_{ie}=50.6\text{pF}$，$g_m=45\text{mS}$，求电容 C、谐振电压增益 A_{u0}、有载品质因数 Q_e 及通频带 $BW_{0.7}$。

2-10 某单谐振回路谐振放大器为 4 级级联。已知谐振时单级增益均为 40，通频带为 60kHz，则求 4 级级联总增益、带宽。若要求保持总的带宽为 60kHz，则求单级放大器的增益和带宽。

2-11 集中选频放大器由什么构成？它具有哪些特点？

2-12 什么是矩形系数？求 m 级单谐振回路谐振放大器的矩形系数，设各单级放大器完全相同。讨论随着级数 m 的增加，m 级谐振放大器的矩形系数是否趋向于 1。

第 3 章 高频功率放大器

【目的和要求】

掌握谐振功率放大器的电路组成、工作原理及主要技术指标计算；理解谐振功率放大器的特性及工作状态；了解直流馈电和滤波匹配网络的组成及工作原理；了解传输线变压器与功率合成技术。

【重点和难点】

- 谐振功率放大器的工作原理及工作状态
- 谐振功率放大器的主要技术指标计算
- 谐振功率放大器的性能特性分析

高频功率放大器主要用于放大高频信号或高频已调波（即窄带）信号，采用谐振回路作负载，解决了大功率放大时的效率、失真、阻抗变换等问题。高频功率放大器分为宽带高频功率放大器和窄带高频功率放大器，其中窄带高频功率放大器又称为谐振功率放大器。本章将介绍谐振功率放大器的一类——丙类功率放大器，分析它的工作原理，讨论它的特性以及直流馈电电路和匹配网络。

3.1 谐振功率放大器的工作原理

3.1.1 基本工作原理

丙类谐振功率放大器的原理电路如图 3-1 所示，图中 V_{CC} 和 V_{BB} 为集电极和基极的直流电源。为了使晶体管工作在丙类状态，V_{BB} 应在晶体管的截止区内，即小于晶体管的截止电压 U_{TH}（$V_{BB} < U_{TH}$）。在实际使用中，为了确保放大器可靠地工作在丙类状态，常使 V_{BB} 为负压或不加基极电源。显然，当没有激励信号 u_i 时（静态时），晶体管 VT 处于截止状态，$i_C = 0$。LC 并联谐振回路作为集电极负载，调谐在激励信号的频率上。

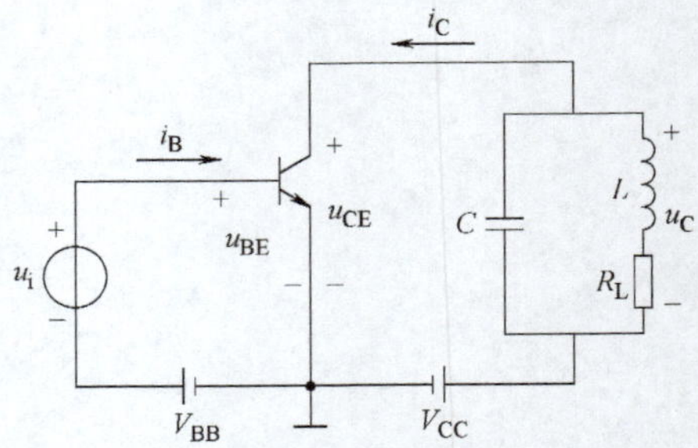

图 3-1 丙类谐振功率放大器的原理电路

当基极输入一高频余弦激励信号 u_i 后，晶体管

基极和发射极之间的电压为

$$u_{BE}=V_{BB}+u_i=V_{BB}+U_{im}\cos\omega t \tag{3-1}$$

将晶体管的输入特性曲线理想化，近似为直线，交横轴于 U_{TH}，U_{TH}称为阈值电压。可见晶体管工作在丙类状态，只在小半个周期内导通，而在大半个周期内截止。通常把一个信号周期内集电极电流导通的一半称为导通角 θ，如图 3-2 所示。所以，丙类谐振功率放大器的导通角 θ 小于 90°。

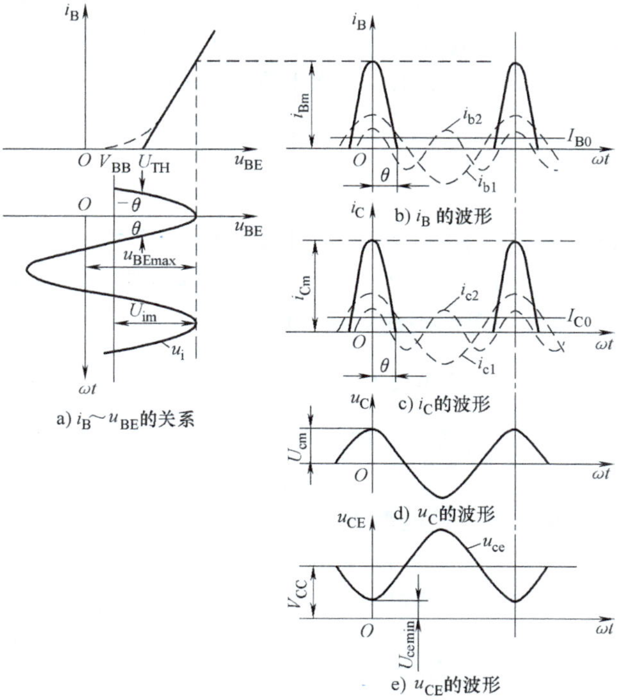

图 3-2 谐振功率放大器的电流、电压波形

集电极输出回路调谐在输入信号频率 ω 上，若回路谐振电阻为 R_P，则可得 u_C 为

$$u_C=I_{c1m}R_P\cos\omega t \tag{3-2}$$

式中，I_{c1m}为 i_C 的基波分量振幅（见 3. 1. 2 节）；$I_{c1m}R_P$ 为电压振幅。

此时，晶体管集电极和发射极之间的瞬时电压为

$$u_{CE}=V_{CC}-U_{cm}\cos\omega t \tag{3-3}$$

根据以上分析可知，虽然丙类放大器的晶体管在一个信号周期内，只在很短的时间内导通，形成余弦脉冲电流，但由于 LC 谐振回路的选频作用，集电极的输出电压仍然是不失真的余弦波。集电极输出的电压 u_{CE}与基极激励电压 u_i 相位相反，基极电压的最大值、集电极电流的最大值和集电极电压的最小值出现在同一时刻。由于 i_C 只有在 u_{CE}很低的时间内通过，故集电极功耗很小，功率放大器的效率自然就高，且 u_{CE}越低，效率越高。

3.1.2 余弦电流脉冲的分解

当 u_{BE} 的瞬时值大于基极和发射极之间的阈值电压 U_{TH} 时，晶体管导通，根据晶体管的输入特性可知，将产生基极脉冲电流 i_B，将 i_B 用傅里叶级数展开，即

$$i_B = I_{B0} + I_{b1m}\cos\omega t + I_{b2m}\cos 2\omega t + \cdots + I_{bnm}\cos n\omega t \tag{3-4}$$

晶体管导通后，晶体管由截止区进入放大区，此时集电极将有电流 i_C 通过，且 $i_C = \beta i_B$，与基极电流 i_B 相对应，i_C 也是脉冲波形。同理，将 i_C 用傅里叶级数展开得

$$i_C = I_{C0} + I_{c1m}\cos\omega t + I_{c2m}\cos 2\omega t + \cdots + I_{cnm}\cos n\omega t \tag{3-5}$$

式中，I_{C0} 为 i_C 的直流分量；I_{c1m} 为 i_C 的基波分量振幅；I_{c2m} 为 i_C 的二次谐波分量振幅；I_{cnm} 为 i_C 的 n 次谐波分量振幅。

3.1.3 输出功率与效率

由于输出回路调谐在基波频率上，所以输出回路中高次谐波电压很小，因而，在谐振功率放大器中，只需研究直流分量及基波分量的功率。谐振功率放大器的输出功率 P_o 等于集电极电流的基波分量在负载 R_P 上的平均功率，即

$$P_o = \frac{1}{2}I_{c1m}U_{cm} = \frac{1}{2}I_{c1m}^2 R_P \tag{3-6}$$

集电极直流电源供给功率 P_{DC} 等于集电极电流的直流分量与电源的乘积，即

$$P_{DC} = I_{C0}V_{CC} \tag{3-7}$$

集电极耗散功率等于集电极直流电源供给功率与输出功率之差，即

$$P_C = P_{DC} - P_o \tag{3-8}$$

谐振功率放大器集电极效率等于输出功率与直流电源供给功率之比，即

$$\eta_C = \frac{P_o}{P_{DC}} = \frac{1}{2}\frac{I_{c1m}U_{cm}}{I_{C0}V_{CC}} \tag{3-9}$$

由于 I_{C0}、I_{c1m}、…、I_{cnm} 均与 i_{Cm} 及 θ 有关，据理论分析可以得出：

$$I_{C0} = i_{Cm}\alpha_0(\theta) \tag{3-10}$$

$$i_{c1} = i_{Cm}\alpha_1(\theta) \tag{3-11}$$

$$i_{cn} = i_{Cm}\alpha_n(\theta) \tag{3-12}$$

式中，i_{Cm} 为集电极脉冲电流最大值；$\alpha_0(\theta)$ 为直流分量的分解系数；$\alpha_1(\theta)$ 为基波分量的分解系数；$\alpha_n(\theta)$ 为 n 次谐波分量的分解系数。

因此，集电极效率可以写成：

$$\eta_C = \frac{1}{2}\frac{\alpha_1(\theta)U_{cm}}{\alpha_0(\theta)V_{CC}} = \frac{1}{2}g_1(\theta)\xi \tag{3-13}$$

式中，ξ 为集电极电压利用系数，$\xi = \frac{U_{cm}}{V_{CC}}$；$g_1(\theta)$ 为波形系数，$g_1(\theta) = \frac{I_{c1m}}{I_{C0}} = \frac{\alpha_1(\theta)}{\alpha_0(\theta)}$，它是 θ 的函数。

根据不同导通角时的各分量的分解系数可作不同的曲线，如图 3-3 所示。由图可知，谐波次数越高，振幅就越小。当 $\theta = 120°$ 时，$\alpha_1(\theta)$ 有最大值，基波分量可得最大值，但此时集电极效率太低。所以，为兼顾功率和效率，谐振功率放大器的最佳导通角一般取 60° ~70°。

例 3-1　已知谐振功率放大器输出功率 $P_o=4\text{W}$，$\eta_C=60\%$，$V_{CC}=20\text{V}$，试求 P_C 和 I_{C0}。若保持 P_o 不变，将 η_C 提高到 80%，试问 P_C 和 I_{C0} 减小多少？

解：已知 $P_o=4\text{W}$，$\eta_C=60\%$，$V_{CC}=20\text{V}$，则

$$P_{DC}=P_o/\eta_C=4/0.6\text{W}\approx 6.67\text{W}$$

$$I_{C0}=P_{DC}/V_{CC}=6.67/20\text{A}\approx 333.3\text{mA}$$

$$P_C=P_{DC}-P_o=6.67\text{W}-4\text{W}=2.67\text{W}$$

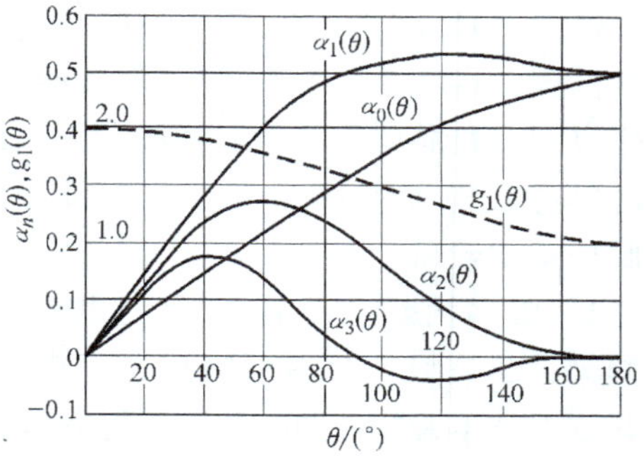

图 3-3　余弦脉冲分解系数曲线

若保持 P_o 不变，将 η_C 提高到 80%，则

$$P'_C=P_o/\eta_C-P_o=(4/0.8-4)\text{W}=(5-4)\text{W}=1\text{W}$$

$$\Delta P_C=P_C-P'_C=(2.67-1)\text{W}=1.67\text{W}$$

$$\Delta I_{C0}=I_{C0}-I'_{C0}=(0.333-5/20)\text{A}\approx 0.083\text{A}$$

3.2　谐振功率放大器的特性分析

3.2.1　谐振功率放大器的负载特性

谐振功率放大器的交流负载线称为动态负载线，简称动态线。动态线实际上就是在输入信号作用下，功率管的集电极电流 i_C 和 C-E 极间电压 u_{CE} 在 i_C—u_{CE} 平面内工作点移动的轨迹，如图 3-4 所示。

为了便于分析，输出特性曲线的参变量采用电压 u_{BE}，而不是 i_B（根据输入特性曲线上 i_B 与 u_{BE} 之间的关系，可以将 i_B 转换为 u_{BE}）。另外，动态线只能根据 u_{BE} 和 u_{CE} 逐点描出，且由 $u_{BE}=V_{BB}+u_i=V_{BB}+U_i\cos\omega t$ 和 $u_{CE}=V_{CC}-U_{cm}\cos\omega t$ 两式决定。

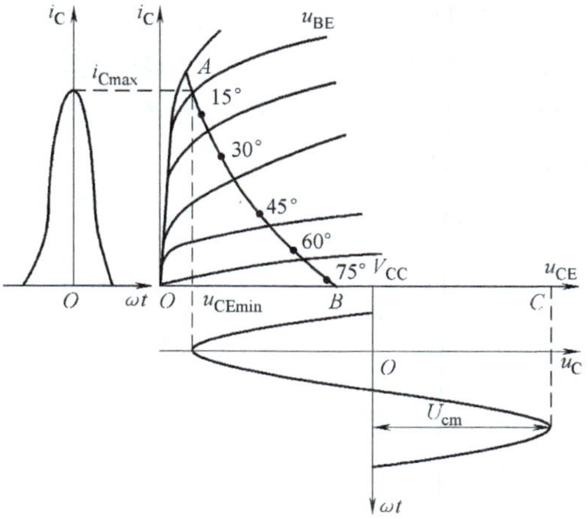

图 3-4　谐振功率放大器的动态线

由前面讨论可知，集电极电流脉冲的宽度主要取决于 V_{BB} 和 U_{im} 的大小，当 V_{BB} 和 U_{im} 一定时，集电极电流脉冲的宽度也就近似一定，几乎不随 U_{cm} 的大小而变化，当 $\omega t=0$ 时 $u_{BE}=V_{BB}+U_{im}$，$u_{CE}=V_{CC}-U_{cm}$。通常把动态点 A 处于放大区的情况称为欠电压状态，动态点 A 处于放大区和饱和区之间临界点的情况称为临界状态，动态点 A 处于饱和区的情况称为过电压状态。可见，判断谐振功率放大器处于何种工作状态，只需判断动态线的顶点 A，即 $u_{BE}=V_{BB}+U_{im}$ 和 $u_{CE}=V_{CC}-U_{cm}$ 确定的点所在的位置。谐振功率放大器的工作状态如图 3-5 所示。

由图 3-5 还可以看出：

1）欠电压状态：R_P 较小，U_{cm} 也较小的情况。在高频一个周期内各种动态工作点都处在晶体管特性曲线的放大区，此时集电极电流波形为尖顶余弦脉冲，且脉冲幅度较高。

2）临界状态：R_P 较大，U_{cm} 也较大的情况，在高频一个周期内动态工作点恰好达到晶体管特性曲线的临界饱和线，此时集电极电流波形为尖顶余弦脉冲，但脉冲幅度比欠电压时略低。

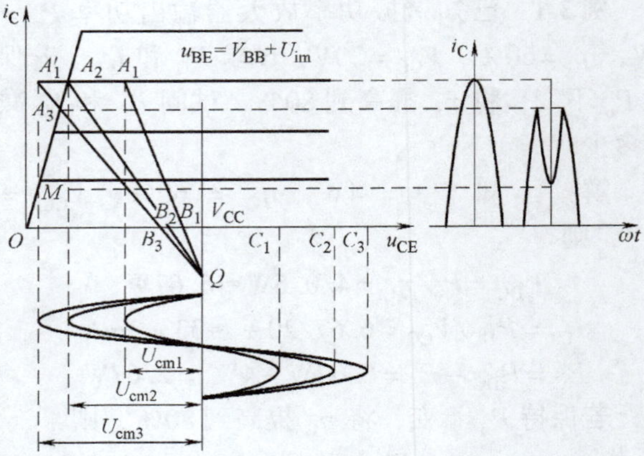

图 3-5 谐振功率放大器的工作状态

3）过电压状态：R_P 很大，U_{cm} 也很大的情况。动态线的上端进入了晶体管特性曲线的饱和区，此时集电极电流波形为凹顶状，且脉冲幅度较低。

负载特性就是当 V_{BB}、V_{CC}、U_{im} 一定时，谐振功率放大器的电流、电压、功率和效率等随 R_P 变化的特性。当 R_P 由小逐渐增大时，U_{cm} 也逐渐增大，集电极电流脉冲由尖顶形状过渡到凹顶形状，谐振功率放大器的工作状态由欠电压过渡到过电压状态。而 $U_{cm}=I_{cm}R_P$ 在欠电压状态时急剧增大，在过电压状态时只略微增大，几乎不变。至于功率，P_o 在欠电压状态时随 R_P 的增大而增大，但在过电压状态时由于 I_{c1m} 急剧下降，使 P_o 随 R_P 的增大而逐渐下降，在临界状态为最大。P_{DC} 随 R_P 增大时，其变化规律与 I_{C0} 相同。P_C 在欠电压状态时，由于 P_{DC} 基本不变，P_C 随 R_P 的增大而急剧下降；但在过电压状态，由于 P_{DC} 与 P_o 变化相同，所以 P_C 几乎不随 R_P 的变化而变化，并且只有较小的值。效率 η_C 在欠电压状态时，随 R_P 变化的规律与 P_o 的变化规律相似，逐渐增大；到过电压状态后，P_{DC} 与 P_o 都下降，η_C 还是随 R_P 的增大而增大，但是幅度比较缓慢。在临界状态，P_o 最大，η_C 也比较高，所以临界状态为谐振功率放大器的最佳工作状态，与之相对应的负载 R_P 称为谐振功率放大器的最佳负载。

据上分析，可以作出谐振功率放大器的负载特性曲线，如图 3-6 所示。

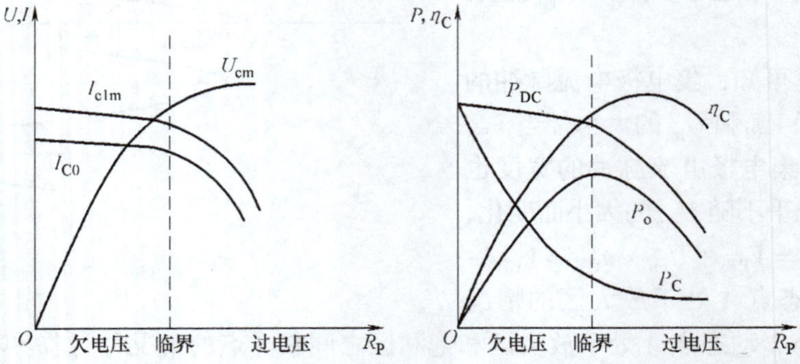

a) R_P 对 I_{C0}、I_{c1m} 和 U_{cm} 的影响　　b) R_P 对 P_o、P_{DC}、P_C 和 η_C 的影响

图 3-6 谐振功率放大器的负载特性

3.2.2　V_{CC}对谐振功率放大器工作状态的影响

调节 V_{CC}会对谐振功率放大器的工作状态产生影响。当集电极 V_{CC}变化时，V_{BB}、R_P、U_{im}一定，放大器性能随 V_{CC}变化。V_{CC}增大，动态工作点 A 将由饱和区向放大区移动，放大器工作状态将由过电压状态向欠电压状态变化，i_C 波形也将由中间凹顶状脉冲变为接近余弦变化的脉冲，但波形的宽度不变，如图 3-7a 所示。相应得到的 I_{C0}、I_{c1m}和 U_{cm}随 V_{CC}变化的特性如图 3-7b 所示。

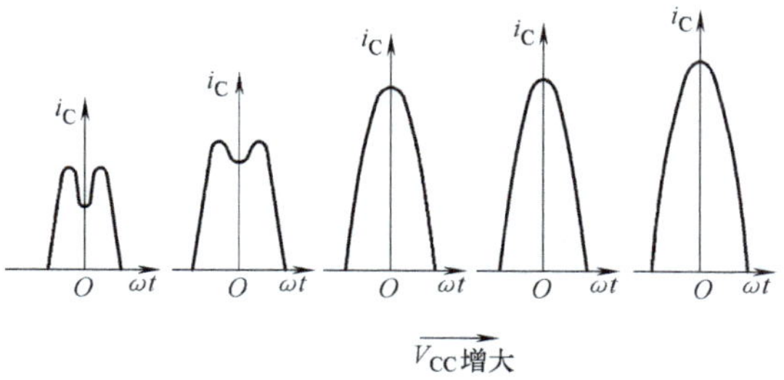

a) V_{CC}对i_C波形的影响

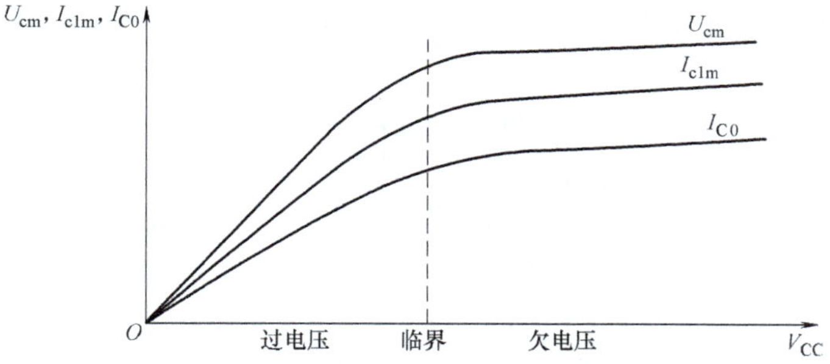

b) V_{CC}对 I_{C0}、I_{c1m}和U_{cm}的影响

图 3-7　改变 V_{CC}对放大器工作状态的影响

由图 3-7 可见，谐振功率放大器只有工作在过电压区，V_{CC}才能有效地控制 U_{cm}的变化，也就是说，工作在过电压区的谐振功率放大器，V_{CC}的变化可以有效地控制集电极回路电压振幅 U_{cm}的变化，这就是 5.2.2 节介绍的集电极调制特性的原理。

3.2.3　U_{im}与 V_{BB}对谐振功率放大器工作状态的影响

当 V_{CC}、U_{im}、R_P 一定时，谐振功率放大器的性能随 V_{BB}变化。可以分析得出，当 U_{im}一定时，V_{BB}增大，i_C 脉冲不仅宽度增大，其高度还因 u_{BEmax}的增大而增大，如图 3-8 所示。由图可见，谐振功率放大器只有工作在欠电压区，V_{BB}才能有效地控制 I_{c1m}（或 U_{cm}）的变化。也就是说，工作在欠电压区的谐振功率放大器，V_{BB}的变化可以有效地控制集电极回路电压振幅 U_{cm}的变化，这也是 5.2.2 节介绍到的基极调制特性的原理。

当 V_{BB}、V_{CC}、R_P 一定时，谐振功率放大器的电流、电压、功率和效率等随 U_{im}变化的特性称为放大特性。它和基极调制特性的情况基本相似，这里不再详细说明了。

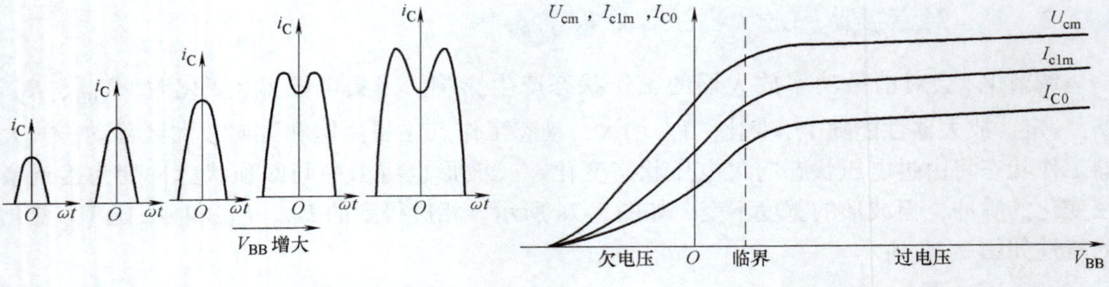

a) V_{BB}对i_C波形的影响　　b) V_{BB}对 I_{C0}、I_{c1m}和U_{cm}的影响

图 3-8　改变 V_{BB} 对谐振功率放大器工作状态的影响

3.3　谐振功率放大器与倍频器电路

3.3.1　谐振功率放大器的直流馈电电路

谐振功率放大器的直流馈电电路包括基极馈电电路、集电极馈电电路等。

1. 基极馈电电路

基极馈电电路也分为串联和并联两种，如图 3-9 所示。在图 3-9a 中，输入信号 u_i、基极直流电源 V_{BB}和晶体管的发射结串联，称为串联基极馈电电路，常用于工作频率较低或工作频带较宽的功率放大器；在图 3-9b 中，u_i、V_{BB}和晶体管的发射结并联，称为并联基极馈电电路，常用于甚高频的功率放大器。图中，C_B 为高频旁路电容，HFC 为高频扼流圈。

要使谐振功率放大器工作在丙类状态，晶体管基极应加反向偏压或加小于阈值电压 U_{TH} 的正向偏压，反向偏压常采用自给偏置的方法获得。

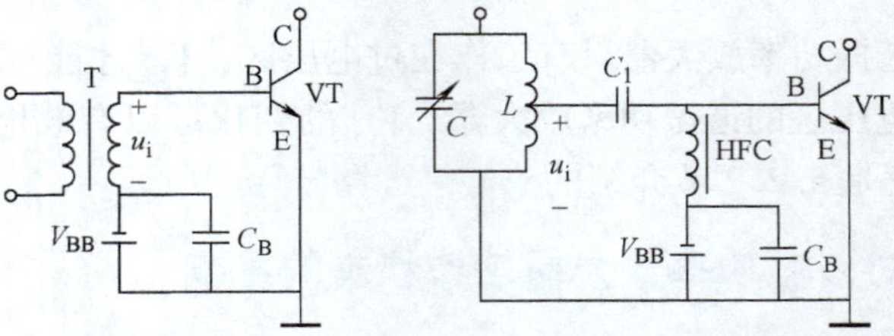

a) 串联基极馈电电路　　b) 并联基极馈电电路

图 3-9　基极馈电电路

2. 集电极馈电电路

集电极馈电电路也分为串联和并联两种，如图 3-10 所示。

图 3-10 中，HFC 为扼流圈，对高频信号起“扼制”作用；C_{C1} 为旁路电容，C_{C2} 为隔直电容，对高频信号起短路作用。并联和串联集电极馈电电路的结构形式虽然不同，但都实现了 $u_{CE}=V_{CC}-U_{cm}\cos\omega t$。就电压关系而言，无论是串联还是并联，交流电压和直流电压总是串联叠加在一起的。

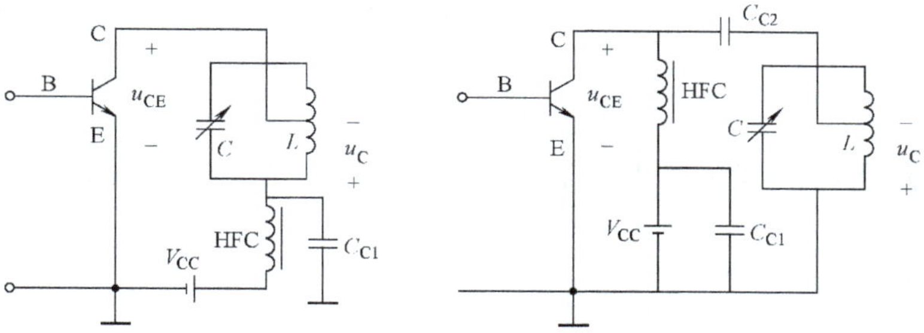

a) 串联集电极馈电电路　　b) 并联集电极馈电电路

图 3-10　集电极馈电电路

3.3.2　滤波匹配网络

滤波匹配网络是指为了与前级放大器和后级实际负载相匹配，而在谐振功率放大器的输入和输出端接入的耦合电路。介于末级放大器与实际负载之间的耦合电路，称为输出滤波匹配网络；接于放大器输入端的耦合电路，称为输入滤波匹配网络。输入和输出滤波匹配网络在谐振功率放大器中的连接如图 3-11 所示。

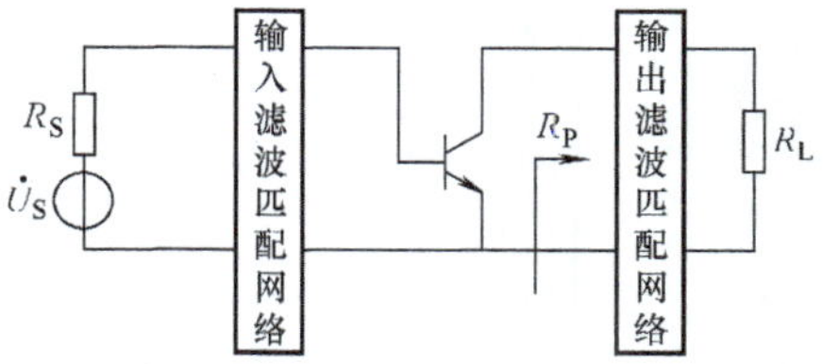

图 3-11　输入和输出滤波匹配网络在谐振功率放大器中的连接

输入滤波匹配网络的作用是把谐振功率放大器的输入阻抗变换为前级信号源所需的负载阻抗，以使电路能从前级信号源获得最大的激励功率；输出匹配网络具有滤波和阻抗变换能力，可以滤除各次级谐波，使负载上只有基波电压，并将外接负载 R_L 变换为谐振功率所要求的负载电阻 R_P，以保证放大器输出所需的功率。

根据电路结构不同，滤波匹配网络可分为 L 形滤波匹配网络、Π 形滤波匹配网络和 T 形滤波匹配网络。

1. L 形滤波匹配网络

图 3-12 为低阻抗变高阻抗的 L 形输出滤波匹配网络。

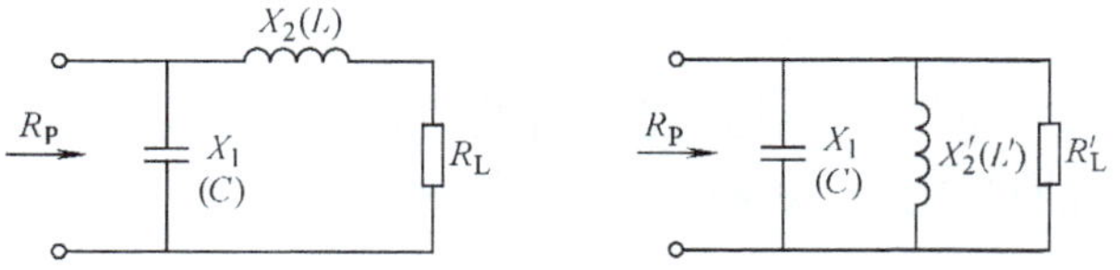

a) 结构　　b) 等效网络

图 3-12　低阻抗变高阻抗的 L 形输出滤波匹配网络

图 3-12a 中，R_L 为外接负载电阻（通常很小），L 为 Q 值很高的电感线圈。将图 3-12a 中的 X_2、R_L 串联电路用并联来等效，则可得图 3-12b 所示的电路。在工作频率上，等效并联回路发生谐振，此时，L 形滤波匹配网络可把实际电阻 R_L 变换为谐振功率放大器处于临界状态时所要求的较大的谐振阻抗 R_P，由理论分析可以求得等效品质因数 Q、X_2、X_1 为

$$Q=\sqrt{\frac{R_P}{R_L}-1} \tag{3-14}$$

$$|X_2| = \sqrt{R_L(R_P - R_L)} \tag{3-15}$$

$$|X_1| = R_P \sqrt{\frac{R_L}{R_P - R_L}} \tag{3-16}$$

图 3-13 为高阻抗变低阻抗的 L 形输出滤波匹配网络，此时 R_L 较大，R_P 较小。

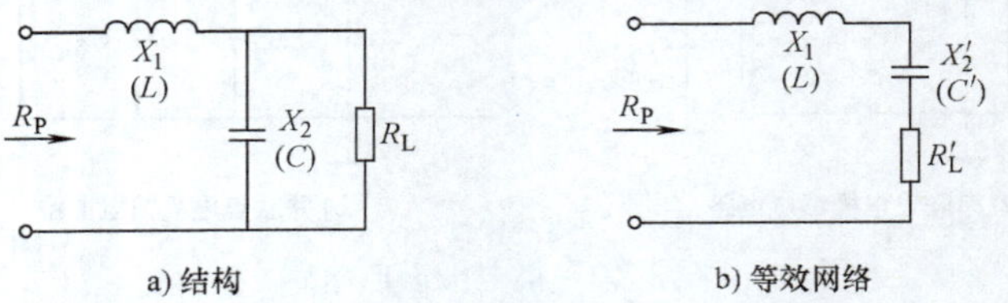

图 3-13　高阻抗变低阻抗的 L 形输出滤波匹配网络

将图 3-13a 中的 X_2、R_L 并联电路用串联电路来等效，可得图 3-13b 所示的电路。在工作频率上，等效串联回路发生谐振，此时，L 形滤波匹配网络可把实际电阻 R_L 变换为放大器处于临界状态时所要求的较小的谐振阻抗 R_P，而等效品质因数 Q 和 X_2、X_1 应为

$$Q = \sqrt{\frac{R_L}{R_P} - 1} \tag{3-17}$$

$$|X_2| = R_L \sqrt{\frac{R_P}{R_L - R_P}} \tag{3-18}$$

$$|X_1| = \sqrt{R_P\ (R_L - R_P)} \tag{3-19}$$

2. Π 形和 T 形滤波匹配网络

图 3-14a 为 Π 形滤波匹配网络的结构，它可以分成两个串联的 L 形滤波匹配网络，如图 3-14b 所示。

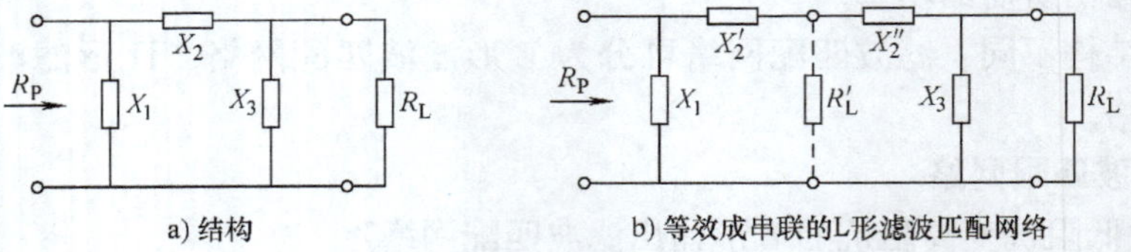

图 3-14　Π 形滤波匹配网络

图 3-15a 为 T 形滤波匹配网络结构，它同样也可以分成两个串联的 L 形滤波匹配网络，如图 3-15b 所示。它们的阻抗变换关系请读者自行分析。

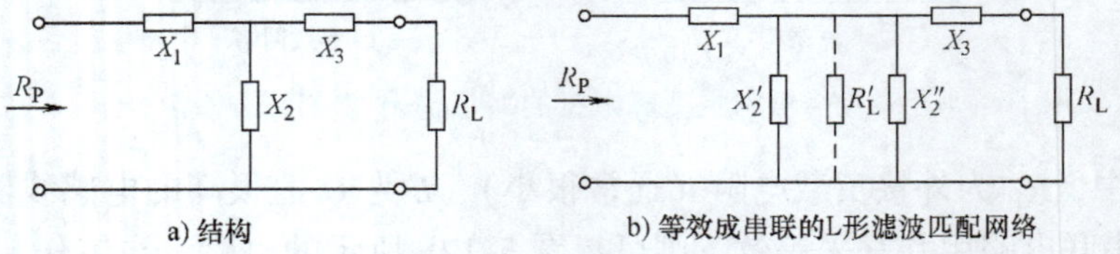

图 3-15　T 形滤波匹配网络

3.3.3　谐振功率放大器应用电路

图 3-16 是工作频率为 160MHz 的谐振功率放大器电路。它向 50Ω 的外接负载提供 13W

的功率，功率增益可达 9dB。

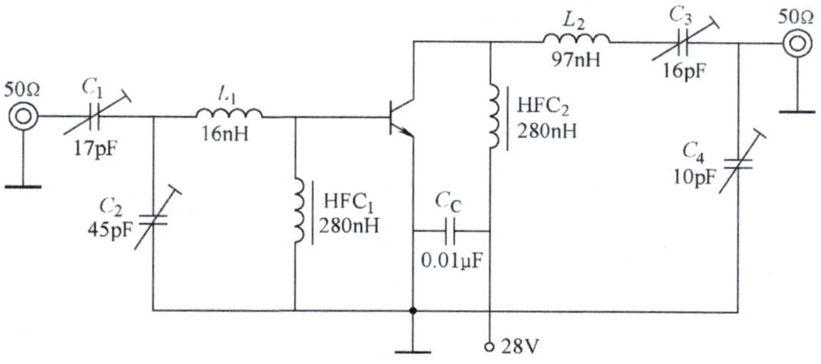

图 3-16　工作频率为 160MHz 的谐振功率放大器电路

该电路中晶体管的基极连接自给偏压电路，由高频扼流圈 HFC$_1$ 中的直流电阻及晶体管基区体电阻产生很小的负偏压；晶体管的集电极接并联馈电电路，HFC$_2$ 为高频扼流圈，C_C 为旁路电容。L_2、C_3 和 C_4 构成 L 形输出滤波匹配网络，调节 C_3 和 C_4 可使外接 50Ω 负载在工作频率上变换为放大器所需的匹配电阻；L_1、C_1 和 C_2 构成 T 形输入滤波匹配网络，可将功率管的输入阻抗在工作频率上变换为前级放大器所要求的 50Ω 匹配电阻。L_1 除了用于抵消功率管的输入电容作用外，还与 C_1、C_2 产生谐振，C_1 用来调匹配，C_2 用来调谐振。

图 3-17 是工作频率为 50MHz 的谐振功率放大器电路。它向 50Ω 的外接负载提供 25W 的功率，功率增益可达 7dB。

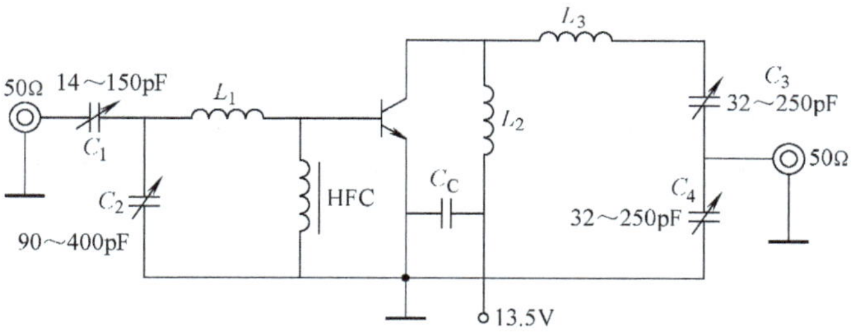

图 3-17　工作频率为 50MHz 的谐振功率放大器电路

该电路的基极馈电电路和输入匹配网络与图 3-16 所示电路相同，而集电极采用串联馈电电路，L_2、L_3、C_3 和 C_4 构成 L 形输出滤波匹配网络，调节 C_3 和 C_4 可使输出回路谐振在工作频率上，并实现阻抗匹配。

3.3.4　丙类倍频器应用电路

输出信号的频率是输入信号的频率 n（n 为正整数）倍的电路叫倍频器。倍频器按工作原理可分为两大类：一类是工作于丙类的谐振功率放大器，称为丙类倍频器；另一类是利用 PN 结的非线性变化来实现倍频作用的，称为参量倍频器。当工作频率为几十兆赫兹时，主要采用丙类倍频器；当工作频率高于 100MHz 时，主要采用参量倍频器。不论哪种倍频器，它们都是利用器件的非线性对输入信号进行非线性变化，再从谐振系统中取出 n 次谐波分量而实现倍频作用的。采用倍频器可降低主振器频率，这有利于稳频；在不改变主振器波段的情况下，可以用扩展法设计波段等。下面主要介绍一下丙类倍频器的工作原理。

由谐振功率放大器的分析可知，谐振功率放大器工作在丙类时，晶体管集电极的电流脉冲中含有丰富的谐波分量，如果把集电极谐振回路调谐在二次或三次谐波频率上，这时放大器就只含有二次谐波电压或三次谐波电压输出，谐波功率放大器就成了两倍频或三倍频器。在一般情况下，丙类倍频器都工作在欠电压状态或临界状态。同一个晶体管在输出相同功率时，作为倍频器工作，其集电极损耗要比作为放大器工作时大。另外，考虑到输出回路需要滤除高于或低于 n 的各次谐波分量，其中低于 n 的各次谐波分量幅度要比有用分量大，要将它们滤出较为困难。显然，倍频次数过高，对输出回路的要求就会过于苛刻而难于实现，所以一般单级丙类倍频器取 $n=2\sim3$，若要提高倍频次数，可将倍频器级联起来使用。

当 $n>2$ 时，为了有效地抑制低于 n 的各次谐波分量，实际的丙类倍频器输出回路常采用陷波电路，图 3-18 为带有陷波电路的三倍频器。

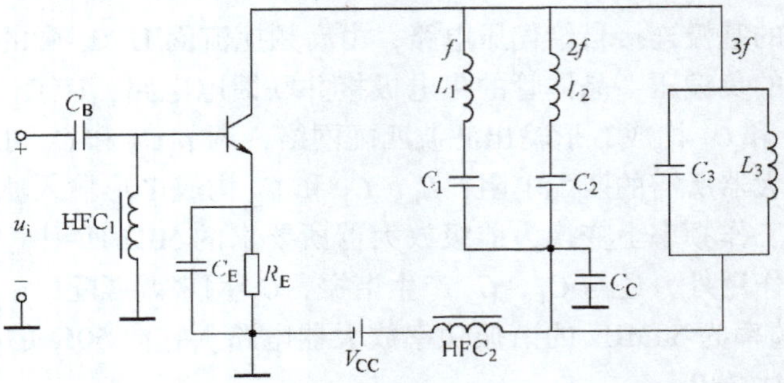

图 3-18 带有陷波电路的三倍频器

输出回路的 L_3C_3 并联回路调谐在三次谐波频率上，用于获得三倍频电压输出，而串联谐振回路 L_1C_1、L_2C_2 与并联回路 L_3C_3 相并联，它们分别调谐在基波和二次谐波频率上，从而可以有效地抑制它们的输出，故 L_1C_1 和 L_2C_2 回路成为串联陷波电路。

3.4 宽带高频功率放大器

3.4.1 传输线变压器

1. 传输线变压器的工作原理

传输线变压器是将传输线绕在高磁导率、低损耗的环形磁心上绕制而成的。传输线可采用扭绞线、平行线、同轴线等，而环形磁心一般由镍锌高频铁氧体制成，其直径小的只有几毫米，大的有几十毫米，视功率大小而定。传输线变压器与普通变压器相比，其主要特点是工作频带极宽，它的上限频率可达上千兆赫兹，频率覆盖系数可达 10000，而普通变压器的上限频率只有几十兆赫兹，频率覆盖系数只有几百或几千。传输线变压器的工作方式是传输线原理和变压器原理相结合，即其能量根据激励信号频率的不同以传输线或变压器方式传输。

图 3-19a 为 1:1 传输线变压器的结构示意图，它是由两根等长的导线紧靠在一起并绕在环形磁心上构成的。

用虚线表示的导线 1 端接信号、2 端接地，用实线表示的另一根导线 3 端接地、4 端接

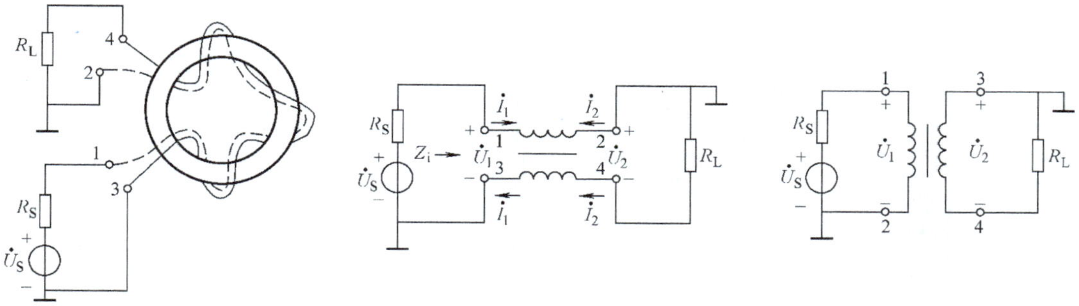

a) 结构　　b) 等效为传输线的原理图　　c) 等效为变压器的原理图

图 3-19　1:1 传输线变压器的结构和工作原理

负载。图 3-19b 为以传输线方式工作的电路形式，图 3-19c 为以普通变压器方式工作的电路形式。根据传输线理论，为了扩展它的上限频率，首先应使终端尽可能匹配；其次，应尽可能缩短传输线的长度，工程上要求传输线长度小于最小工作波长的 1/8。这时可近似认为传输线输出与输入端的电压和电流大小相等、相位相同。

由图 3-19b、c 可知，由于 2、3 端同时接地，则负载 R_L 上获得了与输入电压幅值相等、相位相反的电压，且 $Z_i = R_L$，所以，这种接法的传输线变压器相当于一个 1:1 阻抗反相变压器。在高频范围内，由于励磁感抗很大、励磁电流可以忽略不计，传输线方式起主要作用，上限频率不再受漏感和分布电容的限制，也不受磁心应用频率上限的限制；在频率较低的中间频段上，变压器近似为理想变压器，同时又由于传输线的长度很短，输入信号将直接加到负载上，能量的传输不会受到变压器的影响；在频率很低时，变压器传输方式起主要作用，由于采用了 μ 值很高的磁心，传输线变压器仍具有较好的低频特性。所以，不难看出传输线变压器具有良好的宽频带传输特性。

2. 传输线变压器的应用

(1) 平衡和不平衡电路的转换　传输线变压器可实现平衡和不平衡电路的转换，如图 3-20 所示。

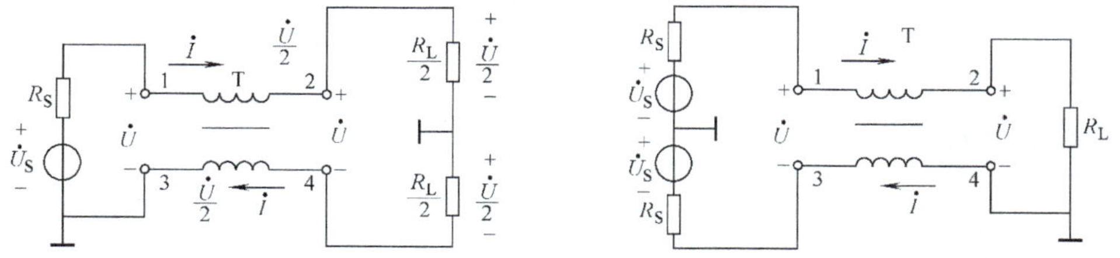

a) 不平衡—平衡转换　　b) 不平衡—不平衡转换

图 3-20　平衡和不平衡电路的转换

图 3-20a 所示信号源为不平衡输入，通过传输线变压器 T 可以得到两个大小相等、对地完全反相的电压输出；图 3-20b 所示的两个信号源构成平衡输入，通过传输线变压器 T 可以得到一个对地不平衡的电压输出。

(2) 4:1 和 1:4 阻抗变换器　传输线变压器可以构成阻抗变换器，最常用的是 4:1 和 1:4 阻抗变换器。将传输线变压器按图 3-21a 接线，就可以实现 4:1 的阻抗变换，图 3-21b 是它的电路。

若设负载 R_L 上的电压为 $\dot{U}$，由图 3-21 可见，传输线终端 2-4 和始端 1-3 的电压也均为

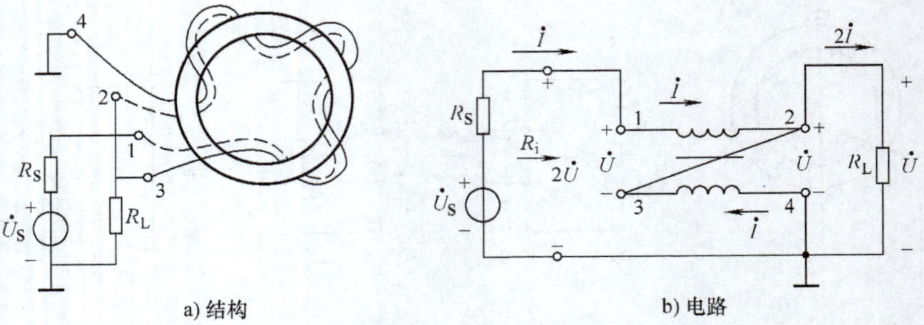

图 3-21 4∶1 阻抗变换器

$\dot{U}$，则 1 端对地输入电压等于 $2\dot{U}$。如果信号源提供的电流为 $\dot{I}$，则流过传输线变压器上、下两个线圈的电流也为 $\dot{I}$，由图 3-21b 可知，通过负载 R_L 的电流为 $2\dot{I}$，因此可得

$$R_L = \frac{\dot{U}}{2\dot{I}} \tag{3-20}$$

而信号源端呈现的输入阻抗为

$$R_i = \frac{2\dot{U}}{\dot{I}} = 4R_L \tag{3-21}$$

可见，输入阻抗是负载阻抗的 4 倍，从而实现了 4∶1 的阻抗变换。为了实现阻抗匹配，要求传输线的特性阻抗为

$$Z_C = \frac{\dot{U}}{\dot{I}} = 2R_L \tag{3-22}$$

如将传输线变压器按图 3-22 接线，则可实现 1∶4 的阻抗变换。这时，有

$$R_L = \frac{2\dot{U}}{\dot{I}} \tag{3-23}$$

信号源端呈现的输入阻抗为

$$R = \frac{\dot{U}}{2\dot{I}} = \frac{1}{4}R_L \tag{3-24}$$

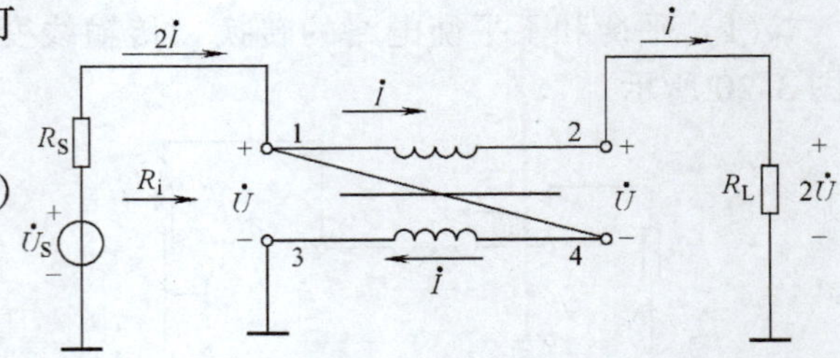

图 3-22 1∶4 阻抗变换器

可见，输入阻抗 R 为负载电阻的 1/4，实现了 1∶4 的阻抗变换。为了实现阻抗匹配，要求传输线的特性阻抗为

$$Z_C = \frac{\dot{U}}{\dot{I}} = R_L \tag{3-25}$$

3.4.2 功率合成技术

用多个晶体管并联也可以实现功率合成，但一个晶体管损坏必将使其他晶体管工作状态

发生变化，如果用传输线变压器构成混合网络来实现功率合成就不会有这个缺点，还可以实现宽频带工作。

用1∶4或4∶1传输线变压器接成的混合网络称为魔T网络。采用魔T网络作为功率合成电路中的级间耦合和输出匹配网络的技术称为宽带高频功率合成技术。理想的魔T网络有A、B、C、D4个端口，如图3-23所示。

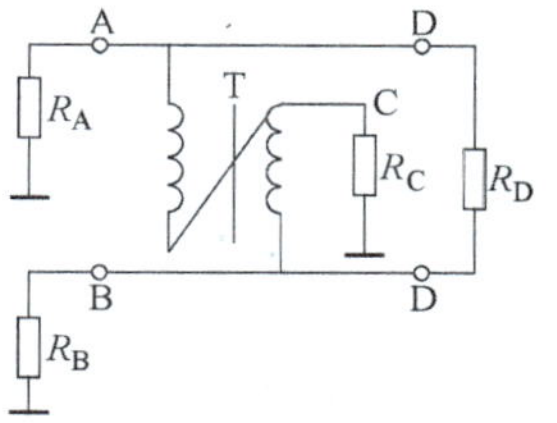

图3-23 魔T网络的电路结构

若T的特性阻抗为R，则有$R_A=R_B=R$、$R_C=\frac{R}{2}$、$R_D=2R$。其中，C端称为“和”端，D端称为平衡端或“差”端。

1. 功率合成网络

图3-24是用魔T网络实现功率合成的原理电路。图中，T_1为魔T网络，T_2为1∶1平衡—不平衡变换器。

1）反相功率合成：功率放大器A和B提供等值反相电流，在D端合成功率，C端无输出。

2）同相功率合成：功率放大器A和B提供等值同相电流，在C端合成功率，D端无输出。

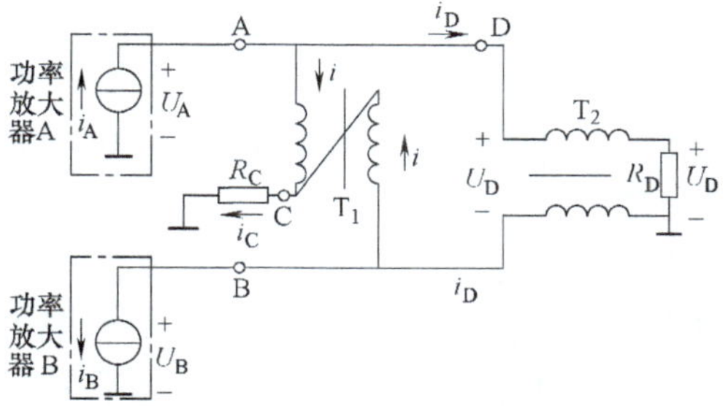

图3-24 用魔T网络实现功率合成的原理电路

魔T网络的隔离条件是$R_C=\frac{1}{4}R_D$。

2. 功率分配网络

1）同相功率分配：功率放大器接到C端，信号由C端输入（见图3-25），两个负载分别接A端和B端，D为平衡端。A端和B端获得等值同相功率，而D端没有获得功率。

2）反相功率分配：功率放大器接到D端，信号由D端输入（见图3-26）。A端和B端获得等值反相功率，而C端没有获得功率。

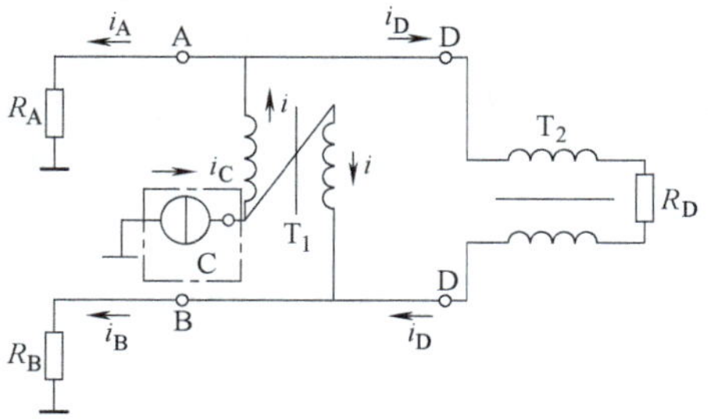

图3-25 同相功率分配网络

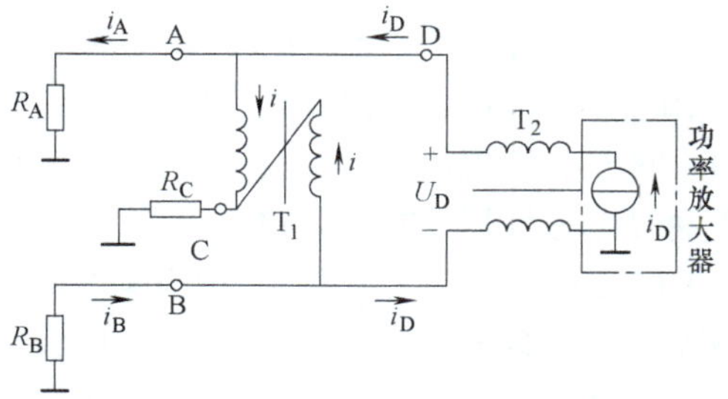

图3-26 反相功率分配网络

3）功率合成电路应用举例 将上面讨论的混合网络与适当的放大电路相组合，就可以构成功率合成电路。图3-27为反相功率合成器应用电路。

图3-27中T_3和T_4为魔T网络。T_3为功率分配网络，将输入信号源（D端）提供的功率反相地均等分配给功率管VT_1和VT_2，使这两个功率管输出反相等值电流。T_4为功率合成网络，用来将两个功率管的输出功率相加，而后通过平衡—不平衡变换器T_5馈送到输出

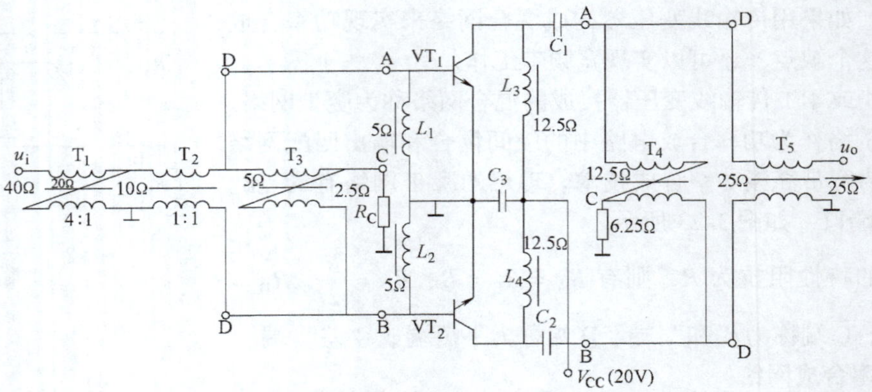

图 3-27　反相功率合成器应用电路

负载上。T_1 为4:1阻抗变换器，T_2 为平衡—不平衡变换器，R_C 为假负载电阻，用于吸收不平衡功率。

图3-27中晶体管工作在乙类状态，每个基极到地都接特性阻抗为5Ω的电感，用来防止寄生振荡以稳定放大器的工作，并在晶体管截止时作为耦合网络的负载。由于功率放大器工作在乙类状态，采用反相功率合成器可以抵消偶次谐波分量，使输出失真减小。

3.4.3　宽带高频功率放大器电路

谐振功率放大器的优点是效率高，但是调谐繁琐、调谐速度慢，不能适应现代通信发展的要求。例如，要求工作于多个频道并能快速换频的发射机、电子对抗系统中有快速跳频技术要求的发射机、多频道频率合成器构成的发射机等，都要求采用快速调谐跟踪的放大器。显然，谐振功率放大器是不能满足要求的。因此，宽频带放大技术在高频放大中的应用非常重要。宽带功率放大器的频带可以覆盖整个发射机工作频率范围，所以在发射机变换工作频率时不需要进行调谐。

最常见的宽带功率放大器是利用宽频带变压器作输入、输出或级间耦合电路，并实现阻抗匹配。宽频带变压器有两种形式：一种是利用普通变压器原理，只是采用高频磁心来扩展频带，它可以工作在短波波段；另一种是利用传输线变压器，其频带可以做得很宽。

由传输线变压器与晶体管构成的宽带功率放大器，是利用传输线变压器在宽频带范围内传送高频能量和实现放大器与放大器的阻抗匹配或实现放大器与负载之间的阻抗匹配。图3-28是这种功率放大器的典型电路。

图3-28中，T_1、T_2 和 T_3 均为4:1阻抗变换传输线变压器，T_1 和 T_2 串联后作为第一级功率放大器的输出匹配网络，总阻抗比为16:1，实现第一级功率放大器的高输出阻抗与第二级低输入阻抗之间的匹配；第二级功率放大器输出与负载（50Ω）采用4:1阻抗变换传输线变压器，实现第二级功率放大器的高输出阻抗与负载之间的匹配。

该电路每一级都采用了电压负反馈电路，以改善放大器的性能。1.8kΩ与47Ω电阻串联给 VT_1 放大器提供反馈，1.2kΩ与12Ω电阻串联给 VT_2 放大器提供反馈。为了避免放大器通过电源内阻在放大器级间产生寄生耦合，采用 *RC* 去耦滤波电路。滤波电容是由大小不同的3个电容并联组成，分别对不同的频率滤波。由于没有采用调谐回路，这种放大器应工作于甲类状态。输出级采用乙类推挽电路，以提高效率。

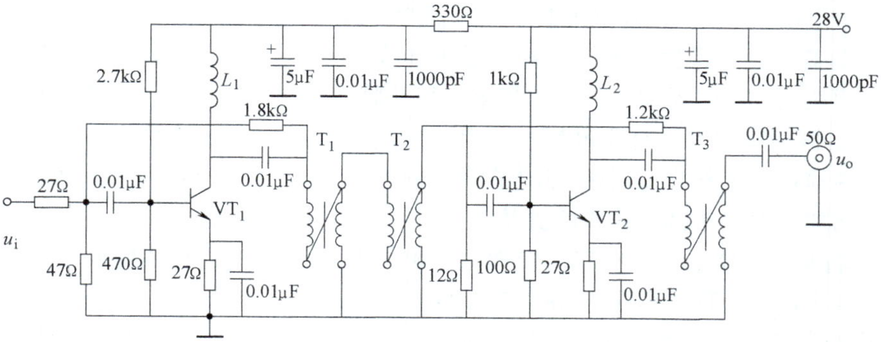

图 3-28 两级宽带功率放大器的典型电路

为了减小输入阻抗变化对前级放大器的影响，该电路在第 2 个晶体管（即图 3-28 中 VT_2）的输入端并接了一个 12Ω 的电阻，使总的输入电阻变成为 6Ω。

重要知识点

- 谐振功率放大器：采用谐振回路作负载用于放大高频大信号的放大器。
- 谐振功率放大器输出功率：集电极电流基波分量在负载 R_P 上的平均功率，即

$$P_o = \frac{1}{2}I_{c1m}U_{cm} = \frac{1}{2}I_{c1m}^2 R_P$$

- 集电极直流电源供给功率：集电极电流直流分量与电源的乘积，即

$$P_{DC} = I_{C0}V_{CC}$$

- 集电极耗散功率：集电极直流电源供给功率与谐振功率放大器输出功率之差，即

$$P_C = P_{DC} - P_o$$

- 集电极效率：输出功率与集电极直流电源供给功率之比，即

$$\eta_C = \frac{P_o}{P_{DC}} = \frac{1}{2}\frac{I_{c1m}U_{cm}}{I_{C0}V_{CC}}$$

- 谐振功率放大器的工作状态：欠电压、临界、过电压。
- 负载特性：当 V_{CC}、V_{BB}、U_{im}一定时，谐振功率放大器的电流、电压、功率和效率等随 R_P 变化的特性。
- V_{CC}对谐振功率放大器工作状态的影响：当 V_{BB}、R_P、U_{im}一定时，谐振功率放大器性能随 V_{CC} 变化。
- U_{im}与 V_{BB}对谐振功率放大器工作状态的影响：当 V_{CC}、R_P 一定时，谐振功率放大器性能随 U_{im}、V_{BB} 变化。
- 滤波匹配网络：为与前级放大器和后级实际负载相匹配，而在谐振功率放大器输入和输出端接入的耦合电路。
- 倍频器：输出信号的频率是输入信号的频率 n（n 为正整数）倍的电路叫倍频器。
- 传输线变压器：将传输线绕在高磁导率、低损耗的环形磁心上绕制而成的。
- 魔 T 网络：1:4 或 4:1 传输线变压器接成的混合网络。

本章小结

1. 高频功率放大器，按工作频带宽窄可以分为窄带功率放大器和宽带功率放大器。前

者以 LC 谐振回路为负载，后者以传输线变压器为负载。

2. 为了提高效率，谐振功率放大器一般工作在丙类状态，其集电极电流是严重失真的脉冲波形，而调谐在信号频率上的集电极谐振回路将滤除谐波，得到不失真的输出电压。

3. 丙类谐振功率放大器有欠电压、临界、过电压 3 种状态，其性能可用负载特性、调制性和放大性描述。工作在临界状态的谐波功率放大器输出功率 P_o 最大，效率也比较高，所以谐振功率放大器一般都工作在临界状态。

4. 谐振功率放大器电路包括集电极馈电电路、基极馈电电路和匹配网络等。匹配网络可分为 L 形匹配网络、Π 形匹配网络与 T 形匹配网络。

5. 倍频器按其工作原理可分为丙类倍频器和参量倍频器。单级丙类倍频器的倍频次数一般不超过 3，若要提高倍频次数，可将倍频器级联起来使用。

6. 传输线变压器是以传输线原理和变压器原理相结合的方式工作，因此有良好的宽频带传输特性。用它可以构成宽带功率合成器和功率分配器。

思考题与习题

3-1 已知谐振功率放大器输出功率 $P_o=4\text{W}$，$\eta_C=60\%$，$V_{CC}=20\text{V}$，试求 P_{DC}、P_C 和 I_{C0}。若保持 P_o 不变，将 η_C 提高到 80%，试问此时 P_{DC}、P_C 和 I_{C0} 变为多少？

3-2 已知谐振功率放大器 $V_{CC}=20\text{V}$，$I_{C0}=250\text{mA}$，$P_o=4\text{W}$，$U_{cm}=0.9V_{CC}$，试求该放大器的 P_{DC}、P_C、η_C 和 I_{c1m}。

3-3 已知谐振功率放大器 $V_{CC}=30\text{V}$，$I_{C0}=100\text{mA}$，$U_{cm}=28\text{V}$，$\theta=60°$，$g_1(\theta)=1.8$，试求 P_o、R_P 和 η_C。

3-4 已知谐振功率放大器 $V_{CC}=24\text{V}$，$P_o=5\text{W}$，$\theta=70°$，$\xi=0.9$，试求该放大器的 η_C、P_{DC}、P_C、i_{Cm} 和谐振回路的谐振电阻 R_P。

3-5 谐振功率放大器原来工作在临界状态，若集电极回路稍有失谐，放大器的 I_{C0}、I_{c1m} 将如何变化？P_C 将如何变化？有何危险？

3-6 谐振功率放大器原来工作在过电压状态，现欲将它调整到临界状态，应改变哪些参数？不同的调整方法所得到的输出功率是否相同？

3-7 已知谐振功率放大器工作频率 $f=50\text{MHz}$，实际负载电阻 $R_L=10\Omega$，放大器处于临界工作状态所要求的谐振阻抗 $R_P=200\Omega$，试确定低阻抗变高阻抗 L 形滤波匹配网络的参数 L 和 C 的大小。

3-8 图 3-29 是有多处错误的 400MHz 谐振功率放大器电路，试更正这些错误。

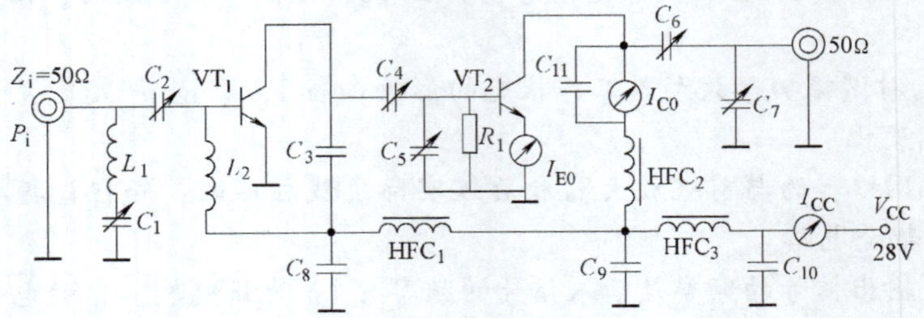

图 3-29 题 3-8 图

第4章 正弦波振荡器

【目的和要求】

了解正弦波振荡器组成，会分析振荡器的起振、平衡和稳定的条件；掌握三点式振荡电路的形式和特点；掌握振荡电路的分析方法，画出直流、交流通路，计算振荡频率；理解石英晶体振荡器的电抗特性；掌握晶体振荡器的电路组成结构、类型和特点。

【重点和难点】

- 振荡器的起振和平衡条件。
- *LC* 三点式振荡电路的结构与特点，改进型三点式振荡电路的分析。
- 石英晶体振荡器的类型与特点。

在没有外加激励的情况下，能够自动产生一定波形信号的装置或电路，称为振荡器或振荡电路。振荡器是一种将直流电能自动转换成所需交流电能的电路。它与放大器的区别在于这种转换不需外部信号的控制。振荡器输出的信号频率、幅度、波形完全由电路自身的参数决定。

按照所产生的波形是否为正弦波，振荡器可分为正弦波振荡器和非正弦波振荡器，本章只介绍正弦波振荡器。

按照选频网络的不同，振荡器还可分为 *LC* 振荡器、石英晶体振荡器和 *RC* 振荡器等。

由于正弦波振荡器能产生一定频率和一定振幅的正弦信号，因此振荡频率和输出振幅是其主要指标。此外，还要求输出正弦信号的频率和振幅的稳定性好，波形失真小，因此频率稳定度、振幅稳定度和波形失真系数也是正弦波振荡器的主要技术指标。

1. 频率稳定度

频率稳定度的定义是：在规定的时间内，规定的温度、湿度、电源电压等变化范围内，振荡频率的相对变化量的最大值，用 δ 表示，即

$$\delta = \frac{|f - f_0|_{\max}}{f_0} \tag{4-1}$$

式中，f_0 为振荡器的标称频率；f 为实际振荡频率。

2. 振幅稳定度

振幅稳定度用振幅的相对变化量 S 来表示，即

$$S = \frac{\Delta U_{om}}{U_{om}} \tag{4-2}$$

式中，U_{om}为某一参考输出电压振幅；ΔU_{om}为偏离参考振幅U_{om}的值。

4.1 振荡器的工作原理

按照补充能量的方式不同，振荡器可分成两大类：一类是利用正反馈原理构成的反馈型振荡器，它是目前应用最多的一类振荡器；另一类是负阻振荡器，它是将负阻器件直接接到谐振回路中，利用负阻器件的负电阻效应去抵消回路中的损耗，从而产生等幅的自由振荡。本节主要介绍反馈型振荡器的主要工作原理。

4.1.1 产生振荡的基本原理

反馈型振荡器是通过正反馈连接方式不断补充能量而实现等幅正弦振荡的电路。这种电路由两部分组成：一是放大电路，二是反馈网络，如图4-1所示。

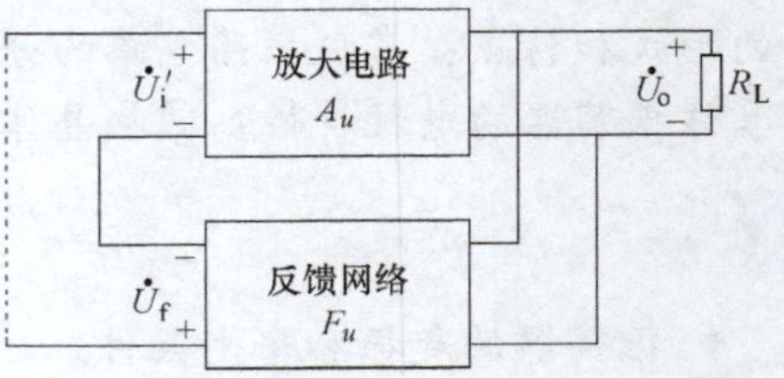

图4-1 反馈型振荡器的组成框图

设放大电路的开环增益为$A_u=\dfrac{\dot{U}_o}{\dot{U}'_i}$，反馈网络的反馈系数为$F_u=\dfrac{\dot{U}_f}{\dot{U}_o}$，则在引入正反馈后整个闭环回路的放大倍数为$A_f=\dfrac{\dot{U}_o}{\dot{U}_i}=\dfrac{A_u}{1-A_uF_u}$。显然当$1-A_uF_u=0$时，整个闭环回路增益$A_f$变得无穷大，此时放大器即使在没有输入信号（$\dot{U}_i=0$）的情况下，也可产生信号输出，即产生自激振荡，振荡输出信号再通过稳幅环节和选频网络就可以得到振幅和频率均稳定的输出信号。故振荡器的一般组成包括放大器、正反馈网络、选频网络和稳幅环节。

4.1.2 振荡器的起振条件和平衡条件

1. 起振条件

振荡器在刚接通电源时，晶体管的电流将从零跃变到一定的数值，由于电路中存在各种固有噪声，并且它们都具有很宽的频谱，所以需要通过选频网络的选频作用，使特定频率f_0的分量经过选频网络产生正弦电压输出。尽管振荡器的起始输出振荡电压很小，但是经过反馈、放大选频，再反馈、再放大选频多次循环，就能产生一个较大的正弦波输出。因此振荡器接通电源后能够从小到大建立振荡的振幅起振条件为

$$A_uF_u>1 \tag{4-3}$$

相位起振条件为

$$\varphi_{AF}=2n\pi \qquad (n=0,1,2,3,\cdots) \tag{4-4}$$

式中，A_uF_u表示环路电压增益；φ_{AF}表示环路相移。

2. 平衡条件

振荡器起振后，振荡幅度不会无限增长下去，而是在某一点处于平衡状态。因此，反馈

型振荡器既要满足起振条件，又要满足平衡条件。在接通电源后，依据放大器大振幅的非线性抑制作用，环路增益 A_uF_u 必然具有随振荡器电压振幅 U_i 增大而下降的特性，如图 4-2 所示。

反馈型振荡器的振幅平衡条件为

$$A_uF_u = 1 \tag{4-5}$$

相位平衡条件为

$$\varphi_{AF} = 2n\pi \qquad (n = 0,1,2,\cdots) \tag{4-6}$$

振荡的建立和平衡过程中的输出电压波形如图 4-3 所示。

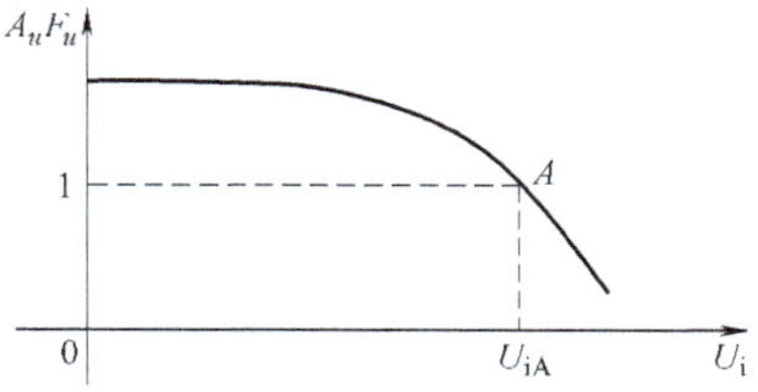

图 4-2　满足起振条件和平衡条件的环路增益特性

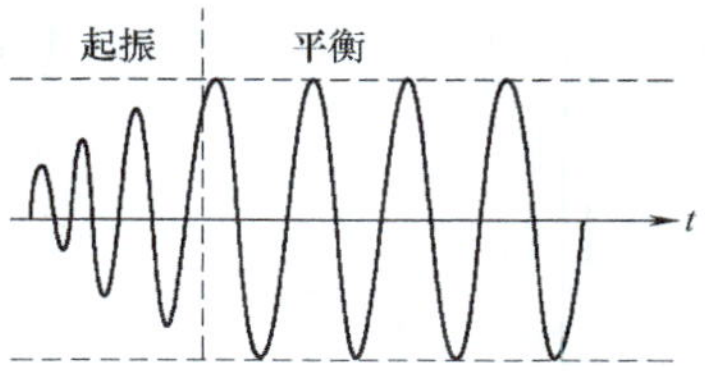

图 4-3　振荡的建立和平衡过程中的输出电压波形

4.2　*LC* 正弦波振荡器

以 *LC* 谐振回路作为选频网络的振荡器称为 *LC* 正弦波振荡器，常用的电路有变压器反馈振荡器和三点式振荡器，本节重点讨论三点式振荡器。

4.2.1　三点式振荡器的基本工作原理

三点式振荡器的基本结构如图 4-4 所示。图中，放大器件采用晶体管，3 个电抗元件组成 *LC* 谐振回路，回路有 3 个引出端点（1、2、3）分别与晶体管的三个电极（C、E、B）相连接，使谐振回路既是晶体管的集电极的负载，又是正反馈选频网络，所以把这种电路称为三点式振荡器。

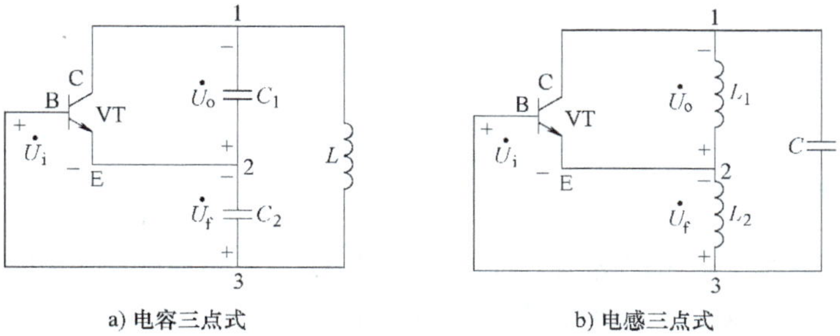

图 4-4　三点式振荡器的基本结构

图 4-4a 为电容三点式振荡器，它的反馈电压取自由 C_1 和 C_2 组成的分压器；图 4-4b 为电感三点式振荡器，它的反馈电压取自 L_1 和 L_2 组成的分压器。*LC* 谐振回路谐振时，电抗

为零，回路呈纯阻性。输入电压 $\dot{U}_i$、输出电压 $\dot{U}_o$、反馈电压 $\dot{U}_f$ 的相位关系如图 4-4 所示，电路满足相位条件，即电路构成正反馈。

从结构上看，三点式振荡器的组成满足以下原则：晶体管的发射极（E）接两个相同性质的电抗元件，并与集电极（C）、基极（B）间所接元件的电抗性质相反。

4.2.2 电感三点式振荡器

电感三点式振荡器又称哈脱莱（Hartley）振荡器，其原理电路如图 4-5a 所示。图中，L_1、L_2 和 C 组成并联谐振回路，作为集电极交流负载；R_{B1}、R_{B2} 和 R_E 为分压式偏置电阻；C_B 和 C_E 分别为隔直流电容和旁路电容。

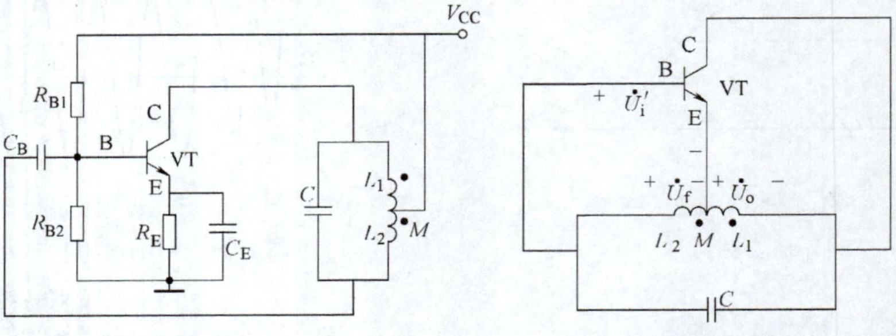

图 4-5 电感三点式振荡器

电感三点式振荡器的交流通路如图 4-5b 所示。由图可见，交流通路在结构上满足三点式振荡器的组成原则，在回路谐振频率上构成正反馈，满足了振荡的相位条件。反馈信号 $\dot{U}_f$ 取自电感 L_2 两端的电压降。

电感三点式振荡器的反馈系数为

$$F_u = \frac{U_f}{U_o} = \frac{L_2 + M}{L_1 + M} \tag{4-7}$$

式中，M 为电感 L_1、L_2 间的互感。

电路的振荡频率由下式求得：

$$f_0 = \frac{1}{2\pi\sqrt{LC}} \tag{4-8}$$

$$L = L_1 + L_2 + 2M$$

4.2.3 电容三点式振荡器

电容三点式振荡器又称考毕兹（Colpitts）振荡器，其原理电路如图 4-6a 所示。图中，L、C_1 和 C_2 为并联谐振回路，作为集电极交流负载；R_{B1}、R_{B2} 和 R_E 为分压式电流负反馈偏置电阻；C_B 和 C_C 为旁路和隔直流电容；R_L 为输出负载电阻。

电容三点式振荡器的交流通路如图 4-6b 所示。由图可见，交流通路在结构上满足三点式振荡器的组成原则，在回路谐振频率上构成正反馈，满足了振荡的相位条件。反馈信号 $\dot{U}_f$ 取自电容 C_2 两端的电压降。

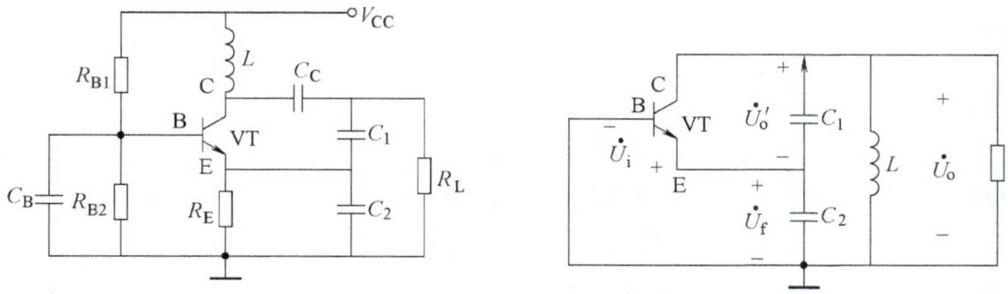

图 4-6　电容三点式振荡器

电容三点式振荡器的反馈系数为

$$F_u = \frac{U_f}{U_o} = \frac{C_1}{C_1 + C_2} \tag{4-9}$$

电路的振荡频率由下式求得：

$$f_o = \frac{1}{2\pi\sqrt{LC_\Sigma}}$$

$$C_\Sigma = \frac{C_1 C_2}{C_1 + C_2} \tag{4-10}$$

4.2.4　两种三点式振荡器的特点比较

1. 电容三点式振荡器的特点

1）输出波形好。由于反馈电压取自电容 C_2 两端，对高次谐波的阻抗小，故 LC 谐振回路对高次谐波的反馈很弱，输出电压中谐波成分小，输出波形好。

2）由于不稳定电容（如晶体管的极间电容）和外接回路电容相并联，所以加大外接回路电容量可减弱不稳定电容对振荡频率的影响，从而提高频率稳定度。若不外接电容，直接利用晶体的输入输出（极间）电容作为回路电容，则振荡频率可以很高，可以达到上千兆赫兹。

3）频率调节不方便。若通过改变某一电容来改变振荡频率，反馈系数也会改变，从而导致振荡器的工作状态发生变化，因此只能用于固定频率振荡器。

4）受输入输出（极间）电容的影响，为保证振荡频率的稳定，电容三点式振荡器振荡频率的提高将受到限制，即外接回路电容不能太小。

2. 电感三点式振荡器的特点

1）容易起振，输出电压幅度较大。

2）图 4-5a 中的 C 采用可变电容后很容易实现振荡频率在较宽频段内的调节，且调节频率时基本上不影响反馈系数。

3）由于反馈电压取自电感 L_2 两端，对高次谐波阻抗大，故 LC 谐振回路对高次谐波反馈强，因而输出电压中谐波成分多，输出波形差。

4）由于 L_1、L_2 的分布电容及晶体管的输入输出电容分别与 L_1、L_2 的两端并联，使振荡频率较高时反馈系数减小，不满足起振条件，所以电感三点式振荡器的振荡频率不宜很高，一般最高只有几十兆赫兹。

4.2.5 改进型电容三点式振荡器

1. 串联改进型电容三点式振荡器

传统的电容三点式振荡电路，由于晶体管极间存在寄生电容，它们均与谐振回路并联，会使振荡频率发生偏移，而且晶体管极间电容的大小会随晶体管工作状态的变化而变化，这将引起振荡频率不稳定。为了减小晶体管极间电容的影响，可采用图 4-7 所示的克拉泼（Clapp）电路，它就是串联改进型电容三点式振荡电路。该电路的特点是在电感支路中串联一个电容量较小的电容 C_3，该支路仍等效为一个电感，要求 $C_3 \ll C_1$，$C_3 \ll C_2$。

串联改进型电容三点式振荡器的交流通路如图 4-7b 所示，图中，C_{CE}、C_{BE}、C_{CB} 分别为晶体管 C、E 和 B、E 及 C、B 之间的极间电容，它们都并接在 C_1、C_2 上，而不影响 C_3 的值。因此，由图 4-7b 可求谐振回路的总电容。

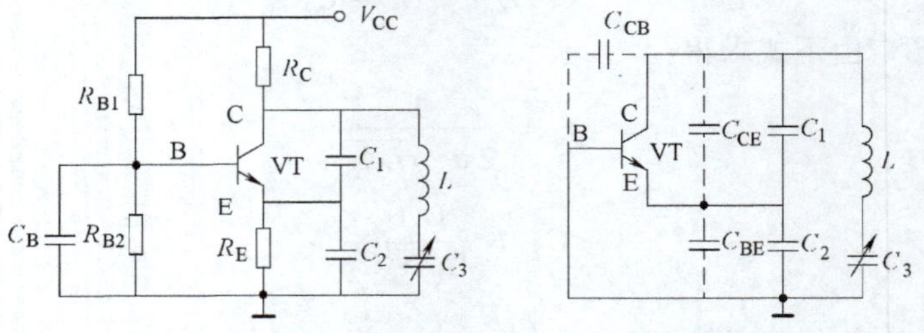

a) 原理电路　　b) 交流通路

图 4-7 串联改进型电容三点式振荡器

设回路总电容为 C_Σ，有

$$C_\Sigma = \frac{1}{\dfrac{1}{C_1}+\dfrac{1}{C_2}+\dfrac{1}{C_3}} \approx C_3$$

则振荡频率为

$$f_0 = \frac{1}{2\pi\sqrt{LC_\Sigma}} \approx \frac{1}{2\pi\sqrt{LC_3}} \tag{4-11}$$

串联改进型电容三点式振荡器的特点是频率稳定度高，但由于输出电压与振荡频率 f_0 的三次方成反比，所以，随振荡频率提高而电压幅度减小。C_3 越小，增益越小，如果 C_3 过小，振荡器就会因不满足振幅起振条件而停止振荡。

2. 并联改进型电容三点式振荡器

如图 4-8 所示，该电路比串联改进型电容三点式振荡电路多加了一个电容 C_4，该电路又称为西勒（Seiler）电路。通常，C_1、C_2 远远大于 C_3，C_3、C_4 为同一数量级的电容，故谐振回路总电容 $C_\Sigma \approx C_3 + C_4$。

并联改进型电容三点式振荡器的振荡频率为

$$f_0 \approx \frac{1}{2\pi\sqrt{L(C_3+C_4)}} \tag{4-12}$$

与串联改进型电容三点式振荡器相比，并联改进型电容三点式振荡器不仅频率稳定性高、输出幅度稳定、频率调节方便，而且振荡频率范围宽、振荡频率高，因此，它是目前应用较广泛的一种三点式振荡电路。

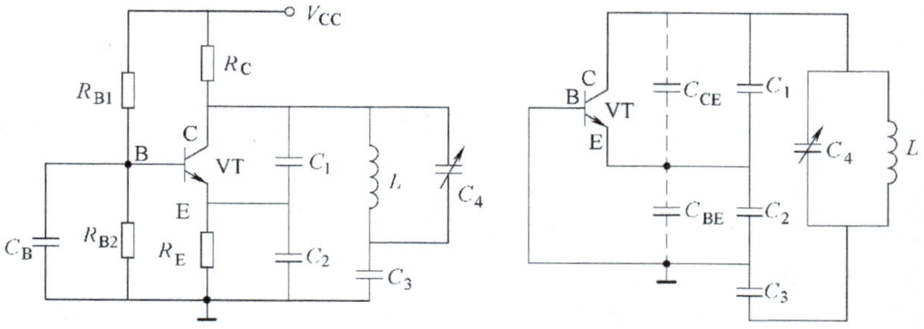

a) 原理电路 b) 交流通路

图 4-8 并联改进型电容三点式振荡器

4.2.6 振荡器的频率稳定和振幅稳定

当振荡器达到平衡状态后，电路不可避免地会受到外部因素（如电源电压、温度和湿度等）和内部因素（如噪声）变化的影响，这些因素将破坏平衡条件。因此，已经建立的振荡能否维持，还要看平衡状态是否稳定。

振荡器动态的平衡可以分为两类，即稳定平衡和不稳定平衡。稳定平衡是指受到某种变化的因素作用，振荡器能够在原来平衡状态附近建立新的平衡状态，而当变化的因素消失后，又能恢复到原来的平衡状态。不稳定平衡与稳定平衡相反，若振荡器越来越离开原来的平衡状态，以致停振或突变到新的平衡状态，则称原来的平衡是不稳定平衡。不难理解，为了产生持续的等幅振荡，振荡器的平衡状态必须是稳定的。稳定条件就是振荡器具有当平衡条件被破坏后能自动恢复原来平衡状态能力的条件，它分为频率稳定条件和振幅稳定条件。

1. 频率稳定

根据所规定时间长短的不同，频率稳定度有长期和短期之分。长期稳定度一般指一天以上乃至几个月内振荡频率的相对变化量，它主要取决于元器件的老化特性；短期频率稳定度一般指一天以内振荡频率的相对变化量，它主要决定于温度、电源电压及负载等外界因素的变化。

通常所讲的频率稳定度一般指短期频率稳定度。对振荡器频率稳定度的要求视振荡器的用途不同而不同。例如，用于中波广播电台发射机的频率稳定度为 10^{-5}数量级，电视发射机的频率稳定度为 10^{-7}数量级，普通信号发生器为 $10^{-5}\sim10^{-3}$数量级，作为频率标准振荡器的要求达到 $10^{-9}\sim10^{-8}$数量级。

（1）导致振荡频率不稳定的原因 *LC* 正弦波振荡器的振荡频率主要取决于谐振回路的参数（如 L、C 的值等），也与其他电路元器件的参数有关。由于振荡器在使用中，不可避免地会受到外界因素的影响，使得这些参数发生变化，从而导致振荡频率不稳定。这些外界因素主要有温度、电源电压及负载的变化。

（2）提高频率稳定度的主要措施 外界因素的变化会破坏相位平衡条件，使环路相移偏离 $2n\pi$。相位稳定条件是指相位条件一旦被破坏时，环路能自动恢复 $\varphi_{AF}=2n\pi$ 所应具有的条件。

相位稳定条件为

$$\frac{\Delta\varphi_{AF}}{\Delta\omega}<0 \tag{4-13}$$

式（4-13）表示 φ_{AF} 在 ω_0 附近具有负斜率变化，其绝对值越大，相位越稳定，即频率越稳定。

1）减少外界因素的影响。减少外界因素变化的措施很多，如可将决定振荡频率的主要元件或振荡器置于恒温槽中，以减少温度的变化；采用高稳定度直流稳压电源来减小电源电压的变化；采用金属屏蔽罩以减小外界电磁场的影响；采用减振器可减小机械振动；采用密封工艺来减小大气压力和湿度的变化，从而减小可能发生的元器件参数变化；在负载和振荡器之间加一级射极跟随器作为缓冲，以减小负载的变化等。

2）提高谐振回路的标准性。谐振回路在外界因素变化时，保持其谐振频率不变的能力称为谐振回路的标准性。回路的标准性越高，频率稳定性越好。振荡器中谐振回路的总电感包括回路电感和反映到回路的引线电感；回路的总电容包括回路电容和反映到回路的晶体管极间电容和其他分布杂散电容。因此，欲提高谐振回路的标准性可采用以下措施：采用参数稳定的回路电感器和电容器；采用温度补偿法，即在谐振回路中选用合适的具有不同（正、负）温度系数的电感和电容；改进安装工艺，缩短引线，加强引线机械强度，这样可减小分布电容和分布电感及其变化量；增加回路总电容量，减小晶体管与谐振回路之间的耦合，均能有效减小晶体管极间电容在总电容中的比重。

2. 振幅稳定

振荡器在外界因素的影响下，输出电压将会发生波动。为了维持输出电压的稳定，振荡器应具有良好的自动稳幅性能，即当输出电压增大时，振荡器的环路增益 AF 应自动减小，迫使输出电压下降，反之亦然。

为了衡量振荡器稳幅性能的好坏，常引用振幅稳定度这一性能指标。它的定义为：在规定的条件下输出信号幅度的相对变化量。如振荡器输出电压标称值为 U_o，实际输出电压与标称值之差为 ΔU，则振幅稳定度为 $\Delta U/U_o$。

振荡器的稳幅性能是利用放大器工作于非线性区来实现的，这种稳幅的方法称为内稳幅。另外，在振荡电路中使放大器保持为线性工作状态，而另外接入非线性环节进行稳幅，称为外稳幅。

内稳幅效果与晶体管的静态起始工作状态及 AF 的大小有关。静态工作点电流越小，起始时 AF 越大，稳幅效果也就越好，但振荡波形的失真也会越大。

采用高稳定的直流稳压电源供电，减小负载与振荡器的耦合，也是提高输出幅度稳定度的重要措施。

设振荡器在 $U_i=U_{iA}$ 时满足振幅平衡条件，如图4-9所示。A 点为平衡点，$A_uF_u=1$。平衡点为一个稳定点的条件是，在平衡点附近环路增益 A_uF_u 应具有随 U_i 增大而减小的特性，即

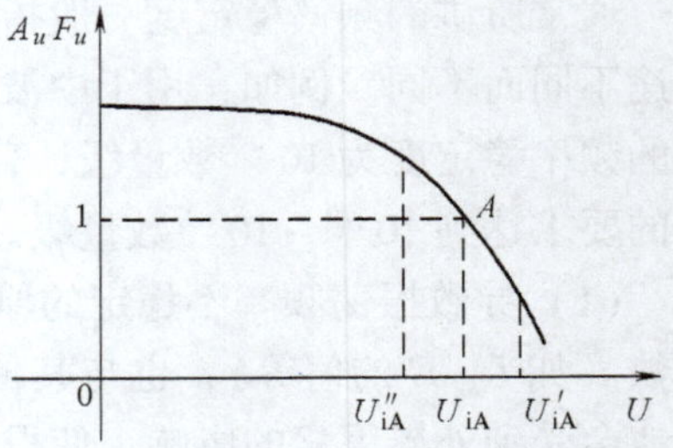

图 4-9　振荡幅度的稳定性

$$\left.\frac{\Delta A_uF_u}{\Delta U_i}\right|_{U_i=U_{iA}}<0 \tag{4-14}$$

4.3　石英晶体振荡器

在 LC 正弦波振荡器中，由于工艺水平的限制，其频率稳定度一般只能达到 10^{-4} 数量级。然而在某些场合，往往要求振荡器的稳定度高于 10^{-5} 数量级，这时就必须采用稳定度更好的石英晶体振荡器，其稳定度一般可达 $10^{-8}\sim10^{-6}$ 数量级，甚至更高。

4.3.1　石英晶体及其特性

石英晶体振荡器是利用石英晶体的压电效应和逆压电效应而制成的一种谐振元件。它的内部结构如图 4-10 所示，即在一块石英晶片的两面镀上银层作为电极，并从电极上焊出引线固定于引脚上，通常做成金属封装的小型化元件。

石英晶体振荡器的电路符号和基频等效电路如图 4-11 所示。

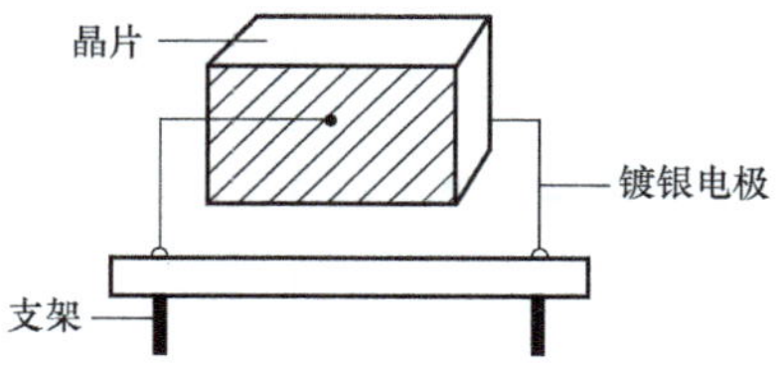

图 4-10　石英晶体振荡器的内部结构

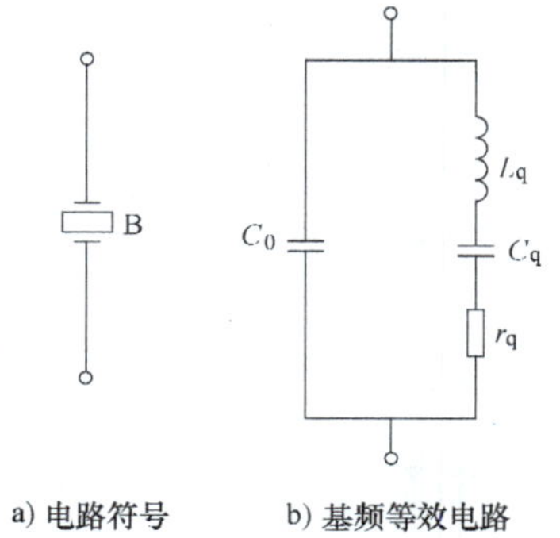

图 4-11　石英晶体振荡器的电路符号和基频等效电路

石英晶体振荡器的串联谐振频率为

$$f_S=\frac{1}{2\pi\sqrt{L_qC_q}} \tag{4-15}$$

并联谐振频率为

$$f_P=\frac{1}{2\pi\sqrt{L_q\dfrac{C_0C_q}{C_0+C_q}}}=f_S\sqrt{1+\frac{C_q}{C_0}} \tag{4-16}$$

由于 C_q/C_0 非常小，所以 f_S 和 f_P 非常靠近。在 f_S 和 f_P 之间很窄的频率范围内，石英晶体才等效为一个电感，并且其电抗特性最为陡峭，对频率变化具有极灵敏的补偿能力，因此，为了使晶体稳频作用强，石英晶体总是工作在这个感性区的频率范围内，作为一个电感元件来使用，而其余频率均等效为一个电容。石英晶体的电抗频率特性曲线如图 4-12 所示（$r_q=0$）。

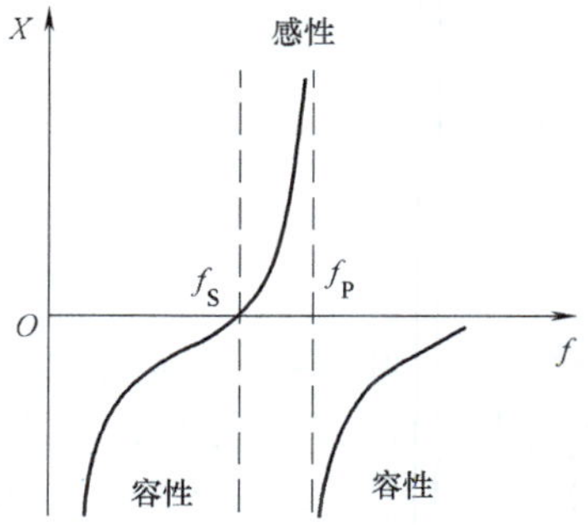

图 4-12　石英晶体的电抗频率特性曲线

4.3.2 并联型石英晶体振荡器

根据石英晶体在振荡器中的不同作用，石英晶体振荡器可分为并联型和串联型两种。若石英晶体工作在 f_S 和 f_P 之间的感性区，作为三点式振荡电路中的回路高 Q 电感，整个振荡器处于并联谐振状态，相应构成的振荡器为并联型振荡器。若石英晶体工作在 f_S 上，则作为串联谐振元件，相应构成的振荡器称为串联型振荡器。

并联型石英晶体振荡器（见图 4-13）的工作原理和一般三点式 LC 正弦波振荡器相同，只是把其中的一个电感元件用石英晶体置换，目的是保证反馈电压中仅包含所需要的基音频率或泛音频率，而滤除其他的奇次谐波分量。

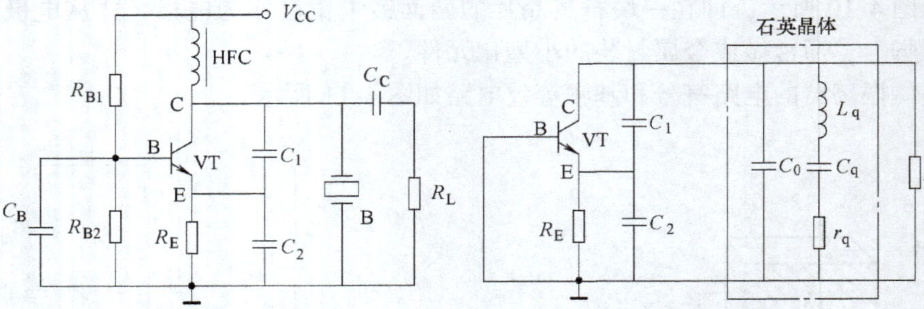

a) 原理电路　　b) 交流等效电路

图 4-13　并联型石英晶体振荡器

4.3.3 串联型石英晶体振荡器

串联型石英晶体振荡器是利用石英晶体工作在 f_S 时呈现很小的纯阻和相移为零的特性构成的。图 4-14a 为常用的串联型石英晶体振荡器，其相应的交流通路如图 4-14b 所示。

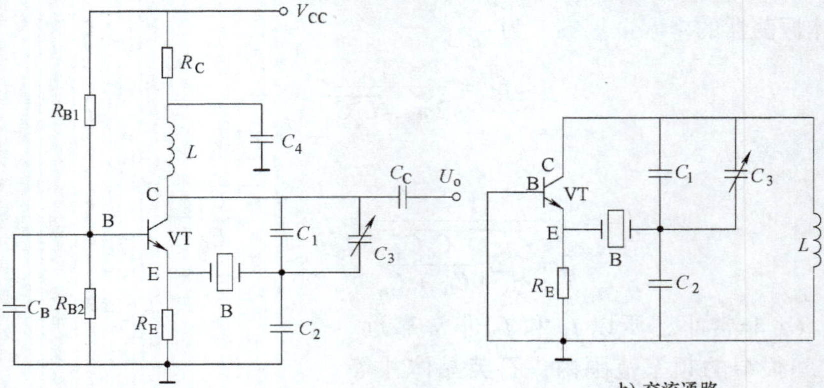

a) 原理电路　　b) 交流通路

图 4-14　串联型石英晶体振荡器

由图 4-14 可以看出，该振荡器与电容三点式振荡器十分相似，只是反馈信号经过石英晶体接到发射极，构成正反馈电路。由 C_1、C_2、C_3 和 L 组成的谐振回路调谐在石英晶体的串联谐振频率 f_S 处，此时石英晶体的阻抗最小，呈纯电阻性，相移为零，正反馈最强，满足振荡条件。对于其他频率，石英晶体呈现很大的阻抗，相移较大，反馈显著减弱，电路不能满足振荡条件。因此，电路的振荡频率及频率稳定度，都是由石英晶体决定的，并且经过石英晶体和 LC 并联回路的两次选频，可使该振荡器的输出波形较好。

4.4　故障诊断

反馈型正弦波振荡器主要由放大器、反馈网络和选频网络构成。故障诊断分析可按下列步骤进行：

1）检查振荡器是否包含电源电压、放大器、反馈网络和选频网络等基本组成部分。

2）检查放大器是否有放大作用。例如，先分析放大电路的结构是否合理，首先画出直流通路图，分析静态工作点是否合适（甲类），判断晶体管（NPN 硅材料晶体管）的 U_{BEQ} 是否为0.7V，再分析输入、输出电路是否满足要求（隔直流、通交流、阻抗匹配、负载）等。

3）画出交流通路图，画交流通路时要突出重点，只需要画出晶体管、反馈网络和选频网络即可，其他辅助元件可以不画，如电阻可以不画出（即大阻值的电阻开路、小阻值电阻短路）。

4）检查反馈网络。首先分析反馈网络是否构成正反馈，满足振荡器起振的相位条件。三点式振荡器组成法则是：与发射极相连的为同性质电抗元件，不与发射极连接的为异性质电抗元件，也可采用瞬时极性法判断。再分析是否满足起振的幅值条件（$AF>1$），由于起振时振荡幅度小，可用微变等效电路法分析，通常是比较容易满足的。

5）检查选频网络。振荡器的振荡频率主要由选频网络决定，如果振荡频率不准确、不稳定，很可能是选频网络出了问题。

LC 正弦波振荡器的振荡频率主要取决于谐振回路的参数（如 L、C 的值等），也与其他电路元器件的参数有关。振荡器在使用时，不可避免地会受到外界因素的影响，从而使这些参数发生变化，导致振荡频率不稳定。这些外界因素主要有温度、电源电压及负载的变化。

例 4-1　共基极电容三点式振荡器如图 4-15 所示，试分析电路，并求出振荡频率。

解： 从电源电压、放大器、反馈网络和选频网络这几个方面入手分析。

该电路采用12V 电源供电，图 4-15a 中，L_C、C_{C2} 为直流电源滤波器，保证放大器（晶体管）工作电压稳定；R_{B1}、R_{B2}、R_{E1}、R_{E2} 为晶体管直流偏置电阻，保证静态时工作在甲类状态，满足起振的条件；C_B 为基极旁路电容，使基极交流接地，C_{C1} 为耦合电容，R_{E1} 为交流反馈电阻，可改善输出波形，R_L 为外接负载电阻。

画出图 4-15a 的直流通路、交流通路如图 4-15b、c 所示，由图 4-15b 可以分析出晶体管的静态工作点是合适的；由图 4-15c 不难看出在回路谐振频率上，共基极放大器的输出电压 $\dot{U}_o$ 与输入电压 $\dot{U}_i$ 同相，反馈电压 $\dot{U}_f$ 是 $\dot{U}_o$ 经 C_1、C_2 电容分压获得，故 $\dot{U}_f$ 与 $\dot{U}_o$ 同相，所以 $\dot{U}_f$ 与 $\dot{U}_i$ 同相，满足了起振的相位条件，振幅条件一般比较容易满足。C_1、C_2、L 构成并联谐振回路，决定振荡器的振荡频率，注意负载电阻 R_L 的变化会对振荡频率产生影响。

该电路的振荡频率为

$$f_0=\frac{1}{2\pi\sqrt{L\dfrac{C_1C_2}{C_1+C_2}}}=\frac{1}{2\pi\sqrt{6.5\times10^{-6}\times\dfrac{200\times100}{200+100}\times10^{-12}}}\text{Hz}$$

$$=7.65\times10^{6}\text{Hz}=7.65\text{MHz}$$

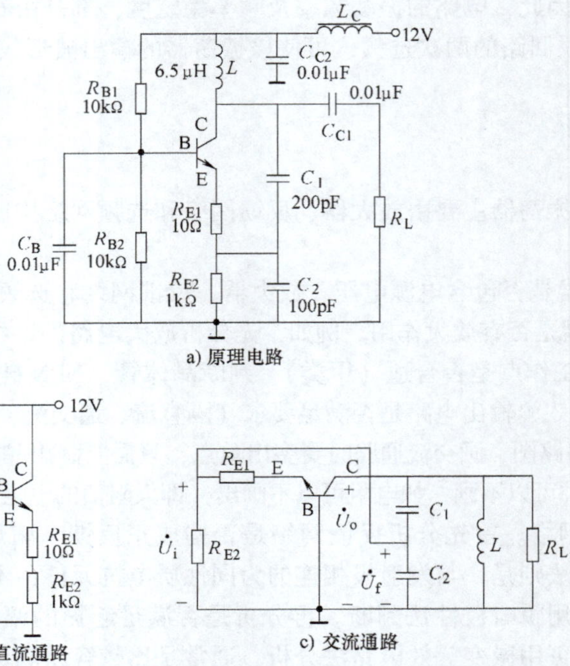

a) 原理电路　b) 直流通路　c) 交流通路

图 4-15　共基极电容三点式振荡器

例 4-2　一实用改进型电容三点式振荡器如图 4-16 所示，试分析电路，并求出振荡频率。

解：该电路采用负电源供电，图 4-16a 中，L_{C1}、C_2、C_3 为直流电源滤波器，起电源去耦合作用；R_1、R_2、R_3、R_4 为晶体管直流偏置电阻；C_1 为基极旁路电容，使基极交流接地；C_8、C_9 为输出电容分压器，以减小实际负载对谐振回路的影响，可改善输出波形；L_{C2}、R_3 构成放大器的负载，L_{C2} 为高频扼流圈。

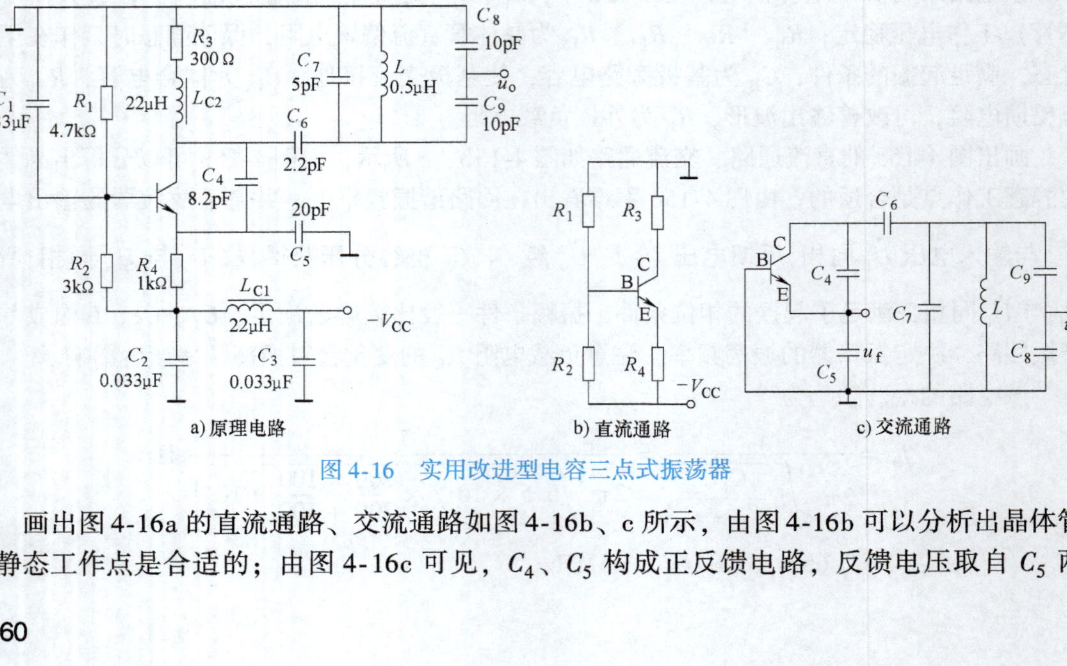

a) 原理电路　b) 直流通路　c) 交流通路

图 4-16　实用改进型电容三点式振荡器

画出图 4-16a 的直流通路、交流通路如图 4-16b、c 所示，由图 4-16b 可以分析出晶体管的静态工作点是合适的；由图 4-16c 可见，C_4、C_5 构成正反馈电路，反馈电压取自 C_5 两端，C_4、C_5、C_6、C_7、C_8、C_9 和 L 组成谐振回路，故振荡电路构成了改进型电容三点式振荡器。该电路与串联改进型电容三点式振荡器的区别在于电感线圈 L 两端又并联 C_7、C_8、C_9 等电容，又称为西勒（Seiler）电路。

由图 4-16c 可得该电路中谐振回路的总电容为

$$C=\frac{1}{\frac{1}{C_4}+\frac{1}{C_5}+\frac{1}{C_6}}+C_7+\frac{1}{\frac{1}{C_8}+\frac{1}{C_9}}$$

$$=\left(\frac{1}{\frac{1}{8.2}+\frac{1}{20}+\frac{1}{2.2}}+5+\frac{1}{\frac{1}{10}+\frac{1}{10}}\right)\text{pF}=11.6\text{pF}$$

由此，可求得该振荡器的振荡频率为

$$f_0=\frac{1}{2\pi\sqrt{LC}}=\frac{1}{2\pi\sqrt{0.5\times10^{-6}\times11.6\times10^{-12}}}\text{Hz}=66\times10^6\text{Hz}=66\text{MHz}$$

该振荡电路的主要特点是：振荡频率受温度、电源电压及负载变化的影响很小，比较稳定。

重要知识点

- 振荡器：在没有外加激励的情况下，能够自动产生具有一定幅度、频率的波形信号的装置。
- 振荡器的类型：按照选频网络分，有 LC 正弦波振荡器、石英晶体振荡器等。
- 振荡器的性能指标：除了频率、振幅等之外，还包括频率稳定度和振幅稳定度。
- 振荡器的工作原理：满足起振条件、平衡条件。
- 三点式振荡器：可分为电容三点式振荡器和电感三点式振荡器。
- 改进型电容三点式振荡器：包括串联改进型电容三点式振荡器和并联改进型电容三点式振荡器。
- 石英晶体振荡器：包括串联型石英晶体振荡器和并联型的石英晶体振荡器。

本章小结

1. 振荡器是一种将直流电能自动转换成所需交流电能的电路。其定义是在没有外加激励的情况下，能够自动产生一定波形信号的装置。

2. 振荡器可根据不同的分类方法分成很多种类型，如按照所产生的波形是否为正弦波，振荡器可分为正弦波振荡器和非正弦波振荡器；按照选频网络的不同，振荡器还可分为 LC 振荡器、RC 振荡器和石英晶体振荡器等。

3. 振荡器要满足起振条件和平衡条件。

振幅起振条件：$A_uF_u>1$

相位起振条件：$\varphi_{AF}=2n\pi$　　（$n=0$，1，2，3，…）

振幅平衡条件：$A_uF_u=1$

相位平衡条件：$\varphi_{AF}=2n\pi$　　（$n=0$，1，2，3，…）

4. 常用的振荡器为三点式振荡器，包括电容三点式和电感三点式，为了提高这两种振荡器的性能，对其电路结构进行了改进，包括串联改进型和并联改进型。

5. 在频率要求比较稳定的场合还经常用到石英晶体振荡器，主要包括并联型和串联型的石英晶体振荡器。并联型石英晶体振荡器，石英晶体在电路中作为“高 Q 电感”元件使用；串联型石英晶体振荡器，石英晶体在电路中作为串联谐振（短路）元件使用。

思考题与习题

4-1 LC 正弦波振荡器常用的电路有__________和__________。

4-2 振荡器起振条件应满足__________和__________。

4-3 根据振荡的相位平衡条件，判断图 4-17 所示电路能否产生振荡。为能产生振荡的电路画出交流通路，并试求该振荡器的振荡频率。

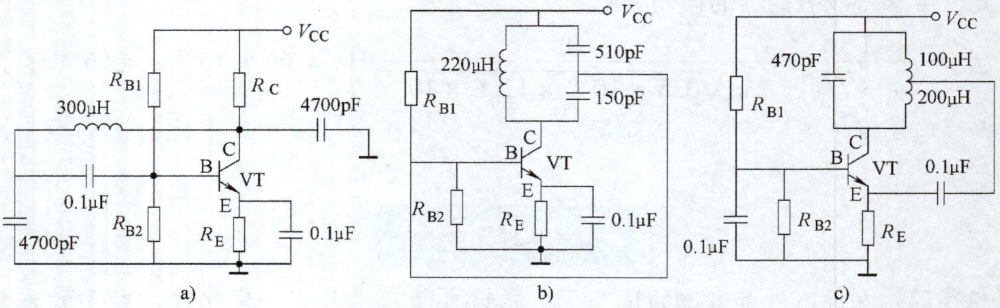

图 4-17 题 4-3 图

4-4 在 LC 振荡器中，影响频率稳定度的主要原因是哪些？采用哪些措施可以提高 LC 振荡器的稳定度？

4-5 在振幅条件已满足的前提下，试用相位条件判断图 4-18 中各高频电路的交流通路，哪些可能振荡？哪些不可能振荡？哪些仅当电路元件参数之间满足一定的条件时方能振荡？

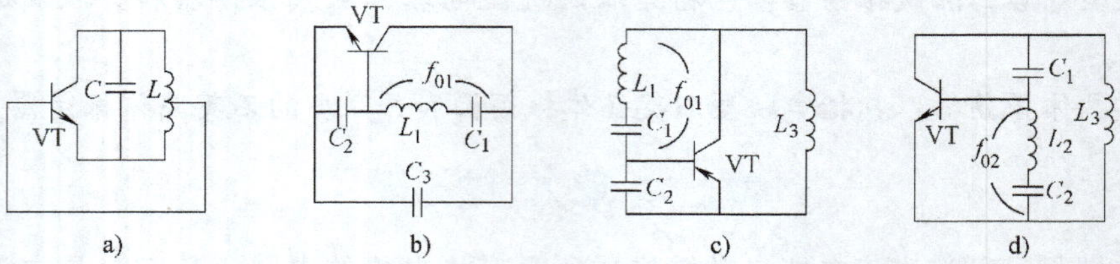

图 4-18 题 4-5 图

4-6 振荡电路如图 4-19 所示，试指出该振荡器属于什么类型，画出交流通路，计算振荡频率，并说明电路特点。

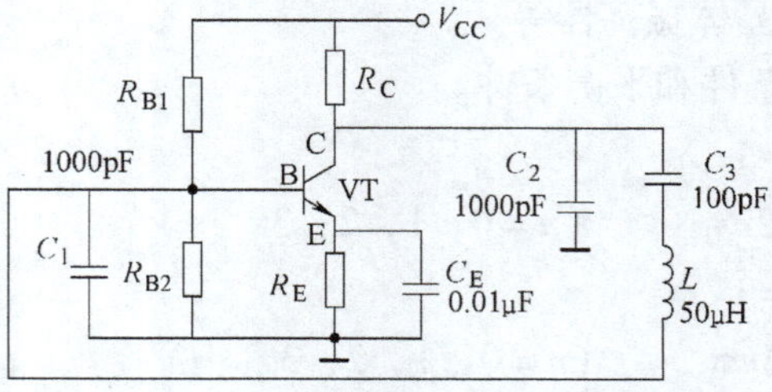

图 4-19 题 4-6 图

4-7 振荡电路如图4-20所示，试指出该振荡器属于什么类型，画出交流通路，计算振荡频率，并说明电路特点。

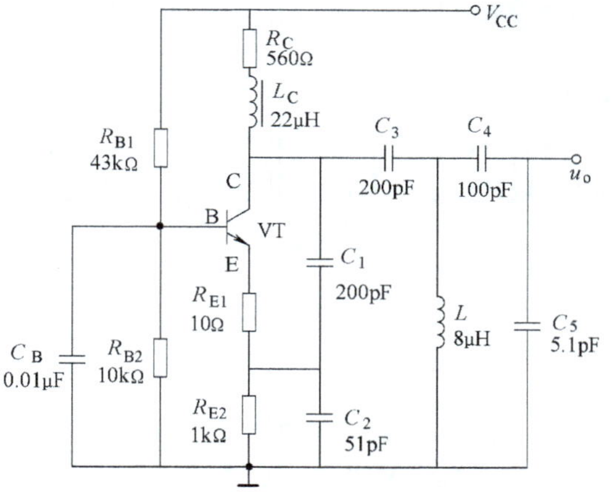

图4-20 题4-7图

4-8 画出图4-21所示各石英晶体振荡器的交流通路，指出电路类型，并说明石英晶体在电路中的作用。

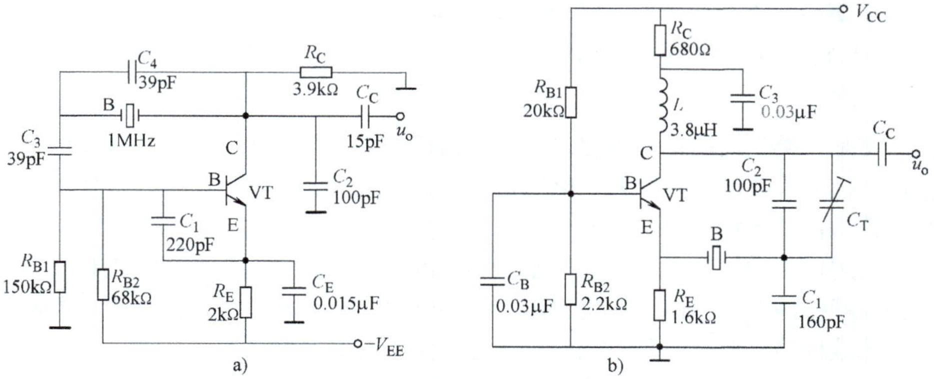

图4-21 题4-8图

第 5 章 振幅调制、解调与混频电路

【目的和要求】

掌握调制、解调及混频的含义、原理、实现方法及主要指标计算，掌握 AM、DSB、SSB 的时域标准表达式、频谱特点、实现电路及应用，熟悉典型的调制、解调电路和混频电路的构成、工作原理及基本分析方法，了解电路故障及混频干扰的分析方法。

【重点和难点】

- 调制、解调及混频的含义，调幅波的基本性质。
- 振幅调制、解调及混频电路的电路组成、工作原理、分析方法及特点。
- 常见干扰。

传输信息是人类生活的重要内容之一。传输信息的手段很多，而利用无线电技术进行信息传输则占有极为重要的地位，无线电通信、广播、电视、导航、雷达、遥控遥测等，都是利用无线电技术传输各种不同信息的方式，而在信息的传递过程中，都要用到调制与解调。

调制就是用待传输的低频信号去控制高频载波的参数，也就是在发送端将所传送的低频信号附加在高频振荡上，再由天线发射出去。在这里，待传输的低频信号称为调制信号，已调制的高频载波称为已调波，具有调制功能的电路则称为调制电路或调制器。

解调是调制的逆过程，是指在接收端从高频信号中还原出原调制信号的过程，而具有解调功能的电路则称之为解调电路或检波电路。

调制与解调都是频谱变换的过程，必须采用由非线性器件构成的、具有频率变换作用的电路才能实现。调制、解调电路是现代通信设备中重要的组成部分，而在其他电子设备中也得到广泛应用。

1. 调制的原因

在信号传输过程中，需要传送的信号频率往往不是太低就是其频带太宽。例如，人类语音信号的频率范围为 300 ~ 3400Hz，而图像信号的频带宽度可达 6.5MHz 左右，这些信号若直接通过电磁波传输则十分不利，所以必须经过调制过程。

采用调制可实现电信号的有效传输。理论和实践证明，电磁波若要通过天线发射出去，则发射天线的尺寸至少是其波长的 1/10。如果用天线将低频信号直接发射出去，则天线的尺寸必须很大。例如，频率为 $f = 3000\text{Hz}$ 的电磁波，由公式 $\lambda = c/f$ 可得其波长 $\lambda = 10^5\text{m}$，即使取其波长的 1/10，也将达到 10^4m 的长度，可见这样长的天线在现实中是很难实现的。因此可采用调制技术先将低频信号附加在高频信号的某一参量上，然后再将已调高频载波由天

线发射出去，从而解决了天线尺寸的问题。

采用调制，还可以避免不同电台节目之间的干扰。因为音频信号工作于同一频率范围，所以若将音频信号直接发射出去，则会导致接收机同时收到不同电台的节目，无法进行区分、选择。

同时，为了使发射与接收效率高，在发射机与接收机方面都必须采用天线和谐振回路，而语音、图像等信号频率变化范围很大，则要求天线和谐振回路的参数在很宽范围内变化，这又是很难做到的。

因此，为了达到以上的要求，必须利用高频载波来传输低频信号，即将信号附加在高频载波的某一参量上来传输。

2. 调制的方式

调制可分为连续波调制和脉冲波调制两大类。

若用调制信号去控制高频载波的振幅、频率或相位，即可得连续波调制。根据受调参数的不同可分为振幅调制、频率调制和相位调制 3 种方法，简称调幅、调频和调相。

脉冲波调制是先用调制信号调制脉冲波的参数（脉冲的振幅、宽度或位置），然后再用已调脉冲波去调制高频载波。根据脉冲波受调参数的不同，脉冲波调制可分为脉冲振幅、脉冲宽度、脉冲位置等调制方法。

本章将重点介绍连续波调制的 3 种基本方法之一——振幅调制。

振幅调制就是用调制信号（待传输的信息）去控制高频载波振幅的过程；而在接收端从已调信号中还原出原调制信号的过程则称为振幅解调或振幅检波；混频则是将已调波的载频变为另一载频的过程。本章将对振幅调制、解调和混频的基本原理及常用电路进行系统的分析。

5.1　振幅调制、解调与混频基本原理

5.1.1　乘法器及其频率变换作用

振幅调制电路中往往采用乘法器来实现调制信号与载波的相乘，振幅调制的实现必须以乘法器为基础。乘法器是一种能够完成两个输入模拟信号相乘功能的电路或器件。

在图 5-1a 所示的乘法器模型电路符号中，$u_{iX}(t)$ 和 $u_{iY}(t)$ 为输入信号，A_M 为乘法器的增益系数，则乘法器的输出信号为 $u_o(t) = A_M u_{iX}(t) u_{iY}(t)$，即实现了两个输入信号的相乘功能。

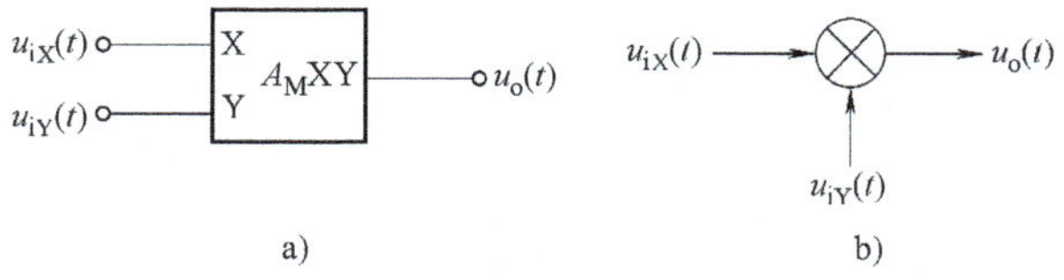

图 5-1　乘法器模型的两种电路符号

若设 $u_{iX}(t) = U_X\cos\omega_X t$, $u_{iY}(t) = U_Y\cos\omega_Y t$，则乘法器的输出电压 $u_o(t)$ 为

$$u_o(t) = A_M u_{iX}(t) u_{iY}(t) = A_M U_X U_Y \cos\omega_X t\cos\omega_Y t$$
$$= \frac{1}{2}A_M U_X U_Y \cos(\omega_X + \omega_Y)t + \frac{1}{2}A_M U_X U_Y \cos(\omega_X - \omega_Y)t \tag{5-1}$$

在式（5-1）中，两个输入信号的频率分别为 ω_X、ω_Y，经过乘法器后，输出电压信号的频率则为二者的和频与差频，即 $\omega_X+\omega_Y$ 和 $\omega_X-\omega_Y$，由此可知乘法器具有频率变换的作用，它是一非线性器件，具有非线性器件的特点。

若乘法器的输入信号 $u_{iX}(t)$、$u_{iY}(t)$ 分别为调制信号和高频载波，即可实现振幅调制。为了简单起见，后面的分析中将采用图 5-1b 所示的乘法器模型电路符号。

5.1.2　振幅调制的基本原理

振幅调制简称调幅，就是利用调制信号（待传输的基带信号或原始电信号）去控制高频载波的幅度，使高频载波的幅度随调制信号的变化规律而变化，而载波的频率、相位则保持不变。

振幅调制过程属于频谱搬移过程，调制信号的频谱在经过振幅调制后将进行不失真的线性搬移，所以振幅调制又称为线性调制。

振幅调制可分为普通调幅（Standard AM，简称为 AM）、抑制载波双边带（Suppressed-Carrier Double Sideband，SC-DSB）调幅、单边带（Single Sideband，SSB）调幅以及残留边带（Vestigial Sideband，VSB）调幅等方法。

1. 普通调幅的性质

图 5-2 为 AM 调制模型，其中 U_0 为外加的直流分量，$u_C(t)$ 为高频载波，$u_\Omega(t)$ 为调制信号。

设正弦型高频载波为

$$u_C(t)=U_{cm}\cos(\omega_C t+\varphi_0) \tag{5-2}$$

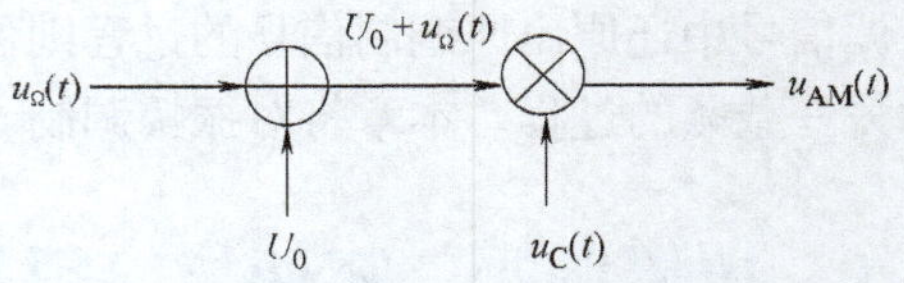

图 5-2　AM 调制模型

式中，U_{cm} 为载波振幅，为讨论方便设其值为 1；ω_C 为载波的角频率，载波的频率为 $f_C=\dfrac{\omega_C}{2\pi}$；$\varphi_0$ 为载波初始相位，为简化分析过程，可假定初始相位为零。

在信号的实际传输过程中，所传送的信号包含了许多的频率成分，在这里为了简单起见，首先以单音频信号为例来讨论 AM 调制过程。

设 $u_\Omega(t)$ 为单音频调制信号，其表达式为

$$u_\Omega(t)=U_{\Omega m}\cos\Omega t \tag{5-3}$$

式中，$U_{\Omega m}$ 为调制信号振幅；Ω 为调制信号的角频率，调制信号的频率为 $F=\dfrac{\Omega}{2\pi}$。

由图 5-2 可得 AM 信号的数学表达式为

$$\begin{aligned}u_{AM}(t)&=[U_0+k_a u_\Omega(t)]u_C(t)=[U_0+k_a U_{\Omega m}\cos\Omega t]\cos\omega_C t\\&=U_0\left(1+\frac{k_a U_{\Omega m}}{U_0}\cos\Omega t\right)\cos\omega_C t\\&=U_0(1+m_a\cos\Omega t)\cos\omega_C t\\&=U(t)\cos\omega_C t\end{aligned} \tag{5-4}$$

式中，k_a 为比例常数；m_a 为调幅波的调幅指数，$m_a=\dfrac{k_a U_{\Omega m}}{U_0}$，它通常以百分数来表示；$U(t)$ 为已调信号的包络，$U(t)$ 与 $\cos\Omega t$ 即 $u_\Omega(t)$ 的变化规律相同。

由式（5-4）可得

$$u_{AM}(t)=U_0\cos\omega_C t+k_aU_{\Omega m}\cos\Omega t\cos\omega_C t$$

$$=U_0\cos\omega_C t+\frac{1}{2}k_aU_{\Omega m}[\cos(\omega_C+\Omega)t+\cos(\omega_C-\Omega)t] \qquad (5\text{-}5)$$

通常，在高频电子线路中，往往将对信号的研究扩展至频域的范围，不仅要清楚信号在时域中的表示形式及波形，更要掌握其频谱函数及特点。所谓频谱，即信号中所包含的所有频率成分及其大小，可由频谱图来描述，用频谱来描述信号更能体现信号特征。AM 信号的频谱函数与其时域表达式为傅里叶变换与反变换的关系，其频谱是调制信号频谱的线性搬移，即将调制信号频谱搬移至载波频率的两侧。

上述 AM 信号调制的时域波形与频域频谱变换如图 5-3 所示。

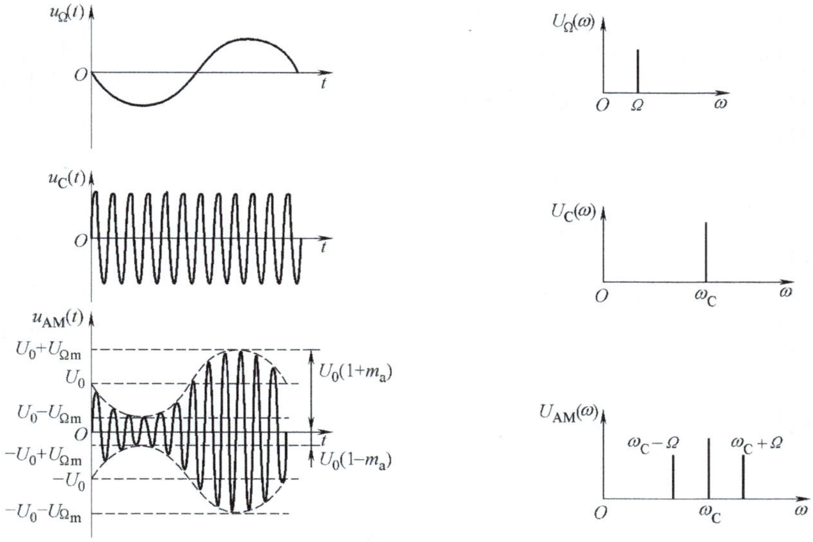

a) 时域波形　　b) 频域频谱

图 5-3　AM 信号调制的时域波形和频域频谱变换

由图 5-3a 可知，当满足条件 $m_a\leqslant 1$ 时，AM 信号的包络与调制信号的形状完全一致，调制信号的信息就包含在已调高频载波的振幅之中，所以在接收端只要采用包络检波的方法就能很容易地恢复出原始的调制信号。在图 5-3b 中，AM 信号的频谱由载频分量、上边频、下边频 3 部分组成，频率高于 ω_C 的为上边频，反之为下边频，而上、下边频的频谱结构与调制信号的频谱结构完全相同，是调制信号频谱的线性搬移，二者关于载波分量对称。同时，由 AM 信号的频谱图可得，AM 信号的频带宽度为 $BW=2F$，即为调制信号频率的两倍。

由上面的分析可知，为了在接收端能够从已调波中恢复出原来的调制信号，则要求 $m_a\leqslant 1$，此时不会出现过调幅现象。过调幅时，已调波的包络将无法体现调制信号 $u_\Omega(t)$ 的变化规律，因此将产生严重的失真，应尽量避免。

不同 m_a 时的 AM 波形如图 5-4 所示。

以上所讨论的 AM 调制是以单音频的调制信号为例，而实际上，调制信号是包含了若干频率分量的复杂波形，所以对于多音频信号来说，AM 信号的表达式如下：

$$u_{AM}(t)=[U_0+k_au_\Omega(t)]u_C(t)$$

$$= U_0[1 + m_{a1}\cos\Omega_1 t + m_{a2}\cos\Omega_2 t + m_{a3}\cos\Omega_3 t + \cdots]\cos\omega_C t \tag{5-6}$$

在多音频调制时，调制信号的频谱具有一定的频率宽度，所以经 AM 调制后，具有一定频率宽度的调制信号频谱被搬移至载波频率的两侧，仍为线性搬移。其时域与频域的波形变换示意图如图 5-5 所示。

由图 5-5b 可知，调制信号为多音频信号时，调制后已调信号中所包含的每一频率分量都将产生一对边频，所以其频谱图由载波分量、上边带和下边带组成，上、下边带的频谱分量相对于载波是对称的。由图 5-5b 可得，多音频调制下 AM 信号的频带宽度为 $BW = 2F_{max}$，其中 F_{max} 为调制信号中所包含的最高频率分量。

现在讨论 AM 信号中的功率关系。

设式（5-5）所代表的调幅波电源输送功率至负载电阻 R_L，则可得载波功率为

$$P_C = \frac{1}{2}\frac{U_0^2}{R_L} \tag{5-7}$$

每一边频功率为

$$P_{SB} = P_{SB1} = P_{SB2} = \frac{1}{2R_L}\left(\frac{m_a}{2}U_0\right)^2 = \frac{m_a^2}{4}\frac{U_0^2}{2R_L} = \frac{1}{4}m_a^2 P_C \tag{5-8}$$

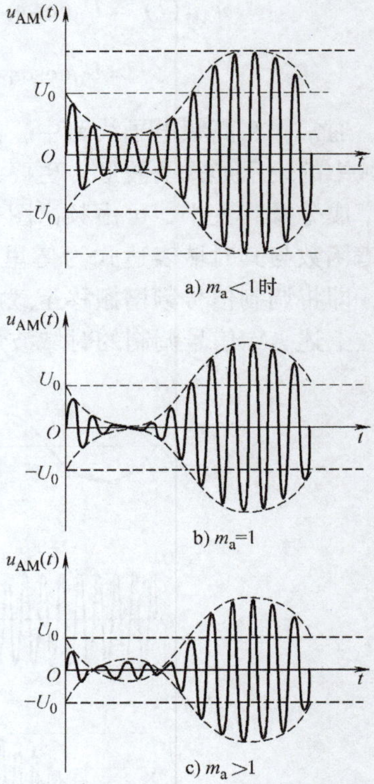

图 5-4 不同 m_a 时的 AM 波形

所以，在调制信号一周期内，调幅波的平均输出总功率为

$$P_{AV} = P_C + P_{SB1} + P_{SB2} = P_C\left(1 + \frac{m_a^2}{2}\right) \tag{5-9}$$

由以上分析可知，边频功率随 m_a 的增大而增加，它所增加的部分是两个边频所产生的功率，因为信号包含在边频内，所以应尽可能提高 m_a 的值，增强边带功率，提高传输信号的能力。当 $m_a = 1$ 时，边频功率为最大值，此时上、下边频功率之和只有载波功率的一半，占整个调幅波功率的 1/3。载波本身并不包含信号，但其功率却占整个调幅波功率的绝大部分，而这一部分载波功率是没用的。发送端发送的功率被不携带信息的载波占去了很大比例，这显然是不经济的，这也是 AM 调制的一个非常明显的缺点。但因 AM 调制的调制设备简单，解调更为简单，便于接收，所以在无线电广播等某些领域仍获得了广泛的应用。

例 5-1 已知一调制信号 $u_\Omega(t) = 2\cos4\pi \times 10^3 t\text{V}$，载波 $u_C(t) = \cos2\pi \times 10^6 t\text{V}$，且直流电压 $U_0 = 5\text{V}$，$k_a = 1$。求：(1) $u_{AM}(t)$ 信号的表达式；(2) $u_{AM}(t)$ 信号的频带宽度；(3) $u_{AM}(t)$ 信号的调幅指数；(4) 此 $u_{AM}(t)$ 信号一周期内的平均输出总功率，已知 $R_L = 1\Omega$；(5) 画出此 $u_{AM}(t)$ 信号的时域和频域波形。

解：(1) 由 AM 信号调制原理可得

$$u_{AM}(t) = [5 + 2\cos4\pi \times 10^3 t]\cos2\pi \times 10^6 t\text{V}$$
$$= 5[1 + 0.4\cos4\pi \times 10^3 t]\cos2\pi \times 10^6 t\text{V}$$

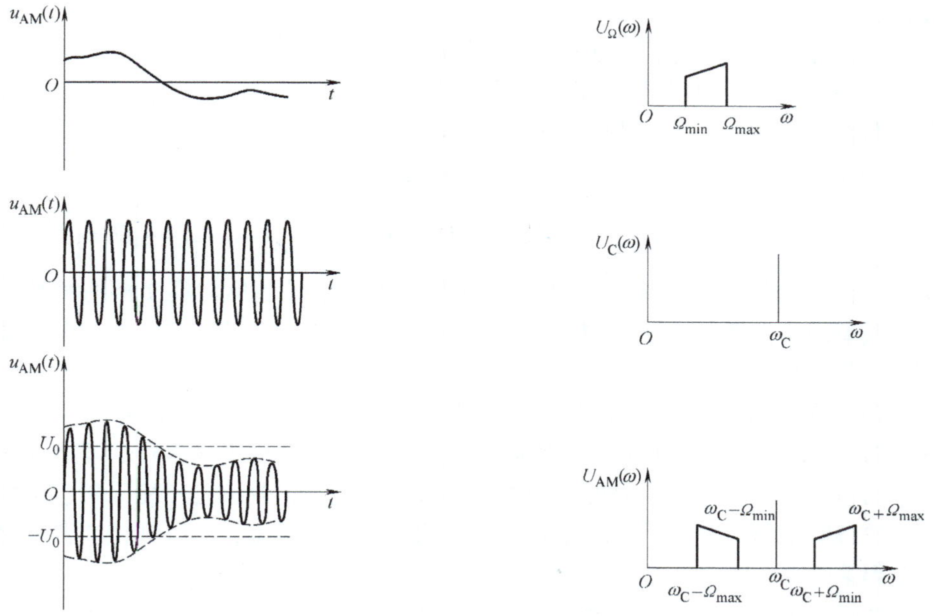

a) 时域波形　　b) 频域频谱

图 5-5　多音频调制时 *AM* 信号时域波形与频域频谱

（2）因为 $F=\dfrac{\Omega}{2\pi}=\dfrac{4\pi\times10^3}{2\pi}\text{Hz}=2\text{kHz}$，所以可得 $BW=2F=4\text{kHz}$。

（3）由表达式可知 $m_a=0.4$。

（4）$P_C=\dfrac{1}{2}\dfrac{U_0^2}{R_L}=\dfrac{1}{2}\times\dfrac{5^2}{1}\text{W}=12.5\text{W}$，所以平均输出总功率为

$$P_{AV}=P_C\left(1+\frac{m_a^2}{2}\right)=12.5\times\left(1+\frac{0.4^2}{2}\right)\text{W}=13.5\text{W}$$

（5）可按前面分析自行画出此 AM 信号的时域与频域波形。

AM 信号中，载波本身并不包含信号，但它的功率却占整个调幅波功率的绝大部分，而从信息传递的观点来看，这一部分载波功率是没有用的，所以，为了节省发射功率，可以只发射含有信号的上、下两个边带的信号，而不发射载波，即将载波抑制掉，这种调幅信号则称为抑制载波双边带（SC-DSB）调幅信号；也可以在将载波抑制掉的基础之上，再进一步抑制掉一个边带，只发送一个边带信号，这种调幅信号仍然具有传递信息的能力，称为单边带（SSB）调幅信号。

2. 抑制载波双边带（SC-DSB）调幅

图 5-6 为抑制载波双边带调幅信号的调制模型。$u_C(t)$ 为高频载波，$u_\Omega(t)$ 为调制信号。

设正弦型高频载波为 $u_C(t)=\cos\omega_C t$

式中，ω_C 为载波的角频率；载波的频率 $f_C=\dfrac{\omega_C}{2\pi}$；设载波初始相位为零。

同样，首先以单音频信号为例，来讨论 SC-DSB 调幅的调制过程。

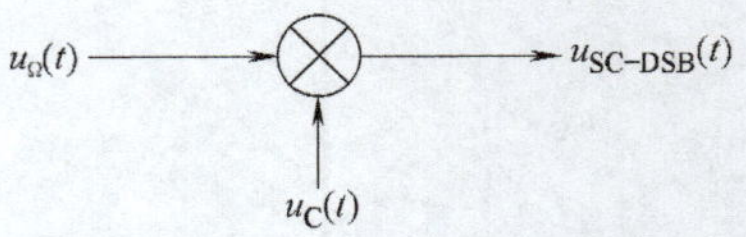

图 5-6 SC-DSB 调制模型

设 $u_\Omega(t)$ 为单音频调制信号，其表示式为 $u_\Omega(t) = U_{\Omega m}\cos\Omega t$，其中，$U_{\Omega m}$、$\Omega$ 分别为调制信号的振幅及角频率，则由图 5-6 可得 SC-DSB 调幅信号表达式：

$$
\begin{aligned}
u_{SC-DSB}(t) &= u_\Omega(t)u_C(t) = k_a U_{\Omega m}\cos\Omega t\cos\omega_C t \\
&= \frac{1}{2}k_a U_{\Omega m}\cos[(\omega_C+\Omega)t] + \frac{1}{2}k_a U_{\Omega m}\cos[(\omega_C-\Omega)t]
\end{aligned}
\tag{5-10}
$$

SC-DSB 信号的频谱函数与其时域表达式同样互为傅里叶变换与反变换的关系，其频谱是调制信号频谱的线性搬移，即将调制信号频谱搬移至载波频率的两侧，而此时载波频率分量在 SC-DSB 信号频谱中并不存在。

单音频调制下的 SC-DSB 调幅信号的时域波形与频域频谱如图 5-7 所示。

由图 5-7a 可知，SC-DSB 调幅信号的振幅是在零值上下按照调制信号的规律变化的，此时已调信号的包络不再与调制信号的变化规律一致，因此在接收端是不能采用包络检波的方法来恢复原始调制信号，只能采用相干解调的方法对其进行解调，所以其检波器较之包络检波器要复杂得多。

由图 5-7b 可知，SC-DSB 信号的频谱由上边频、下边频两部分组成，而不包含载波频率，即载波频率被抑制掉，所以称其为抑制载波双边带调幅波。同样，其频谱中高于 ω_C 的频率称为上边频，低于 ω_C 的频率称为下边频，而上、下边频的频谱结构与调制信号的频谱结构完全相同，且关于载波分量对称，所以 SC-DSB 调幅实现了调制信号频谱的线性搬移。由图 5-7b 可知其带宽 $BW=2F$，与 AM 信号的频带宽度相同，均为调制信号频率的两倍。

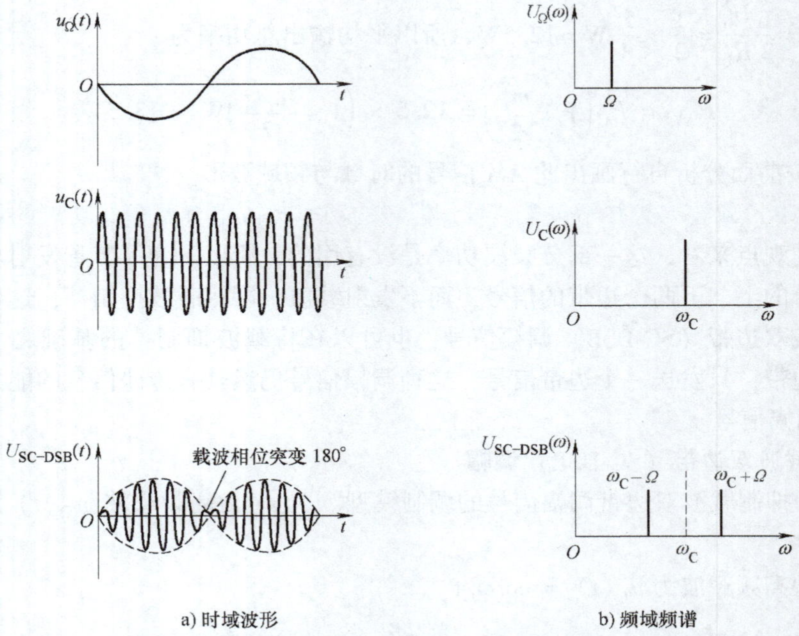

图 5-7 单音频调制下的 SC-DSB 调幅信号的时域波形与频域频谱

当 $u_\Omega(t)$ 为多音频信号时，SC-DSB 信号的表达式为

$$
\begin{aligned}
u_{\text{SC-DSB}}(t) &= u_\Omega(t)u_C(t)\\
&= \frac{1}{2}k_a U_{\Omega m}\{\cos[(\omega_C+\Omega_1)t]+\cos[(\omega_C-\Omega_1)t]\}\\
&\quad+\frac{1}{2}k_a U_{\Omega m}\{\cos[(\omega_C+\Omega_2)t]+\cos[(\omega_C-\Omega_2)t]\}\\
&\quad+\frac{1}{2}k_a U_{\Omega m}\{\cos[(\omega_C+\Omega_3)t]+\cos[(\omega_C-\Omega_3)t]\}+\cdots
\end{aligned}
\tag{5-11}
$$

多音频调制下 SC-DSB 信号的频谱变换过程如图 5-8 所示。其频谱图由上边带和下边带组成，上、下边带的频谱分量相对于载波是对称的，所以可得 SC-DSB 信号的带宽为 $BW=2F_{\max}$，$F_{\max}$ 为调制信号的最高频率分量。

3. 单边带（SSB）调幅

与 AM 信号相比较，SC-DSB 信号节省了载波功率，由其频谱分析可知，因为不存在载波分量，所以其调制效率为 100%，即全部功率用于传输两个边带信号，边带信号中包含了待传输的调制信号信息。虽然 SC-DSB 信号在传输过程中节省了载波功率，但其传输带宽与 AM 信号的传输带宽相同，仍为调制信号带宽的两倍，且上、下边带中均包含有原调制信号的频谱成分，而通常在实际通信过程中只需传输其中的一个边带，即可在接收端恢复出原始调制信号。这种只传输一个边带信号的调幅波就称为单边带（SSB）调幅波。同时，由以上分析可得 SSB 信号的带宽为 $BW=F_{\max}$，其带宽为 AM 信号和 SC-DSB 信号带宽的一半。

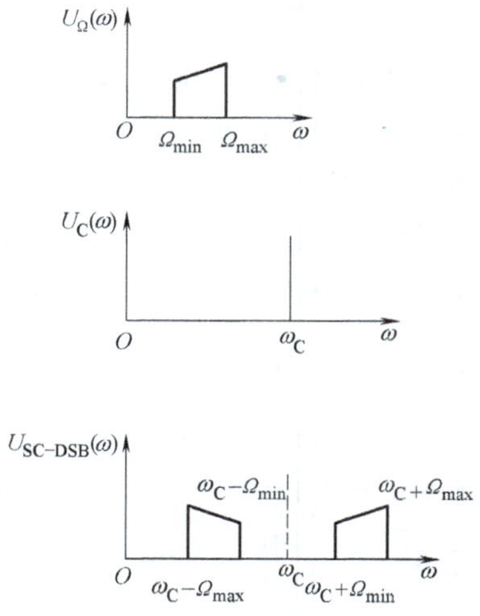

图 5-8　多音频调制下 SC-DSB 信号的频谱变换过程

SSB 调幅波即在抑制掉载波的基础之上，再进一步抑制掉一个边带，只发送一个边带信号。同时因其不含有载波，所以不会产生因载波衰落造成的影响，其选择性衰落现象要轻得多。

SSB 调幅波的产生方法有两种：滤波法和相移法，这两种方法具有不同的优缺点。

（1）滤波法　滤波法是产生 SSB 信号的最直接、最简单也是最常用的方法。其产生 SSB 信号的过程为：首先生成 SC-DSB 信号，然后使其通过相应的边带滤波器，滤除上边带或下边带信号，即可得到单边带信号。

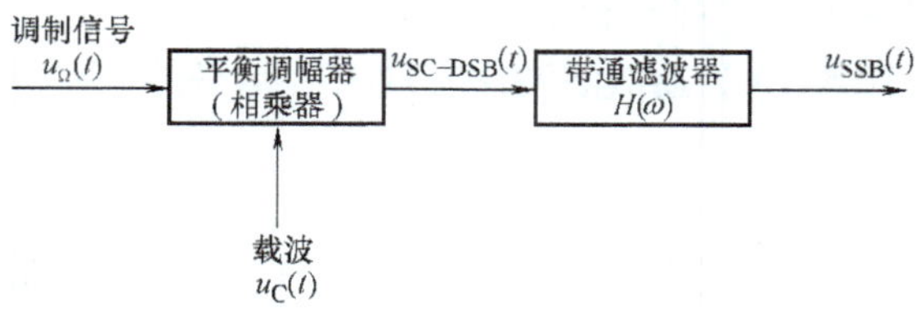

图 5-9　由滤波法产生 SSB 信号的一般模型

图 5-9 为由滤波法产生 SSB 信号的一般模型，即在平衡调幅器后面加上适合的滤波器，把不需要的边带滤除，只让一个边带通过。

在单音频调制下，SC-DSB 信号为

$$u_{\text{SC-DSB}}(t)=\frac{1}{2}U_{\Omega m}\cos[(\omega_C+\Omega)t]+\frac{1}{2}U_{\Omega m}\cos[(\omega_C-\Omega)t]$$

图5-9中，$H(\omega)$ 为滤波器传输特性，若图5-9中的 $H(\omega)$ 为理想高通传输特性时，则可得上边带信号：

$$u_{USB}(t)=\frac{1}{2}U_{\Omega m}\cos(\omega_C+\Omega)t \tag{5-12}$$

反之，当 $H(\omega)$ 为理性低通特性时，则可得下边带信号：

$$u_{LSB}(t)=\frac{1}{2}U_{\Omega m}\cos(\omega_C-\Omega)t \tag{5-13}$$

所以，可得单边带信号表达式为

$$u_{SSB}(t)=\frac{1}{2}U_{\Omega m}\cos\Omega t\cos\omega_C t \tag{5-14}$$

SSB信号的频谱为

$$U_{SSB}(\omega)=U_{SC\text{-}DSB}(\omega)H(\omega) \tag{5-15}$$

由滤波法产生SSB信号的原理很简单，但是，用此方法产生SSB信号时对滤波器的要求比较高。以上的理论分析中滤波器均被视为理想的低通或高通，但实际上这种理想滤波器是不存在的。

采用滤波法来产生SSB信号，要求滤波器在载频处应具有非常陡峭的滤波特性，而滤波器实现的难易程度则与两个边带间的相对距离有关。相对距离等于上、下边带间的频率间隔 $2F_{min}$ 与载波频率 f_C 之比，f_C 越高，$\frac{2F_{min}}{f_C}$ 的值越小，需要的滤波器越难制作。

语音信号的频率 F 的范围为300~3400Hz，其中最低频率为 $F_{min}=300$Hz，所以由此产生的SC-DSB信号的两个边带之间的频率间隔为600Hz，若此时选择的载波频率为 10^6Hz，则可得 $\frac{2F_{min}}{f_C}=\frac{600}{10^6}\approx0.06\%$，此时对滤波器的要求较高；若选择的载波频率为 10^4Hz，则可得 $\frac{2F_{min}}{f_C}=\frac{600}{10^4}\approx6\%$，此时对滤波器的要求虽然变低了，但所选用的载波频率太低，易引起频率失真。因此在采用滤波法实现SSB调制时，载波频率不能太低也不能太高，通常取 10^5Hz。

所以，在实际电路中，必须经过多次的调幅与滤波来实现SSB信号，以提高相对带宽，从而便于滤波器的制作，这种方法称为逐级滤波法。而对于载波频率的要求，是不直接在发送频率上进行调制和滤波。

图5-10为逐级滤波法实现SSB信号的电路模型。

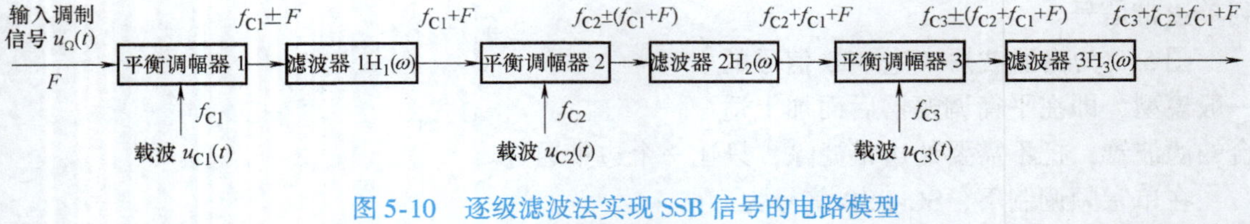

图5-10 逐级滤波法实现SSB信号的电路模型

在图5-10中，$u_\Omega(t)$ 为调制信号，设其为单音频，频率为 F；f_{C1}、f_{C2}、f_{C3} 分别为3级振幅调制中的受调载波的频率。

首先，在较低的频率f_{C1}上进行第 1 次振幅调制，$\frac{2F}{f_{C1}}$足够大，可由第 1 级滤波器滤除下边带，而上边带信号成为第 2 级振幅调制的调制信号，其频率为$f_{C1}+F$；在第 2 级振幅调制中，因为$\frac{2(f_{C1}+F)}{f_{C2}}$仍能足够大，满足滤波器制作要求，所以可由第二级滤波器滤除下边带，得到的上边带信号成为第 3 级振幅调制的调制信号，其频率为$f_{C1}+f_{C2}+F$；同理，在第 3 级振幅调制中，$\frac{2(f_{C2}+f_{C1}+F)}{f_{C3}}$仍能足够大，满足要求，所以可由第 3 级滤波器滤除下边带，得到的上边带信号即为产生的 SSB 信号，此时其频率为$f_{C1}+f_{C2}+f_{C3}+F$，其中发送载波频率为$f_{C1}+f_{C2}+f_{C3}$，但实际上该载波分量已被抑制掉，而待传输的调制信号仍包含在此 SSB 信号中。由此可见，每一级振幅调制中，信号的频谱结构并没有发生变化，只是在逐级滤波中，使滤波器较容易制作，进而实现 SSB 信号。

在实际的逐级滤波法产生 SSB 信号的电路构成中，石英晶体滤波器、陶瓷滤波器、声表面波滤波器等常用作第 1 级滤波器，而第 2、第 3 级滤波器等，因中心频率已被提高，则可采用 LC 谐振回路进行滤波。

（2）相移法　利用移相的方法消去不需要的边带，从而产生 SSB 信号，即为相移法，其原理框图如图 5-11 所示。图中，调制信号电压与载波信号电压均相移 90°。

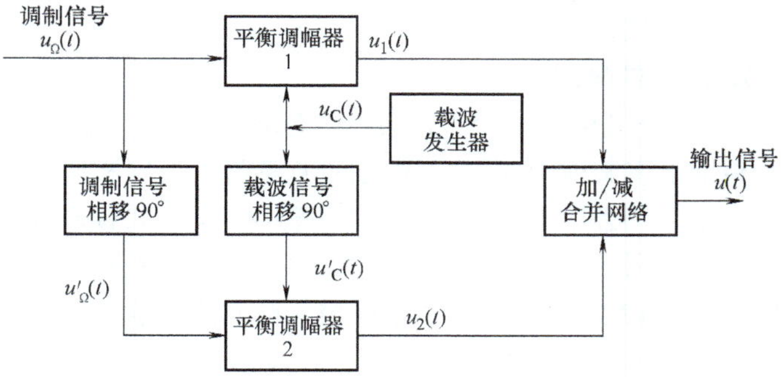

图 5-11　相移法产生 SSB 信号的原理框图

图 5-11 中，调制信号$u_\Omega(t)=U_{\Omega m}\cos\Omega t$，经 90°相移后的调制信号$u'_\Omega(t)=U_{\Omega m}\sin\Omega t$；载波信号$u_C(t)=\cos\omega_C t$，经 90° 相移后的载波信号$u'_\Omega(t)=\sin\omega_C t$。所以可得

$$u_1(t)=U_{\Omega m}\cos\Omega t\cos\omega_C t=\frac{1}{2}U_{\Omega m}\cos(\omega_C+\Omega)t+\frac{1}{2}U_{\Omega m}\cos(\omega_C-\Omega)t \tag{5-16}$$

$$u_2(t)=U_{\Omega m}\sin\Omega t\sin\omega_C t=\frac{1}{2}U_{\Omega m}\cos(\omega_C-\Omega)t-\frac{1}{2}U_{\Omega m}\cos(\omega_C+\Omega)t \tag{5-17}$$

若将二者相减，则可得上边带信号：

$$u(t)=U_{\Omega m}\cos(\omega_C+\Omega)t \tag{5-18}$$

若将二者相加，则可得下边带信号：

$$u(t)=U_{\Omega m}\cos(\omega_C-\Omega)t \tag{5-19}$$

由相移法产生 SSB 信号的主要优点是不需要带通滤波器，但是对于音频移相网络而言，在很宽的频带范围内进行准确的 90°相移是很困难的，即对于不同频率的载波或调制信号均进行准确的 90°相移是无法实现的。

通过以上两种方法可知，滤波法产生 SSB 信号对于滤波器有非常高的要求；相移法产生 SSB 信号，则要求相移网络在很宽的频率范围内均应实现相同的相移。滤波法较之相移法简单经济，并且因为滤波器的性能稳定可靠，所以滤波法仍是目前的标准形式；而在要求不高的小型电台，相移法也有一定的使用价值。

除以上讨论的两种方法可产生 SSB 信号之外，还可由修正的相移滤波法来产生 SSB 信号。这种方法将滤波法和相移法结合在一起，采用的 90°相移网络均工作于固定的频率，所以既克服了相移网络的缺点，同时又具有滤波法的优点，因而是一种具有一定发展前途的方法。

5.1.3　振幅解调的基本原理

调幅信号的解调是调制的逆过程，也称之为检波。检波的作用就是将调制信号从已接收到的振幅已调的高频载波信号中还原出来。从频谱上看，检波是将调幅信号的频谱从高频搬移到低频，检波过程也是应用非线性元器件来实现频率变换的过程。

振幅解调可分为包络检波（解调）和相干检波（解调）两种方法。若调幅信号的包络与调制信号的变化规律一致，则可采用包络检波的方法来进行解调，前面提到的 AM 信号即可采用此种方法进行解调；相干检波则要求接收端提供和发送端完全相同的载波，这里的完全相同指的是载波的频率和相位完全相同，进而实现调幅信号的解调，这种方法对于 AM、SC-DSB 等调幅信号均适用。

1. AM 信号的解调

AM 信号既可采用相干检波的方法进行解调，又可采用包络检波的方法进行解调。

相干检波又称为相干解调或同步解调。采用相干检波时，为了无失真地恢复原调制信号，在接收端必须提供一与发送端完全相同（同频同相）的本地载波，在接收端由其与已接收到的已调信号相乘，经低通滤波后取出低频分量，去除高频分量，即可得到原始的调制信号。图 5-12 即为 AM 信号进行相干检波的一般模型。

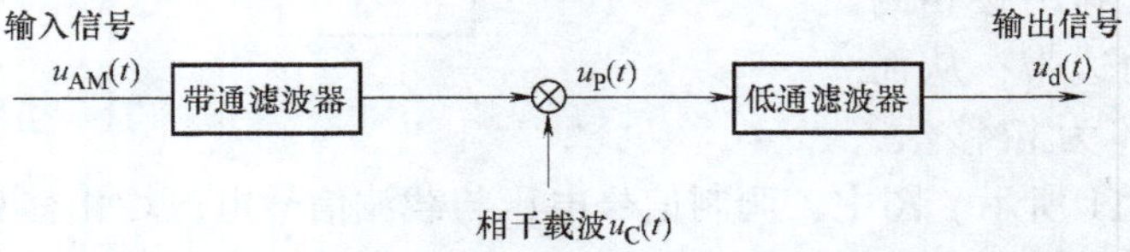

图 5-12　AM 信号进行相干检波的一般模型

设已知接收端的 AM 信号为

$$u_{AM}(t) = [U_0 + k_a u_\Omega(t)]u_C(t)$$

式中，相干载波 $u_C(t) = \cos\omega_C t$，与发送端提供的载波完全相同，即同频同相，这里设相位为零。

由图 5-12 可知：

$$\begin{aligned} u_P(t) &= [U_0 + k_a u_\Omega(t)]u_C^2(t) = [U_0 + k_a u_\Omega(t)]\cos^2\omega_C t \\ &= \frac{1}{2}[U_0 + k_a u_\Omega(t)] + \frac{1}{2}[U_0 + k_a u_\Omega(t)]\cos 2\omega_C t \end{aligned} \tag{5-20}$$

经过低通滤波器后将 $2\omega_C$ 的频率分量滤除后，即可得

$$u_d(t) = \frac{1}{2}[U_0 + k_a u_\Omega(t)] \tag{5-21}$$

再去除直流即可得原调制信号。相干检波适用于所有线性调制信号的解调。

AM 信号还可采用包络检波的方法进行解调，包络检波又称非相干解调。采用包络检波时，AM 信号的调幅指数 m_a 必须满足小于或等于 1 的条件，因为只有此条件下 AM 信号的包络才与调制信号的形状完全一致，这样的 AM 信号经包络检波后才可取出与发送端完全相

同的原始调制信号。包络检波器通常由半波或全波整流器与低通滤波器组成，其具体电路组成与原理将在 5.3.1 节中介绍。

2. SC-DSB 信号、SSB 信号的解调

SC-DSB 信号和 SSB 信号均采用相干检波的方法进行解调，其相干检波的一般模型与图 5-12 类似，只是输入信号变为 $u_{SC\text{-}DSB}(t)$ 或 $u_{SSB}(t)$，其解调过程可依照 AM 信号检波过程自行进行推导，这里就不再赘述。需要指明的是，因为 SC-DSB 信号及 SSB 信号的包络与原始调制信号波形不一致，所以不能采用包络检波的方法进行解调，而只能采用相干检波的方法进行解调。

5.1.4　混频的基本原理

混频就是将已调波的载频变为另一载频的过程，载频改变的已调波的调制类型与调制参数均不发生变化，所以其作用就是将原载频已调波所携带的调制信号转至新的载频上，即承载调制信号的载波频率发生了变化，所以，混频电路是一种典型的频谱搬移电路，又称为混频器或变频电路，可以由乘法器和带通滤波器实现。

图 5-13a 为一混频电路的组成模型，设输入调幅波为单音频 AM 信号，则各点信号的时域波形、频域频谱如图 5-13b 所示。其中 $u_L(t)$ 为本地振荡产生的、频率为 f_L 的高频余弦波电

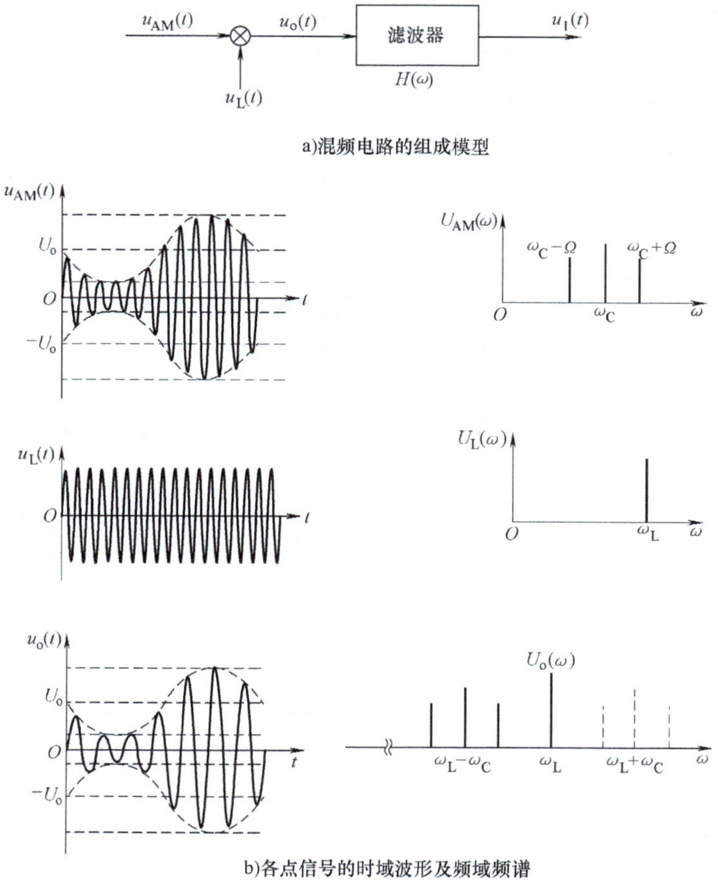

图 5-13　混频电路组成模型、信号波形及频域频谱

压，其与输入信号 $u_{AM}(t)$ 相乘后经相应的带通滤波器输出中频信号 $u_I(t)$，$u_I(t)$ 的频率 f_I 可取为输入信号与本振信号的和频或差频，即 $f_I = f_L + f_C$ 或 $f_I = |f_L - f_C|$。

实现 $f_I > f_C$ 的混频器称为上混频器，反之则称为下混频器，调幅广播收音机的中频为 $|f_L - f_C|$，等于465kHz。

常用混频器将在5.4小节中介绍。

5.2 振幅调制电路

具有振幅调制功能的电路称为振幅调制电路或振幅调制器，振幅调制电路中往往采用乘法器来实现调制信号与载波的相乘。实际上，乘法器是利用非线性元器件构成的、能够完成输入模拟信号相乘功能的电路。

所谓非线性元器件是指元器件参数与通过它的电流或施于其上的电压有关，这类元器件包括经常使用的二极管、晶体管以及带磁心的电感线圈等。电路中包含一个或多个非线性元器件，且所有的元器件均工作于非线性状态，这种电路才可称之为非线性电路。

非线性元器件所构成的非线性电路能够产生新的频率分量，具有频率变换作用，但其在分析上不满足叠加定理，同时当输入信号较小时，只要工作点选取适当，非线性电路同样可近似按线性电路进行分析。在实际应用中，非线性元器件总是与一定性能的线性网络相互配合，由非线性元器件实现频率变换的作用，由线性网络进行选频、滤波，从而实现一定的功能。调制解调器、振荡器以及功率放大器均属于此类电路。

常用的振幅调制电路可分为低电平振幅调制电路与高电平振幅调制电路：

（1）低电平振幅调制电路　该电路的调制通常在低电平级进行，调制功率小、电路简单，多在发射机的前级产生小功率的已调波，然后再经过线性功率放大器放大，达到所需的发射功率。主要可实现DSB信号和SSB信号调制，也可以实现AM信号调制。低电平振幅调制电路主要包括二极管调幅器、晶体管调幅器及集成模拟调幅器。

（2）高电平振幅调制电路　该电路的调制通常在高电平级进行，不需采用效率较低的线性放大器，有利于提高整机效率，在发射机的最后一级直接产生到达输出功率要求的已调波，主要可实现AM信号的调制。集电极调幅、基极调幅属于这一类调幅。

5.2.1 低电平振幅调制电路

在这里，首先介绍两类典型的乘法器电路，进而讨论由这两类乘法器所构成的低电平振幅调制电路。

1. 双差分对模拟乘法器

图5-14为双差分对模拟乘法器。电路由3对差分对晶体管 VT_1、VT_2，VT_3、VT_4，VT_5、VT_6 组成，电流源 I_0 提供 VT_5、VT_6 的偏置电流，VT_5 提供 VT_1、VT_2 的偏置电流，VT_6 提供 VT_3、VT_4 的偏置电流，u_{i1}、u_{i2} 为输入信号，加至不同的差分对晶体管输入端。

静态时：$u_{i1} = u_{i2} = 0$，$I_{C5} = I_{C6} = \frac{1}{2}I_0$，$I_{C1} = I_{C2} = I_{C3} = I_{C4} = \frac{1}{4}I_0$，$I_{13} = I_{C1} + I_{C3} = I_{24} = I_{C2} + I_{C4} = \frac{1}{2}I_0$。

当输入信号均为小信号时，可实现 u_{i1}、u_{i2} 的相乘，此时差分对模拟乘法器为小信号工作状态，具有理想乘法器功能；当输入信号 u_{i2} 为小信号、u_{i1} 为任意值时，此时该乘法器工作于线性时变工作状态；当输入信号 u_{i2} 为小信号、u_{i1} 为余弦波时，则该乘法器具有开关函数的作用，可实现输入信号的相乘。

MC1496、MC1595、MC1596G 以及国产 XFC1596 等集成模拟乘法器均是根据双差分对模拟乘法器的基本原理制成的，MC1595 在 MC1496 的基础上增加了动态范围扩展电路，是具有 4 象限相乘功能的通用集成器件。

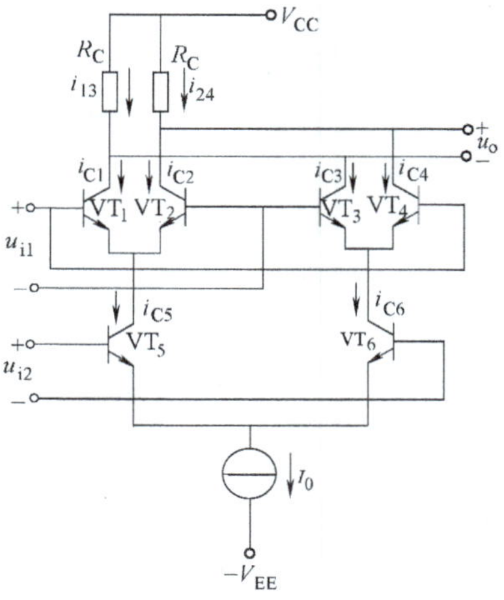

图 5-14　双差分对模拟乘法器

图 5-15 为 MC1496 乘法器内部电路及其引脚排列。图中，R_1、R_2、R_3、R_4、VT_7、VT_8、VD 等组成多路电流源电路，其中，R_1、R_4、VD 为电流源的基准电路，VT_7、VT_8 分别供给 VT_5、VT_6 恒值电流，R_4、R_Y 为外接电阻，且 R_Y 具有负反馈作用，可扩大 u_Y 的动态范围。

MC1496 广泛应用于振幅调制、解调以及混频等电路中，在实际应用时 $VT_1 \sim VT_6$ 需外加偏置电压。

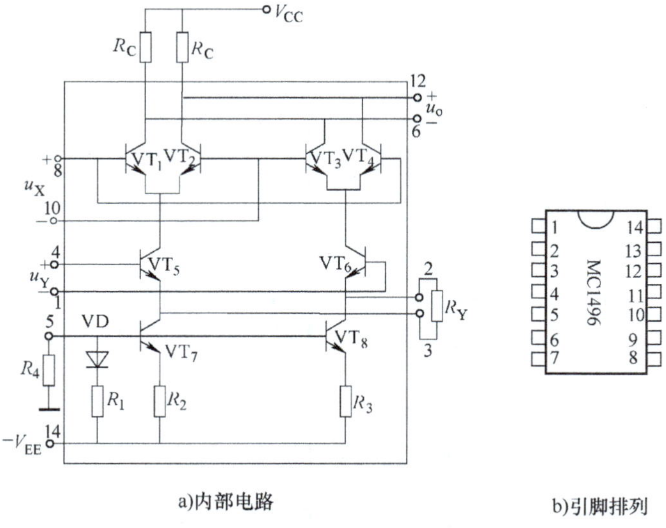

a)内部电路　　b)引脚排列

图 5-15　MC1496 乘法器的内部电路及其引脚排列

图 5-16 为 MC1595 乘法器的外接电路及其引脚排列，4 脚与 8 脚、9 脚与 12 脚分别为 u_X、u_Y 输入端，14 脚和 2 脚为输出端，R_X、R_Y 均为外接电阻，均具有负反馈作用，可扩大 u_X、u_Y 的动态范围，R_K 用来设定 1 端电压，可确保各晶体管工作于放大区。

MC1595 乘法器输出电压为 $u_o = \dfrac{4R_C}{R_X R_Y I_0'} u_X$、$u_Y$ 。

2. 二极管乘法器

在某些情况下，非线性元器件在受到大信号的控制时，会交替进行导通或截止，从而具

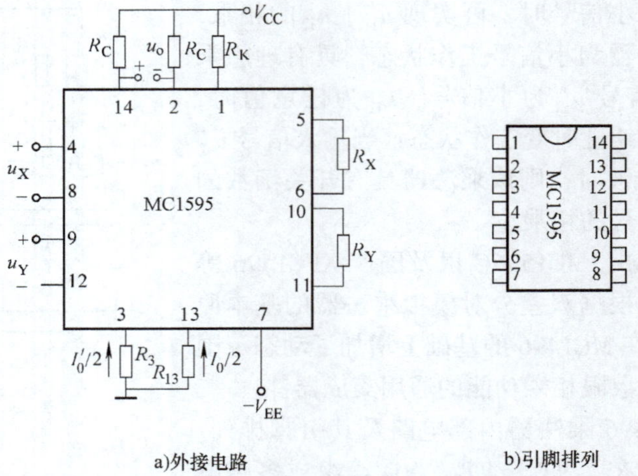

图 5-16 MC1595 乘法器的外接电路及其引脚排列

有开关的功能。图 5-17 为二极管开关电路及其等效电路。

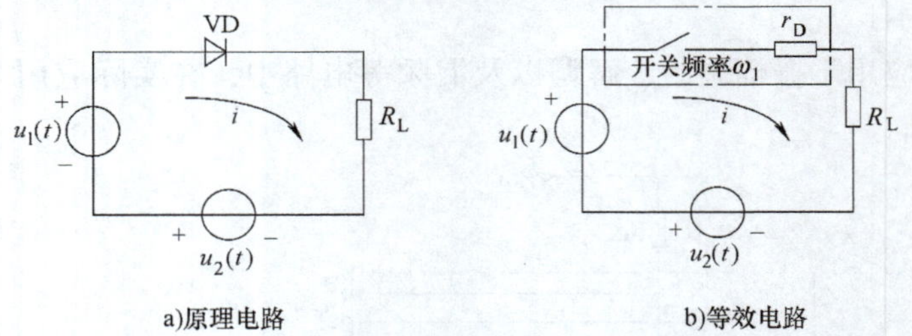

图 5-17 二极管开关电路及其等效电路

图 5-17 中，$u_1(t)$为大信号，在其控制下二极管工作于开关状态，即轮流工作于导通与截止状态；$u_2(t)$为小信号。

设 $u_1(t)=U_{1m}\cos\omega_1 t$，$u_2(t)=U_{2m}\cos\omega_2 t$，$|U_{1m}| \gg |U_{2m}|$。

当 $u_1(t)>0$ 时，二极管 VD 导通，则流过负载 R_L 的电流为

$$i=\frac{1}{R_L+r_D}[u_1(t)+u_2(t)] \tag{5-22}$$

当 $u_1(t)<0$ 时，二极管截止，则流过负载 R_L 的电流 $i=0$，所以有

$$i=\begin{cases}\dfrac{1}{R_L+r_D}[u_1(t)+u_2(t)] & u_1(t)>0\\ 0 & u_1(t)<0\end{cases} \tag{5-23}$$

设开关函数为

$$S(t)=\begin{cases}1 & u_1(t)>0\\ 0 & u_1(t)<0\end{cases} \tag{5-24}$$

开关函数 $S(t)$截止与导通的周期与 $u_1(t)$的周期相同，为$\dfrac{2\pi}{\omega_1}$。等效电路中的电流 i 等于施加在 R_L、r_D 上的电压 $u_1(t)+u_2(t)$除以回路中总的电阻，只不过电流的有无要由开关函数 $S(t)$来控制，所以电流 i 为

$$i = gS(t)[u_1(t) + u_2(t)] \tag{5-25}$$

式中，g 为回路电导，$g = \dfrac{1}{R_L + r_D}$。

若将开关函数 $S(t)$ 以傅里叶级数 $S(t) = \dfrac{1}{2} + \dfrac{2}{\pi}\cos\omega_1 t - \dfrac{2}{3\pi}\cos 3\omega_1 t + \cdots$ 的形式代入输出电流 i 的表达式，则输出电流 i 中含有直流，ω_1、ω_2、ω_1 的偶次谐波分量以及 ω_1 奇次谐波与 ω_2 的组合频率分量。

若 ω_1 为载波频率，ω_2 为调制信号频率，同时采用中心频率为 ω_1、通频带为 $2\omega_2$ 的带通滤波器进行滤波，则负载上的输出电压将只含有 ω_1、$\omega_1 \pm \omega_2$ 的频率分量，即为前面所讨论的普通调幅波的频谱成分，而这一电路实际上就构成了一个简单的斩波调幅电路。

在讨论了开关函数的分析方法后，接着讨论较为复杂的二极管平衡乘法器以及双平衡乘法器。

图 5-18 为由二极管构成的平衡乘法器。由图 5-18a 所示原理电路可知，二极管 VD_1、VD_2 性能一致，导通电阻均为 r_D；T_1 和 T_2 的中心抽头两边相同；载波信号电压 $u_C = U_{cm}\cos\omega_C t$ 加至二极管 VD_1、VD_2 上；调制信号电压 $u_\Omega = U_{\Omega m}\cos\Omega t$，由 T_1 输入。其中，$U_{cm} >> U_{\Omega m}$，u_C 为控制信号，使二极管 VD_1、VD_2 工作于开关状态，且开关频率为 $\dfrac{\omega_C}{2\pi}$；u_Ω 为小信号。二极管平衡乘法器相当于两个独立的二极管开关电路叠加在一起，只要分别讨论，再合并处理即可，其等效电路及电路分解图如图 5-18b、c 所示。

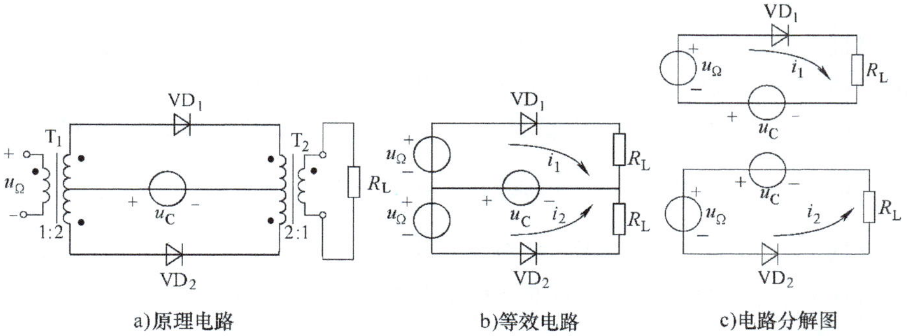

图 5-18 二极管平衡乘法器

当 $u_C > 0$ 时，二极管 VD_1、VD_2 导通；当 $u_C < 0$ 时，二极管 VD_1、VD_2 截止，所以此时的开关函数同上，仍为 $S(t)$。

由图 5-18c 可知，通过二极管 VD_1、VD_2 的电流分别为 i_1、i_2，电流 i_1 等于施加在 R_L、r_D 上的电压 $u_C + u_\Omega$ 除以回路中总的电阻，电流 i_2 等于施加在 R_L、r_D 上的电压 $u_C - u_\Omega$ 除以回路中总的电阻，所以可得

$$i_1 = gS(t)(u_C + u_\Omega) \tag{5-26}$$

$$i_2 = gS(t)(u_C - u_\Omega) \tag{5-27}$$

所以输出的总电流为

$$i = i_1 - i_2 = 2gu_\Omega S(t) = 2gU_{\Omega m}\cos\Omega t\left(\frac{1}{2} + \frac{2}{\pi}\cos\omega_C t - \frac{2}{3\pi}\cos 3\omega_C t + \cdots\right) \tag{5-28}$$

式(5-28)中出现了 $\cos\Omega t\cos\omega_C t$ 的相乘项，即实现了 u_C 与 u_Ω 的相乘，因此二极管平衡

乘法器也称为二极管平衡混频器。同时，将电流 i 中所包含的频率成分与前面开关特性分析中输出电流中的频率成分相比较，二极管平衡乘法器输出电流中的无用频率成分少了很多，载波频率及其偶次谐波频率分量均被抑制掉，$\omega_C \pm \Omega$ 的频率分量则更容易被滤出。

下面来讨论二极管双平衡乘法器，并分析其输出电流的频率成分与二极管平衡乘法器相比有何变化。

图 5-19a 为由二极管构成的双平衡乘法器的电路，图 5-19b 为其等效电路，相当于两个二极管平衡乘法器的组合，所以其分析可具体到单一二极管构成的开关电路。

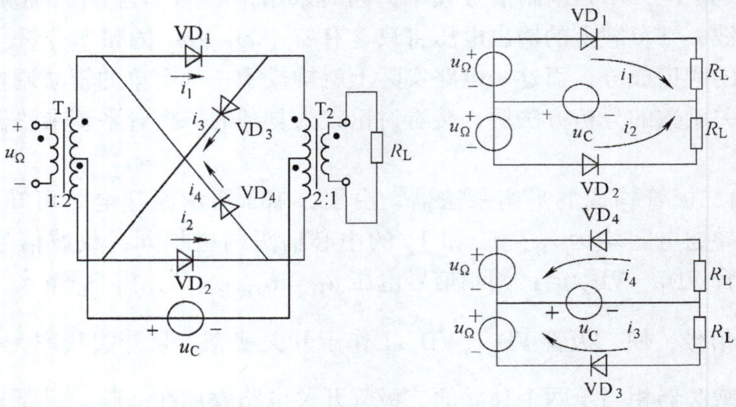

图 5-19 二极管双平衡乘法器电路及其等效电路

图中，二极管 VD_1、VD_2、VD_3、VD_4 性能一致，导通电阻均为 r_D；T_1 和 T_2 的中心抽头两边相同；载波信号电压为 $u_C = U_{cm}\cos\omega_C t$；调制信号电压为 $u_\Omega = U_{\Omega m}\cos\Omega t$，由 T_1 输入。$U_{cm} >> U_{\Omega m}$，u_C 为控制信号，使二极管 VD_1、VD_2、VD_3、VD_4 工作于开关状态，其开关频率为$\dfrac{\omega_C}{2\pi}$；u_Ω 为小信号。读者可自行对其等效电路进行电路分解。

当 $u_C>0$ 时，二极管 VD_1、VD_2 导通，VD_3、VD_4 截止；当 $u_C<0$ 时，二极管 VD_1、VD_2 截止，VD_3、VD_4 导通。可见二极管 VD_3、VD_4 的导通与截止均比二极管 VD_1、VD_2 滞后半个周期。

因此，输出电流 i 为

$$i=(i_1-i_2)+(i_4-i_3)$$
$$=2gU_{\Omega m}\cos\Omega t\left(\frac{4}{\pi}\cos\omega_C t-\frac{4}{3\pi}\cos 3\omega_C t+\cdots\right) \tag{5-29}$$

式(5-29)中出现了 $\cos\Omega t\cos\omega_C t$ 相乘项，即实现了 u_C 与 u_Ω 的相乘，同时输出电流中只含有 ω_C 的奇次谐波与 Ω 的组合频率分量，因此非线性产物进一步被抑制。因存在有用相乘项的和频与差频，所以二极管双平衡乘法器可应用于振幅调制、振幅检波及混频等，又称为二极管双平衡混频器。

将所要传送的信号通过一个受载波频率控制的开关电路（斩波电路），使其输出的波形被“斩”为周期为$\dfrac{2\pi}{\omega_C}$的脉冲，即为斩波调幅，此时输出波形中包含了 $\omega_C \pm \Omega$ 以及其他谐波分量，再通过一定的带通滤波器即可取出所需要的调幅波输出，从而实现了调幅。通过二极管双平衡乘法器和双差分对模拟乘法器即可实现抑制载波双边带及单边带调幅。

3. 由双差分对模拟乘法器和二极管双平衡乘法器构成的低电平振幅调制电路

目前，低电平调幅电路广泛采用集成双差分对模拟乘法器和二极管双平衡乘法器，主要可实现 SC-DSB 和 SSB 调幅，也可实现 AM 调制。低电平振幅调制的优点是调幅器功率小、电路简单。因调制在低电平级实现，所以这种振幅调制电路输出功率和效率不是主要问题，关键是要求其具有良好的调制线性度和较强的载波抑制能力。

采用集成双差分对模拟乘法器可构成性能良好的振幅调制电路。图 5-20 为由 MC1496 构成的 SC-DSB 信号产生电路。图中，1 脚接的是调制信号 u_Ω；2 脚、3 脚的电阻 R_Y 具有负反馈作用，可扩大调制信号 u_Ω 的动态范围；5 脚的电阻 R_5 用来控制电流源电路的电流值；6 脚和 12 脚的电阻 R_C 为输出端负载电阻；R_8、R_6 对正电源进行分压，提供乘法器内部 VT_1 ~ VT_4 的基极偏压；R_1、R_2、R_3、R_4、RP 对负电源进行分压，提供乘法器内部 VT_5、VT_6 的基极偏置电压；8 脚、10 脚输入的是载波信号 u_C；RP 为载波调零电位器，其作用是令 $u_\Omega = 0$，调节 RP，使输出电压等于零，即使电路对称以减小载波输出。此电路的工作特性取决于载波输入信号的电压振幅，当载波电压振幅大于 26mV 时，电路工作于开关状态；当载波电压振幅小于 26mV 时，电路工作于线性状态。同时输入载波和调制信号时，则输出 SC-DSB 调幅波，即产生 SC-DSB 信号。

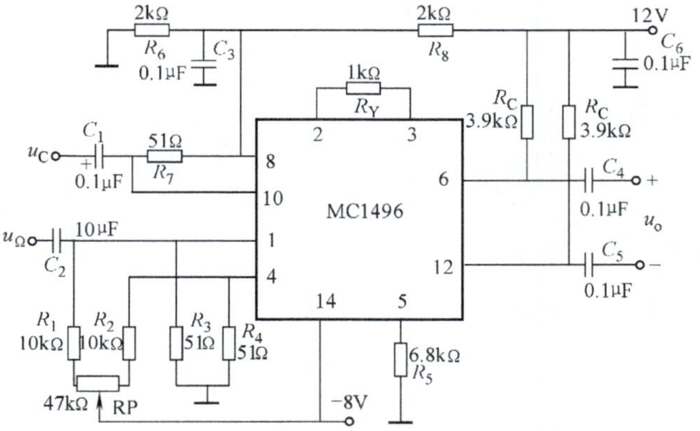

图 5-20 由 MC1496 构成的 SC-DSB 信号产生电路

图 5-21 为由 MC1596G 构成的 AM 信号发生电路。MC1596G 也是一种应用广泛的集成双差分对模拟乘法器，其内部电路结构与前面所介绍的 MC1496 等基本相似，它的用途很广，可由其外接一定元器件构成产生 AM 调幅波的电路，也可构成产生 SC-DSB 调幅波的电路，还可以构成用于振幅检波的同步检波电路及混频器。

图 5-21 中，1 脚和 4 脚所接电位器是用来调节调幅指数的大小的；1 脚输入为调制信号，10 脚输入为载波信号，6 脚通过 0.1μF 电容输出 AM 信号。

同样，采用二极管双平衡乘法器也可以很容易地实现低电平振幅调制。图 5-22 为二极管构成的电桥斩波调幅电路及环形调幅电路，已知输入载波信号 u_C 的振幅足够大。

在图 5-22a 中，电桥电路起到了开关电路的作用，4 个二极管的通断完全

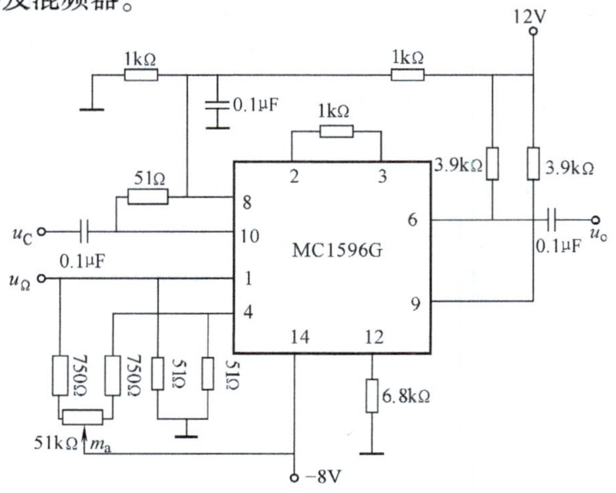

图 5-21 由 MC1596G 构成的 AM 信号发生电路

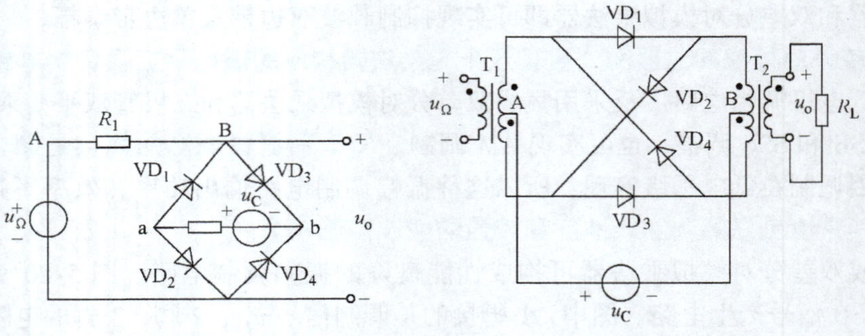

a) 二极管电桥斩波调幅电路　　b) 环形调幅电路

图 5-22　实现斩波调幅的两种电路

由 u_C 控制，当 $u_a > u_b$ 时，$VD_1 \sim VD_4$ 导通，输出电压 u_o 等于零；反之，$VD_1 \sim VD_4$ 全部截止，所以输出电压 u_o 等于 u_Ω，即实现振幅调制。

在图 5-22b 中，4 个二极管起到了双刀双掷开关的作用，其电路分析和前面所讨论的二极管双平衡乘法器的思路相同，可自行推导，也能实现振幅调制。

5.2.2　高电平振幅调制电路

高电平振幅调制电路实际上是一种输出电压振幅受调制信号控制的谐振功率放大器，其调制过程是在功率电平高的级完成，通常是在丙类放大级进行，而根据调制信号所控制的电极不同又可分为集电极调制和基极调制。

集电极调制又称为阳极调制，是用调制信号控制集电极电源电压来实现调幅的，其基本电路如图 5-23 所示。图中晶体管的有效集电极电源电压为调制信号 $u_\Omega = U_{\Omega m}\cos\Omega t$ 与直流电源电压 V_{CC} 之和，因此在过电压状态下，集电极电流的基波分量就将随集电极电源电压呈正比例变化，所以集电极回路中输出的高频电压的振幅将随调制信号的波形变化，从而实现振幅调制，输出调幅波。

集电极振幅调制电路必须工作于过电压状态，其效率较高，同时晶体管可得到充分的应用，但需要大功率的调制信号。

基极调制又称为栅极调制，是用调制信号控制基极电源电压来实现调幅的，其基本电路如图 5-24 所示。晶体管的有效偏压等于调制信号 $u_\Omega = U_{\Omega m}\cos\Omega t$ 与直流偏压 V_{BB} 之和，它随调制信号波形的变化而变化。在欠电压状态下，集电极电流的基波分量将随基极电压呈正比例变化，所以集电极回路输出的高频电压的振幅将随调制信号的波形变化，从而实现振幅调制，输出调幅波。

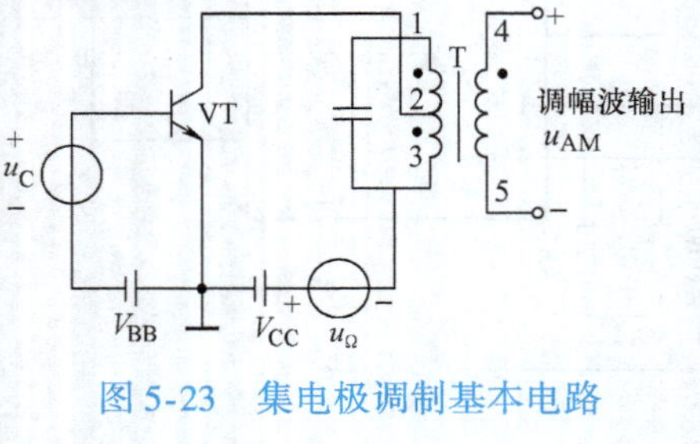

图 5-23　集电极调制基本电路

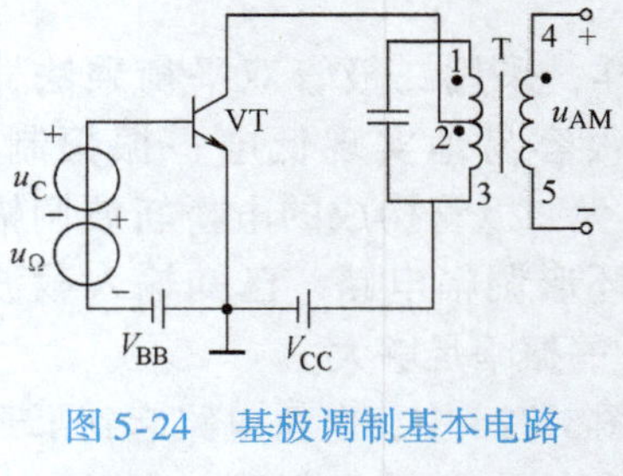

图 5-24　基极调制基本电路

基极振幅调制电路必须工作于欠电压状态，其平均集电极效率不高，但其所需要的调制功率很小。

5.3　振幅检波电路

常用的振幅检波电路包括相干检波和包络检波两类。不论采用哪种方法对调幅波进行解调，均需检波电路的检波效率高、失真小，且要求输入电阻高。

5.3.1　包络检波器的质量指标

包络检波器的主要质量指标包括检波效率、输入电阻及失真。

（1）检波效率　检波效率又称为电压传输系数，是包络检波器音频输出电压与输入调幅信号振幅电压的比值，记为 η_d，其表达式为

$$\eta_d = \cos\theta = \cos\sqrt[3]{3\pi R_d/R} \tag{5-30}$$

式中，R_d 为检波器内阻；R 为检波器负载电阻，当 R 足够大时，其值近似等于1，为常数。

（2）输入电阻　输入电阻为输入高频电压振幅与二极管电流中基波分量振幅之比，记为 R_i，其表达式为

$$R_i = R/2\eta_d \tag{5-31}$$

通常 $\eta_d = 1$，所以 $R_i = R/2$，即等于负载电阻的一半。

（3）失真　实际上，包络检波器的输出波形与调幅波包络的形状总会有一定的差别，会出现某些失真。这些失真包括惰性失真、负峰切割失真、非线性失真及频率失真。这里，主要分析前两种失真产生的原因及避免措施。

惰性失真也称为对角失真，是因负载电阻 R 与电容 C 的时间常数 RC 过大造成的。当 RC 过大时，电容放电速度过慢，电容上的电压不能很快地随调幅波下降而及时放电，使输出电压跟不上调幅波包络的变化因而产生失真，图5-25为发生惰性失真时的波形。这一非线性失真是由于电容 C 的惰性太大而引起的，所以称之为惰性失真。为防止惰性失真的发生，应适当选取 RC 值，使放电速度加快，即跟得上高频信号电压（输入的振幅调制信号）的包络变化。

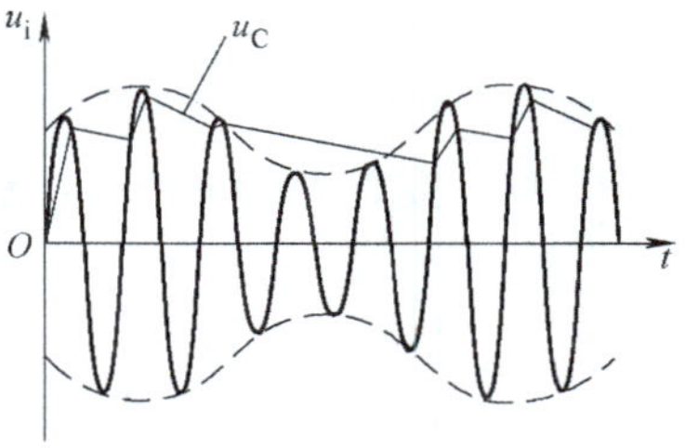

图5-25　发生惰性失真时的波形

为了克服惰性失真，需减小 RC 值，使电容的放电速度加快，所以应满足下列条件：

单音频情况下，有

$$RC \leqslant \frac{\sqrt{1-m_a^2}}{m_a \Omega} \tag{5-32}$$

式中，m_a 为调幅指数；Ω 为调制信号的角频率。

多音频情况下，有

$$RC \leqslant \frac{\sqrt{1-m_{amax}^2}}{m_{amax}\Omega_{max}}$$

式中，m_{amax} 为最大调幅指数；Ω_{max} 为最高调制角频率。即当 m_a 越大、Ω_{max} 加大时，RC 时间常数应相应缩短，以跟得上包络变化。

负峰切割失真又称削波失真，是因包络检波器与下一级级联时，必须加入隔直耦合电容引起的。在实际电路中，检波电路的输出端一般需经过一个隔直电容与下一级相连，图 5-26 即为考虑了耦合电容 C_C 和低频放大输入电阻 r_{i2} 后的检波电路。对于音频信号，耦合电容 C_C 的值较大，可视为短路，所以交流负载电阻为 $R'_L=\dfrac{r_{i2}R}{r_{i2}+R}$，其值小于 R。

交流负载电阻和直流负载电阻不同的原因是隔直电容 C_C 的存在。在图 5-26 中，稳定状态下，C_C 上的直流电压近似等于输入高频信号电压的振幅，它在电阻 R 和 r_{i2} 上产生分压，电阻 R 上的电压对二极管而言为负值。当输入调幅波的调制指数 m_a 较小时，电阻 R 上的电压不会影响二极管的工作，但当 m_a 较大时，输入调幅波低频包络的负半周期可能低于电阻 R 上的电压，所以此期间二极管将截止，直至输入调幅波包络大于电阻 R 上的电压，二极管才会再次导通，此时将输出低频负峰切割电压，其波形如图 5-27 所示，因为这种失真使检波器输出电压的负峰被切割，所以称之为负峰切割失真。

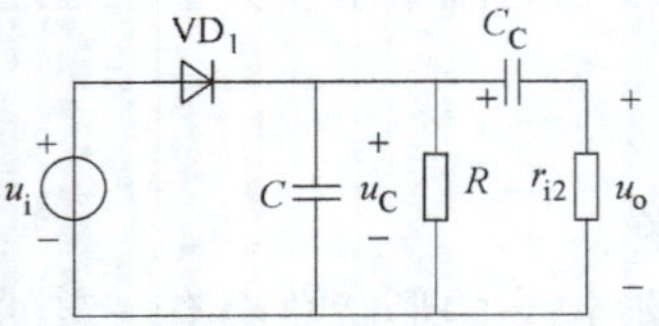

图 5-26 考虑了耦合电容和低频放大输入电阻后的检波电路

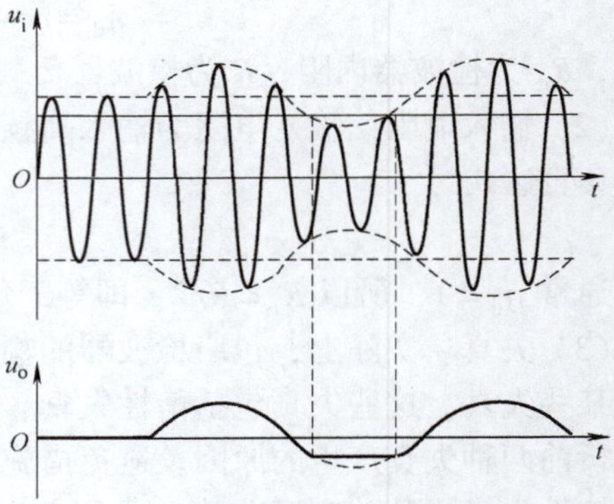

图 5-27 负峰切割失真的波形

为了防止负峰切割失真，应满足：

$$\frac{R'_L}{R}=\frac{r_{i2}}{r_{i2}+R}\geqslant m_{amax} \tag{5-33}$$

式中，m_{amax} 为多音频调制时 AM 信号的调幅指数。

5.3.2 二极管包络检波电路

输出电压直接反映高频调幅波包络变化的检波电路，称为包络检波电路。前面所讨论的普通调幅波可采用此类电路实现解调。

图 5-28a 为由二极管构成的连续波大信号包络检波器电路，它由二极管 VD、阻值较大的负载电阻 R、负载电容 C 组成，r_D 为二极管 VD 的导通电阻。图 5-28b 为其波形。二极管包络检波电路的检波过程主要是利用二极管的单向导电特性以及检波负载 RC 的充放电过程，具体工作过程如下：

当检波器没有输入信号时，电容 C 无存储电荷，电容电压 $u_C=0$。

当输入信号为普通调幅波 u_i 时，在 u_i 的正半周期内，二极管导通，u_i 通过二极管 VD 向电容 C 充电，充电方向如图 5-28a 所示，因为 $r_D \ll R$，所以充电时间常数 r_DC 较小，因而充电时间较短；充电电流 i_D 很大，使 u_C 在短时间内接近 u_i 的最大值，同时，电容电压 u_C 又反向加在二极管 VD 的两端，所以此时二极管导通与否，将由输入信号电压 u_i 与电容电压 u_C 共同决定。当输入信号电压 u_i 由最大值下降至小于电容电压 u_C 时，二极管截止，电容 C 通过负载电阻 R 放电，此时放电时间常数为 RC，且远大于 u_i 的周期，所以放电时间较长，速度很慢。当 u_i 的下一个正半周期到来且其值又超过二极管上的负压——电容电压 u_C 时，二极管 VD 又开始导通，则 u_i 又开始通过二极管 VD 向电容 C 充电，电容电压 u_C 又快速接近 u_i 的最大值，这样在不断地充电、放电中，可得 u_C 波形图如图 5-28b 所示。

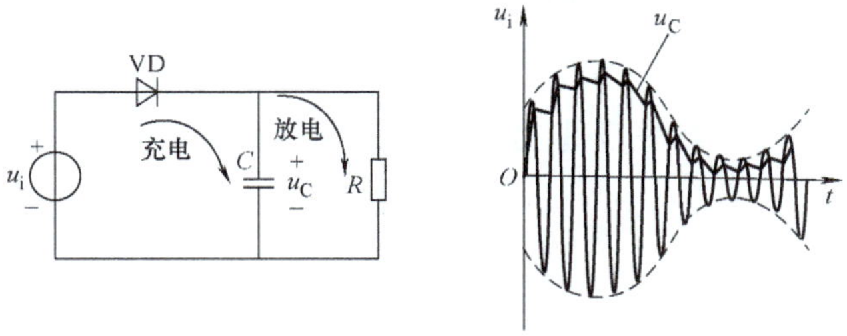

a)原理　　b)波形

图 5-28　二极管包络检波器原理及波形

在进行包络检波时，需选择合适的 R、C 值，使充电时间常数 $r_D C$ 足够小，完成快速充电；而放电时间常数 RC 应足够大，放电缓慢，这样才可以使电容电压 u_C 的幅度与输入信号电压的幅度非常接近。在实际应用中，RC 的取值足够大，需满足 $RC \gg 1/\omega_C$、$R \gg r_D$ 的条件，此时输出的信号电压的幅度与输入信号的幅度近似相等。

5.3.3　同步检波电路

同步检波又称为相干检波，其电路在接收端必须提供一频率和相位均与发送端载波完全相同的同步信号，即同步载波。同步检波器有两种实现电路：乘积型同步检波电路和叠加型同步检波电路。乘积型同步检波电路由乘法器构成，将同步载波与接收的信号在检波器中相乘，检出原始调制信号；叠加型同步检波电路是将同步载波与接收的调幅信号相加，然后通过二极管包络检波电路取出原调制信号。不管是乘积型同步检波电路还是叠加型同步检波电路，都要求同步载波与发送端载波信号严格同步，即严格保持同频同相，否则在解调时将出现失真。

图 5-29、图 5-30 分别为乘积型同步检波电路和叠加型同步检波电路框图。

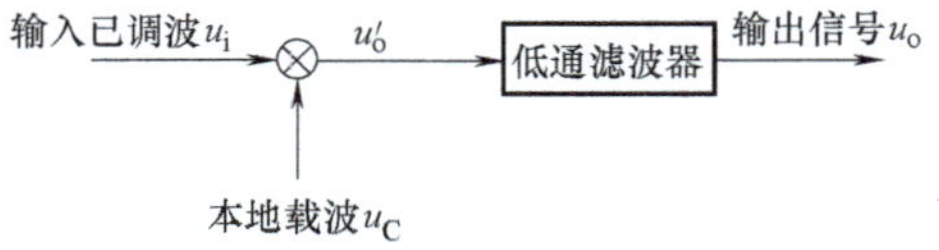

图 5-29　乘积型同步检波电路框图

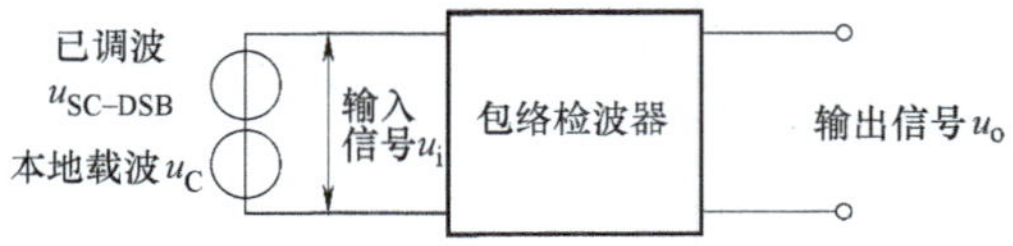

图 5-30　叠加型同步检波电路框图

在图 5-29 中，设同步载波即本地载波 u_C 为

$$u_C = U_{cm}\cos(\omega_C t + \varphi)$$

式中，φ 为本地载波的相位；ω_C 为其角频率。设接收端收到的已调波为 $u_{SC\text{-}DSB}$，为单音频 SC-DSB 调幅波，表达式为

$$u_i = u_{SC\text{-}DSB} = U_{\Omega m}\cos\Omega t\cos\omega_C t \tag{5-34}$$

在这里本地载波的角频率与输入信号载波的角频率完全相同，均为 ω_C，但在相位上有相位差。此时，信号 u_o'为

$$u_o' = u_C u_{SC\text{-}DSB} = \frac{1}{2}U_{cm}U_{\Omega m}\cos\varphi\cos\Omega t + \frac{1}{4}U_{cm}U_{\Omega m}[\cos(2\omega_C + \Omega)t + \varphi]$$
$$+\frac{1}{4}U_{cm}U_{\Omega m}[\cos(2\omega_C - \Omega)t + \varphi]$$

经低通滤波器滤波后，得到输出信号 u_o 为

$$u_o = \frac{1}{2}U_{cm}U_{\Omega m}\cos\varphi\cos\Omega t \tag{5-35}$$

当本地载波与接收信号载波没有相位差时，即 $\varphi = 0$，此时输出的低频信号电压为 $\frac{1}{2}U_{cm}U_{\Omega m}\cos\Omega t$，为最大。

在图 5-30 中，设 $u_C = U_{cm}\cos\omega_C t$，接收端收到的已调波为单音频 SC-DSB 调幅波 $u_{SC\text{-}DSB} = U_{\Omega m}\cos\Omega t\cos\omega_C t$，则二者之和为

$$u_i = u_C + u_{SC\text{-}DSB} = U_{cm}\cos\omega_C t + U_{\Omega m}\cos\Omega t\cos\omega_C t$$
$$= U_{cm}\left(1 + \frac{U_{\Omega m}}{U_C}\cos\Omega t\right)\cos\omega_C t \tag{5-36}$$

因为$\frac{U_{\Omega m}}{U_{cm}} < 1$，所以式(5-36)为普通调幅波，即可采用包络检波方法进行解调。所以经过包络检波器后，输出信号电压为

$$u_o = \eta_d U_{cm}\left(1 + \frac{U_{\Omega m}}{U_{cm}}\cos\Omega t\right) = \eta_d U_{cm} + \eta_d U_{\Omega m}\cos\Omega t \tag{5-37}$$

式中，$\eta_d U_{cm}$ 为直流分量；$\eta_d U_{\Omega m}\cos\Omega t$ 为输出的低频信号。

以上讨论中，均假设接收到的调幅波为 SC-DSB 信号，若将输入信号设为 SSB 信号加以讨论，同样可以得到相似的分析过程。

图 5-31 为由 MC1496 构成的同步检波电路，其中 10 脚的输入 u_C 为同步载波信号，其值较大，使乘法器工作于开关状态；1 脚的输入 u_S 为振幅调制信号，12 脚为解调信号单端输出，然后经过相应的 π 形低通滤波器及耦合隔直电容输出。

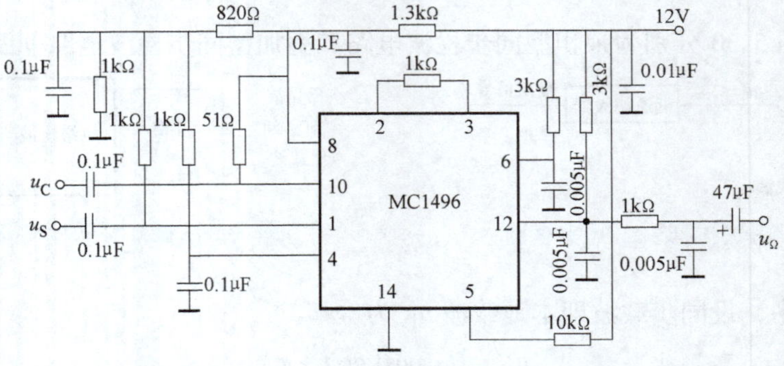

图 5-31　由 MC1496 构成的同步检波电路

图 5-32 为由 MC1596G 集成双差分对模拟乘法器构成的同步检波电路，它可实现 SC-

DSB调幅信号及 SSB 调幅信号的同步（相干）检波。

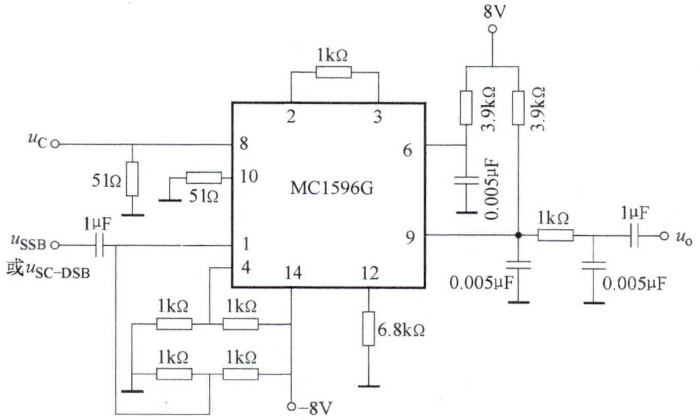

图 5-32　由 MC1596G 集成双差分对模拟乘法器构成的同步检波电路

同理，前面所介绍的环形调幅器等同样可以实现调幅波的同步检波，只不过在电路的输出端要经过相应的滤波器来滤除高频分量，以获得低频调制信号。

5.4　混频电路

所谓混频，就是将已调波的载频变为另一载频已调波的过程，即将一已调高频信号变为另一频率较低或较高的同类型已调信号，而完成这一变换功能的电路则称为混频电路、混频器或变频器。混频电路广泛应用于通信及其他电子设备中，它是超外差接收机的重要组成部分。例如，在调幅广播超外差接收机中，常将接收到的高频信号经混频电路变换为 465kHz 的中频信号；在调频广播超外差接收机中，中频信号的频率为 10.7MHz；而对于各电视台信号则可将其变换为中频 38MHz 的视频信号。

接收机经过混频后，性能将得到很大提高，主要原因为：

1）混频将高频信号转换为固定频率的中频信号，对中频信号进行放大可获得较高的增益且放大器不会产生自激，有助于电路工作的稳定，同时有助于提高接收机的灵敏度。

2）超外差接收机所接收的信号频率是不断变化的，而经过混频电路后均将其转换为固定的中频，可使接收机获得很好的选择性，并有助于简化电路。

混频电路的主要技术指标为：

（1）混频增益　指输出中频电压与输入高频电压之比，即 $A=\frac{U_I}{U_S}$ 或 $A=20\lg\frac{U_I}{U_S}$（单位为 dB）。混频增益越大越有助于提高接收机灵敏度，在广播收音机中其值为 20～30dB。

（2）选择性　混频电路需要具有良好的选择性，即经混频电路后输出信号只包含固定的中频信号，而将其他干扰抑制掉，所以可选用高 Q 值的选频网络。

（3）非线性失真　混频电路工作于非线性状态，所以在输出端除了可获得想要的中频信号以外，还会产生各种混频干扰以及包络失真，所以应通过电路调整，使其尽量小。

原则上，凡是具有相乘功能的器件均可用来构成混频电路，本节主要介绍晶体管混频电路和集成模拟乘法器混频电路。

5.4.1　晶体管混频电路

晶体管混频电路的变频增益较高，因而在中短波接收机和测量仪器中得到了广泛应用，它是利用晶体管转移特性来实现混频的，其原理电路如图 5-33 所示，u_i 为输入信号，u_L 为本振信号，二者均由基极输入，输出回路调谐在中频 $f_I = f_L - f_C$ 上。

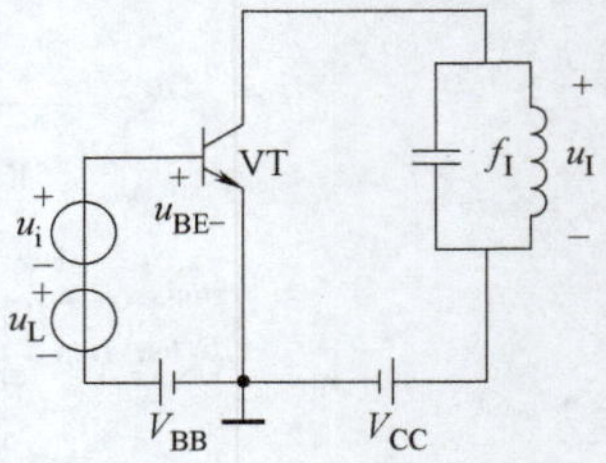

图 5-33　晶体管混频电路

设输入信号 u_i 为小信号，本振信号 u_L 为大信号，则晶体管工作在线性时变工作状态，$u_{BE} = V_{BB} + u_L + u_i$。$V_{BB}$ 与 u_L 相叠加，构成晶体管的等效偏置电压，使晶体管的工作点按 u_L 的规律变化，当输入 u_i 时，晶体管即工作在线性时变状态，集电极电流 i_C 中将含有 f_L 和 f_C 的和频、差频及其他组合频率分量，后经谐振网络即可获得中频信号输出，而当晶体管转移特性为一二次方律曲线时，其混频失真和混频干扰将会很小。

晶体管混频电路有多种形式，可按照晶体管的组态和本振电压注入点的不同分为 4 种，电路如图 5-34 所示。其中，图 5-34a 为信号电压与本振电压均由基极注入；图 5-34b 为信号电压由基极注入，本振电压由发射极注入；图 5-34c 为信号电压与本振电压均由发射极注入；图 5-34d 为信号电压由发射极注入，本振电压由基极注入。

共发射极电路多用于频率较低的情况，图 5-34a 所示电路中输入信号和本振信号相互影响大，但本振需要功率小；图 5-34b 所示电路中输入信号和本振信号相互影响小，但本振需要功率大。共基极电路多用于频率较高的情况，当工作频率不高时，变频增益比发射极电路低。这些电路形式的共同特点是不管本振电压注入方式如何，实际上输入信号和本振信号都是加在基极和发射极之间，均是利用晶体管的非线性特性来实现频率变换的。

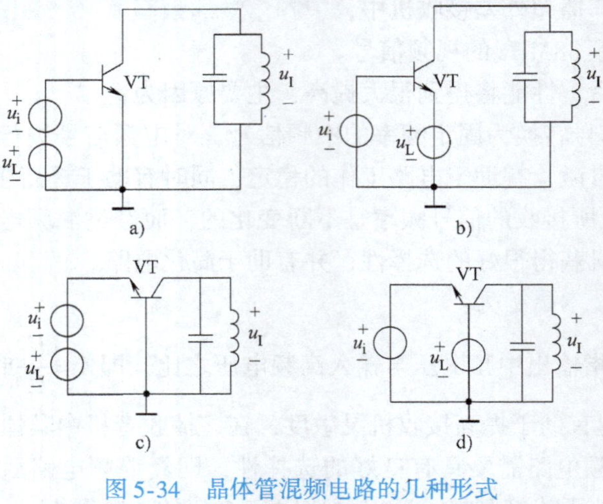

图 5-34　晶体管混频电路的几种形式

5.4.2　集成模拟乘法器混频电路

在实际工作频率达到几十兆赫以上的混频电路中，广泛采用一种由二极管构成的二极管双平衡混频电路，也称为环形混频电路。在模拟乘法器问世以前，环形混频器是一种应用很广的电路，它的工作频带宽、噪声系数低、混频失真小、动态范围大，但缺点是没有混频增益。因其工作频率高，即使是现在，模拟乘法器仍不能完全取代环形混频器，现在市场上的环形混频器是将4个二极管制成集成电路，读者可依据前面分析自行讨论。

双差分对混频电路的主要优点是混频增益大、输出信号的频谱纯净、干扰小、对本振电压的大小无严格限制，主要缺点是噪声系数大。图5-35为由MC1496集成双差分对模拟乘法器构成的混频电路。其中，输入信号 u_{AM} 由1脚输入，本振信号 u_L 由10脚输入，中频信号 u_I 由6脚经π形滤波器输出，1脚、4脚间接有调平衡的电路，以减小输出信号波形的失真。

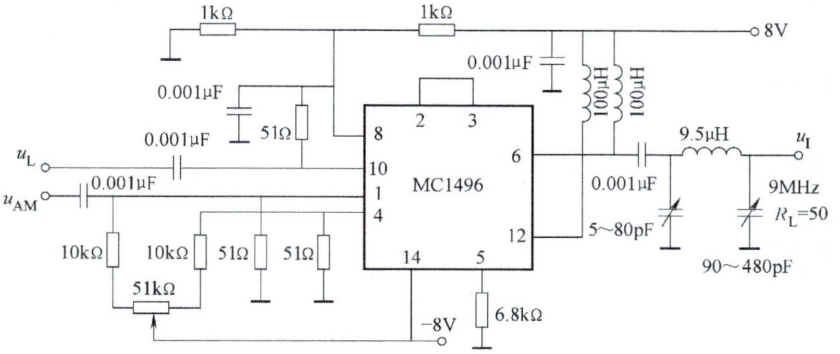

图5-35　由MC1496集成双差分对模拟乘法器构成的混频电路

5.4.3　混频干扰

混频必须采用非线性元器件，所以因混频电路的非线性效应所产生的干扰也是衡量混频器质量的标准之一。信号频率与本振频率的各谐波分量之间、各干扰信号与本振信号之间、干扰信号之间及干扰信号和有用信号之间都会因非线性元器件的相互作用而产生很多新的频率分量，当接收时，若这些频率值接近中频频率，则具有这些频率的信号将顺利通过中频放大、检波直至输出，从而引起串音等现象，影响有用信号的正常接收。

混频器中所产生的干扰包括组合频率干扰和副波道干扰、交调干扰、互调干扰、阻塞干扰和相互混频等。

1. 组合频率干扰

混频器工作在非线性状态，其输出电流中不仅包含有直流分量、信号频率、本振频率，还存在信号和本振频率的各次谐波分量及它们的和频、差频等组合频率分量，如 $3f_L$、$3f_S$、$2f_S-f_L$、$2f_L-f_S$ 等，当这些组合频率的值接近或等于中频频率时，即会产生组合频率干扰，最终在耳机中产生啸叫声。

当组合频率满足 $\pm pf_L \pm qf_S \approx f_I$ 时就会在输出端形成组合频率干扰，其中 p、q 为任意整数。若要减弱组合频率干扰，可适当选择变频电路的工作点、限制输入信号电压幅值以及合理选择中频，使其远离混频中可能产生的组合频率。

2. 副波道干扰

副波道干扰是由频率为 f_n 的外来干扰信号引起的，这一干扰信号的频率和本振信号频率之间满足 $\pm pf_L \pm qf_n \approx f_I$，此时干扰信号会进入中频放大器，经解调后产生干扰和啸叫声，干扰频率 f_n 为

$$f_n = \frac{1}{q}(pf_L \pm f_I) \tag{5-38}$$

因为副波道干扰是一种频率为 f_n 的外来干扰，所以这种干扰就像是绕过了主波道 f_S 通过另一条通路进入中频电路，因此称为副波道干扰。副波道干扰又可分为中频干扰、镜像频率干扰及组合副波道干扰。

(1) 中频干扰　当式（5-38）中 $p=0$、$q=1$ 时，即 $f_n=f_I$，或者干扰频率 f_n 与中频 f_I 很接近，该信号就会被混频器和各级中频放大器放大，产生干扰。对中频干扰的抑制主要可通过提高混频器前面电路的选择性，增强对中频信号的抑制或设置中频限波器来实现。

(2) 镜像频率干扰　当式（5-38）中 $p=q=1$ 时，即 $f_n=f_S+2f_I$，则相应的干扰电台频率等于本振频率 f_L 与中频 f_I 之和，而有用信号的频率 f_S 比本振信号的频率 f_L 低一个中频频率 f_I，所以若将 f_L 所在的位置作为一面镜子，f_S 与 f_n 则分别位于其两侧，且距离相等，互为镜像，所以称为镜像频率干扰。对镜像频率干扰的抑制方法主要是提高混频器前面各级电路的选择性以及提高中频频率 f_I。

(3) 组合副波道干扰　式（5-38）中 $p\geqslant1$、$q>1$ 时所得干扰均称为组合副波道干扰。当这些干扰信号进入混频器时，它们与本振信号对应的谐波频率构成和频、差频，从而形成一系列干扰源。

3. 交调干扰

如果接收机前端电路的选择性不理想，使有用信号和干扰信号同时加到接收机输入端，且因这两种信号均受音频调制，则将产生交调干扰现象。当接收机对有用信号频率进行调谐时，可清楚地听到干扰台的调制信号；当接收机对有用信号频率失谐时，干扰台的调制信号将随之消失，就仿佛干扰台的调制信号转移到了有用信号的载频上。

交调干扰是一种危害较大的干扰，抑制交调干扰的主要方法是提高高频放大级前输入回路或混频级前各级电路的选择性，也可以通过适当选择晶体管工作点电流的方法加以抑制。

4. 互调干扰

若有两个或更多个干扰信号同时加到接收机的输入端，则由于放大器的非线性作用，使干扰信号彼此混频，就可能产生接近有用信号频率的互调干扰分量，这一分量再与有用信号一起进入接收机的中频系统，经检波差拍，就会产生啸叫声。只要干扰频率 f_1、f_2 和有用信号频率 f_S 满足 $\pm mf_1 \pm nf_2 = f_S$（m、n 为正整数），就可产生互调干扰现象。互调干扰听到的是啸叫声和杂乱的干扰声，而没有有用信号的声音。

因为产生互调干扰的两个频率和有用信号频率之间存在一定关系，一般是两个干扰频率距离有用信号频率较远，或其中一干扰频率距有用信号频率较近，所以只要提高输入电路的选择性即可有效减弱互调干扰。

由以上分析可知，产生干扰的主要原因可归结为前端电路的选择性不好、元器件的非线性特性、中频选择不当等；而克服干扰的有效措施则为提高前端电路的选择性、合理选择中频及合理选用电子元器件与工作点等。

5.5　故障诊断

通过常见故障现象的排除，可进一步加深对理论知识的认识，并且能够初步掌握维修的方法，提高动手能力。在这里，以调幅广播的发射与接收为例进行故障分析。

对于出现的故障，应先全面掌握其现象并初步确定故障产生的原因；然后对设备器件进行直观检查，排除直观上就可检测出的故障；然后测定整机电流及供电电压，要按照一定的顺序分段进行检查。一般情况下，对于接收电路来说，若能听到因转动而产生的明显“沙沙”声时，可明确低频放大部分基本正常，则应重点检测中、高频部分。对故障进行处理后还要对基本参数进行检查校准，从而获得最佳检修效果。

例如，某收音机完全无声时，其检修思路为：打开收音机，用金属螺钉旋具从后向前逐级碰触每一级输出端，若碰触扬声器时发出“咯咯”声，则说明该碰触点后面的电路是基本正常的，然后再碰触前一级电路输入端，若碰触时扬声器无声，则说明该级电路有问题。通过这种方法明确有问题的某一级电路，然后再针对该级电路进行具体故障的处理。

5.5.1 振幅调制电路的故障诊断

振幅调制电路离不开乘法器，利用集成模拟乘法器来完成非线性频率变换，其功能比采用普通二极管和晶体管等器件完成的同样功能更简单、更有效，所以集成模拟乘法器广泛应用于无线通信、电视、测量仪表等许多电子学领域。这里重点讨论由集成模拟乘法器构成的振幅调制电路。

对于振幅调制电路首先应明确其电路构成，其主要故障原因在于所选用的集成模拟乘法器。所以首先明确集成模拟乘法器的电源供给是否正常，其外接的偏置电路应保证芯片有合适的直流工作点和线性动态范围；在常用偏置电路中，调节电阻的改变将决定工作点电流，这时要结合芯片具体的性能参数来进行选择，偏置电路的选择若不合适，则会造成乘法器不能正常工作或使线性范围变窄，这都将导致振幅调制电路无法实现调幅；若出现窄漏（即检测时注入某一输入信号为零而输出不为零）现象，或输出不是输入的相乘结果，则此时乘法器处在非平衡条件下，应调节平衡电位器，明确输入一路信号，且在其幅度不太大时调节电位器，使输出为零。

5.5.2 振幅检波电路的故障诊断

振幅检波电路的故障诊断以调幅广播收音机为例进行，着重讨论包络检波电路的故障分析。

图 5-36 为某一收音机检波电路。其中 T_4 为中频变压器，VD_3 为检波二极管，R_8 为滤波电阻，C_{15}、C_{16}为滤波电容器，这两个电容器与 R_8 一起组成了 π 形滤波器，RP 为音量控制电位器。

当中频信号经 T_4 耦合到检波二极管 VD_3 的正、负极之间时，由于二极管的单向导电性，则当 T_4 的二次电压为上负下正时，二极管导通，反之则截止。因此此包络检波电路输出信号为负半周信号时，在电容器作用下，调幅波的中频分量被滤除，再经过电解电容隔直流后即得到音频信号，从而实现了混频、中频放大后的低频检波。

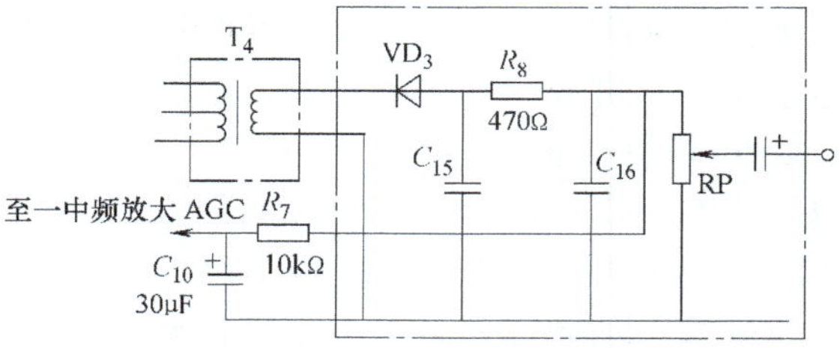

图 5-36 某一收音机检波电路

对于此包络检波电路来说，各元器件的选择非常重要，这也是决定元器件工作性能非常重要的方面。在包络检波电路中，检波二极管的特性直接影响检波效率，当调幅波电压的幅度低于二极管的导通电压时，检波输出电压将因二极管截止而为零，所以在同样条件下，用锗二极管组成的检波器不容易产生截止失真，同时为提高检波效率，要求二极管正向电阻小、反向电阻大；滤波电容 C_{15}、C_{16} 也要合适，电容值太大，会使检波电路对信号的变化反应迟钝，反之会使滤波效果变差，从而干扰音频信号，同时又会反馈回到前级造成自激。所以，一般 C_{15} 取 5100pF ~ 0.02μF，C_{16} 则为 0.01 ~ 0.02μF。负载电阻一般为 4.7 ~ 5.1kΩ 的电位器。

调幅广播收音机检波级的故障多是由于二极管的短路或断路引起的。检修时可采用万用表的电阻档来确定二极管的好坏：首先用万用表的红表笔接二极管负极，黑表笔接二极管正极，此时可测得一定电阻值；然后交换表笔再重新测定电阻值，当前后两次测得的阻值相同时，说明此包络检波器中的二极管内部断路。若二极管内部短路，则其阻值体现为零。

例如，一收音机收不到任何电台的播音，此时转动电位器，可听到“沙沙”声，可断定低频放大部分无问题；然后可从中频变压器注入 465kHz 中频信号，若转动电位器和注入信号均无声，则需按照上述测定二极管的方法进行测定，若前后测定的阻值相同，则可判断二极管内部断路，更换二极管即可。

又如，某一收音机，出现断续的“喀喀”声，有时干脆不响，而无线电台播音时，检查低频电路正常。采用上例中所讨论的方法进行检查，排除了二极管故障，进而检测瓷片电容，发现该电容存在问题，换用新的瓷片电容即可排除故障。

5.5.3 混频电路的故障诊断

目前的无线电接收机，无论是收音机还是电视机，都采用超外差接收。所谓超外差接收，就是把高频信号接收下来后，先把它变换成固定频率的中频信号，然后再进行放大、解调的接收方式，它具有接收灵敏度高、选择性好、工作稳定等优点，因此得到广泛应用。

混频电路的作用是超外差式收音机的重要组成部分，它的作用是把从输入电路输送过来的高频已调信号变换为固定频率的中频调制信号。

图 5-37 为某收音机的混频电路。图中，磁性天线一、二次绕组与 $C_{1\text{-}1}$、C_2 组成输入回路，调节 $C_{1\text{-}1}$ 可使谐振回路的谐振频率在中频波段 525 ~ 1605kHz 连续变化；$L_{2\text{-}1}$、$C_{1\text{-}2}$、C_6、C_7 组成振荡回路，调节 $C_{1\text{-}2}$ 可使振荡频率在 990 ~ 2070kHz 之间连续变化，振荡回路和输入回路可统一调谐接收 525 ~ 1605kHz 的广播电台信号。VT、C_3、C_4 与振荡回路组成本机振荡电路，该电路为共基极电路；VT、C_3、C_4、C_5、T_1 与信号输入回路组成混频电路，为共发射极电路。

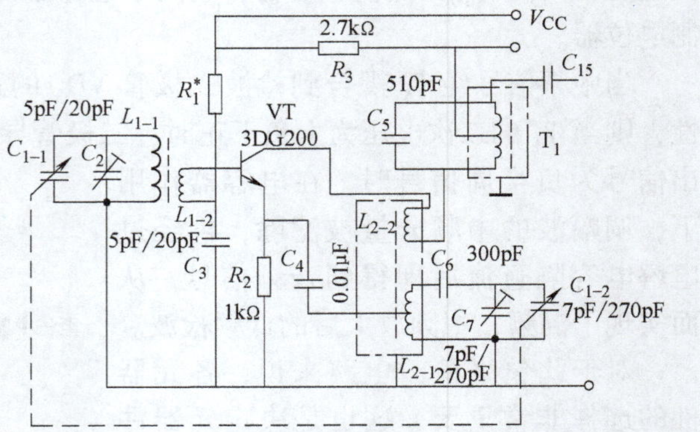

图 5-37 某收音机的混频电路

输入信号经 $L_{1\text{-}1}$、$C_{1\text{-}1}$、C_2 组成的输入回路选择后，经 $L_{1\text{-}2}$ 送至 VT 的基极和发射极；本机振荡则产生等幅振荡信号，经 $L_{2\text{-}1}$ 的一部分、C_3、C_4 送至 VT 的基极和发射极，两种不同频率的信号在变频晶体管 VT 中混频，产生多种频率分量的信号，而其中一种为本机振荡频率和所接收到的电台信号的差频，其频率值为465kHz，即调幅广播收音机中频信号。该中频信号通过由 C_5 和中频变压器 T_1 组成的465kHz谐振回路选频后输出，经 C_{15} 耦合至下一级，这样收音机接收的电台信号即转变为固定中频信号，实现了电路功能。

混频级是整个收音机非常关键的一级，其好坏将直接影响到收音机的灵敏度和选择性。混频级是收音机故障频率较高的一级，若该级出现故障，则可能导致收不到台、接收灵敏度低及噪声大等现象出现。混频电路正常的工作条件是：直流工作状态正常、振荡器正常振荡、频率覆盖准确且统调好。收音机的统调是指在整个频率范围内使本振频率始终比输入回路的谐振频率高465kHz。

混频电路经常出现的故障有：

1）集电极无电流。说明混频晶体管的直流工作状态不正常，主要原因可能是天线的二次线圈断路、振荡线圈中接集电极的绕组断路、晶体管外部所接元件断路、混频晶体管内部断路、稳压二极管击穿短路等。

2）集电极电流太小。主要原因可能是基极线圈高频旁路电容漏电、稳压二极管特性变坏或混频晶体管损坏等。

3）集电极电流太大。主要原因可能是稳压二极管断路或混频晶体管损坏。

4）振荡器停振。可能原因是振荡线圈内部断路，此时可用万用表测量相关阻值进行判断；基极线圈旁路电容、振荡耦合电容内部断路或电容量减小，此时可并联相同电容量的电容器再试；垫整电容（C_6）漏电或短路，可更换试验；混频晶体管衰老、性能变差，这是停振故障的常见原因，可在发射极电阻上并联一同值电阻，或减小上偏置电阻的阻值使电流比正常值稍大些，也可更换混频晶体管。若上述原因均排除后仍不起振，则需更换同型号振荡线圈。

5）旋转振荡线圈或频率补偿电容，所收到的电台不变，则可能是由振荡线圈的一次侧断线引起的。

6）频率判断盘指示的频段一端响一端不响。这可能是由混频晶体管衰老引起的，适当增大集电极电流或减小发射极电阻即可，也可以直接更换混频晶体管。

7）频段高端响、低端不响，增大电流也不能从根本上解决问题，则此时为垫整电容损坏，更换即可。

8）收音效果差，天线线圈向磁棒中间移动，越移越响，但无法达到最好效果，这是由天线一次线圈断路引起的。

总之，具体的故障处理需结合实际的电路进行具体的分析。

重要知识点

- 振幅调制：用调制信号（即待传输的低频信号）去控制高频载波振幅的过程。
- 调制的原因：主要为了信号的有效传输，避免不同电台相互干扰和信道的复用。
- 调幅波：高频载波信号幅度随低频调制信号变化的波形。
- 调幅波的类型：普通调幅波、抑制载波双边带调幅波、单边带调幅波和残留边带调幅波等。
- 振幅调制电路的类型：低电平振幅调制电路和高电平振幅调制电路。
- SSB信号的产生方法：滤波器法和移相法。
- 振幅检波：从高频调幅信号中取出原调制信号的过程，也称振幅解调，简称检波。

- 振幅检波电路的类型：二极管包络检波电路和同步检波电路。
- 包络检波器的主要质量指标：检波效率（电压传输系数）、输入电阻、惰性失真和负峰切割失真。
- 混频：将高频已调波信号和本振信号相乘变换成另外一个频率的已调波，但保持调制规律不变。
- 混频器的类型：晶体管混频电路和集成模拟乘法器混频电路。
- 混频器的主要质量指标：混频增益、失真与干扰、选择性和噪声系数等。
- 混频器中的干扰：组合频率干扰、副波道干扰、交调干扰和互调干扰等。

本章小结

本章主要介绍了振幅调制、解调和混频的基本原理和常用电路。

1. 调制就是用调制信号（即待传输的低频信号）去控制高频载波的某一参量，使低频信号附加在高频振荡上，再由天线发射出去。待传输的低频信号称为调制信号，已调制的高频载波称为已调波，具有调制功能的电路则称为调制电路或调制器。解调是调制的逆过程，是指接收端从高频信号中还原出原始调制信号的过程，具有解调功能的电路称为解调电路或检波电路。调制与解调都是频谱变换的过程，必须采用由非线性元器件构成的、具有频率变换作用的电路才能实现。调制、解调电路是现代通信设备中重要的组成部分。

2. 振幅调制是用调制信号（即待传输的低频信号）去控制高频载波幅度的过程。振幅调制是实现调制信号频谱的线性搬移，因此振幅调制又称为线性调制。振幅调制可分为普通调幅（AM）、抑制载波双边带（SC-DSB）调幅、单边带（SSB）调幅以及残留边带（VSB）调幅。

1）普通调幅（AM）的表示式为 $u_{AM}(t) = [U_o + k_a u_\Omega(t)]u_C(t)$，其频谱中包含有载频、上边带和下边带。已调波的包络直接反映了调制信号的变化规律，因此既可采用包络检波的方法实现解调，也可采用相干检波的方法实现解调。

2）抑制载波双边带（SC-DSB）调幅的表示式为 $u_{SC\text{-}DSB}(t) = u_\Omega(t)u_C(t)$，其频谱中包含有上边带和下边带。已调波的包络不能直接反映调制信号的变化规律，所以只能采用相干检波的方法实现解调。SC-DSB 调幅抑制了载波分量，节省了发射功率。

3）只传输一个边带信号的调幅波称为单边带（SSB）调幅波。SSB 调幅波是在抑制掉载波的基础上，再进一步抑制掉一个边带，只发送一个边带信号。SSB 调幅波的产生方法有两种：滤波法和相移法。滤波法是产生 SSB 信号的最直接、最简单、最常用的方法，但是用此方法产生 SSB 信号时对滤波器的要求比较高；相移法是利用移相的方法消去不需要的边带，从而产生 SSB 信号的，这种方法的缺点是对于音频移相网络而言，在很宽的频带范围内进行准确的90°相移较为困难。

3. 具有振幅调制功能的电路称为振幅调制电路或振幅调制器，往往采用乘法器作为振幅调制电路来实现调制信号与载波的相乘。乘法器是利用非线性元器件构成的，能够完成输入模拟信号的相乘，是频谱搬移电路的重要组成部分。

常用的振幅调制电路可分为低电平振幅调制电路与高电平振幅调制电路。低电平调幅在低电平级进行，调制功率小，它可实现 SC-DSB 调幅及 SSB 调幅，主要采用二极管双平衡乘法器和双差分对模拟乘法器构成。高电平调幅在高电平级实现，其通常是在丙类放大级进行，集电极调幅、基极调幅均属于这一类调幅，可实现普通调幅波的调制。

4. 常用的振幅检波电路包括相干检波和包络检波两类。输出电压直接反映高频调幅波包络变化的检波电路，称为包络检波电路，普通调幅波可采用此类电路实现解调，包络检波器的主要质量指标包括检波效率、输入电阻及失真；相干检波又称为同步检波，其电路在接收端必须提供一频率和相位均与发送端载波完全相同的同步信号，所以称为同步载波。同步检波器有两种实现电路：乘积型同步检波电路和叠加型同步检波电路，同步检波器适用于AM、SC-DSB、SSB等调幅波的解调。

5. 混频就是将已调波的载频变为另一载频已调波的过程，载频改变的已调波的调制类型与调制参数均不发生变化。实现混频功能的电路为混频电路，它是一种典型的频谱搬移电路，又称为变频电路或混频器，可由乘法器和带通滤波器实现。混频电路广泛应用于通信及其他电子设备中，是超外差接收机的重要组成部分，常见混频器有晶体管混频器和集成模拟乘法器混频器。

混频必须采用非线性器件，所以因混频器的非线性效应所产生的干扰也是衡量混频器质量的标准之一。混频器中所产生的干扰包括组合频率干扰和副波道干扰、交调干扰和互调干扰以及阻塞干扰和相互混频等。产生干扰的主要原因可归结为前端电路的选择性不好、器件的非线性特性、中频选择不当等；而克服干扰的有效措施则为提高前端电路的选择性、合理选择中频及合理选用电子器件与工作点等。

6. 对于振幅调制、解调和混频中常见的故障，应先明确故障现象并初步确定其产生的原因，然后按照检测步骤结合具体的情况进行具体分析，这一过程可进一步加深对理论知识的认识，并且能够初步掌握维修的方法，提高动手能力。

思考题与习题

5-1 为什么调制必须利用电子元器件的非线性特性才能实现？它和放大在本质上有什么区别？

5-2 已知非线性阻抗的伏安特性为 $i = a_1 u + a_2 u^2$，试问它能否实现调幅作用？请说明原因。

5-3 以下电压表示式各代表什么信号？请近似画出它们的频谱图。设已知载波角频率和低频调制信号角频率的关系是 $\omega_C = 5\Omega$。

1) $u(t) = (1 + 0.5\cos\Omega t)\cos\omega_C t\text{V}$

2) $u(t) = 2\cos\Omega t\cos\omega_C t\text{V}$

3) $u(t) = 2\cos(\omega_C - \Omega)t\text{V}$

5-4 以下两种电压为哪种已调波？写出已调波电压表示式，并计算单位电阻上的边频功率、平均功率、已调波频谱带宽。

1) $u = (2\cos100\pi t + 0.1\cos90\pi t + 0.1\cos110\pi t)$ V

2) $u = (0.1\cos90\pi t + 0.1\cos110\pi t)$ V

5-5 一普通调幅波，已知载波功率为100W，当 $m_a = 1$ 和 $m_a = 0.3$ 时，试求此调幅波的总功率、边频功率以及每一边频功率。

5-6 已知调幅波表示式为 $u = 10[1 + 0.3\cos(2\pi \times 10^3 t) + 0.6\cos(6\pi \times 10^3 t)]\cos(2\pi \times 10^6 t)\text{V}$，求其所包含的各频率分量的频率及相应的振幅，并画出此调幅波的频谱图。

5-7 已知调幅波表示式为 $u = [5 + 2\cos(2\pi \times 2 \times 10^3 t)]\cos(2\pi \times 3 \times 10^6 t)\text{V}$。

1) 画出此调幅波的频谱图，并求其调幅指数和频带宽度。

2) 若已知负载电阻为 $R_L = 2\Omega$，求相应的载波功率、边频功率及调幅波在调制信号一周期内的平均总功率。

5-8 已知调制信号为 $u_\Omega(t) = 2\cos(2\pi \times 1000t)\text{V}$，载波信号为 $u_C(t) = 5\cos(2\pi \times 10^8 t)\text{V}$。

1）当直流分量为 $U_0=4\text{V}$ 时，求由所给已知条件生成的普通调幅波的数学表达式、频带宽度，并画出其频谱图。

2）求由所给已知条件生成的 SC-DSB 调幅波的数学表达式、频带宽度，画出其频谱图。

5-9 已知调幅波的频谱图及时域波形如图 5-38 所示。

1）写出图 5-38a 中调幅波的数学表达式。

2）写出图 5-38b 中调幅波的数学表达式。

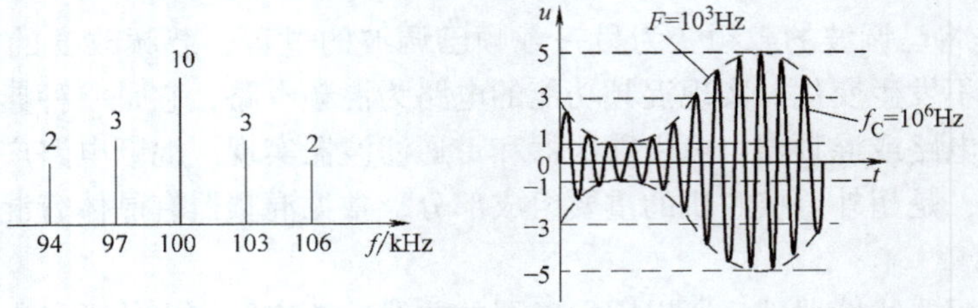

a) 频谱图 b) 时域波形

图 5-38 题 5-9 图

5-10 已知 4 个平衡调幅器级联，且在每一平衡调幅器输出端接有只取出相应上边带信号的滤波器。设已知调制信号的频率为 5kHz，平衡调幅器的载频依次为：$f_{C1}=20\text{kHz}$、$f_{C2}=200\text{kHz}$、$f_{C3}=1780\text{kHz}$、$f_{C4}=8000\text{kHz}$。

1）求最后的输出边频频率。

2）画图说明其频谱搬移的过程。

5-11 为什么检波电路中一定要有非线性元器件？振幅检波器包括哪几部分？各部分的作用是什么？图 5-39 所示电路能否实现振幅的检波？

5-12 二极管包络检波器电路如图 5-28 所示。已知输入已调波的载波频率为 $f_C=465\text{kHz}$，调制信号的频率为 $F=6\text{kHz}$，且调幅指数 $m_a=0.2$，负载电阻 $R=5\text{k}\Omega$，试确定滤波电容 C 的大小，并求出检波器的输入电阻 R_i。

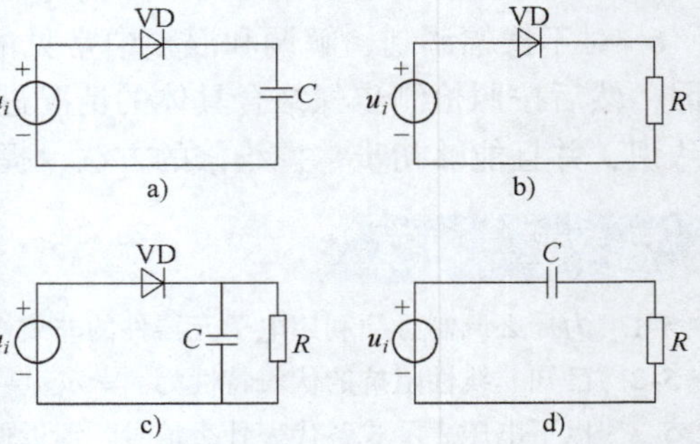

图 5-39 题 5-11 图

5-13 二极管包络检波器电路如图 5-40 所示，已知 $u_S(t)=[2\cos(2\pi\times465\times10^3t)+0.3\cos(2\pi\times462\times10^3t)+0.3\cos(2\pi\times468\times10^3t)]\text{V}$。

1）该电路是否会产生惰性失真和负峰切割失真？

2）若检波效率约等于 1，则对应画出 A、B、C 点电压波形，并标示电压的大小。

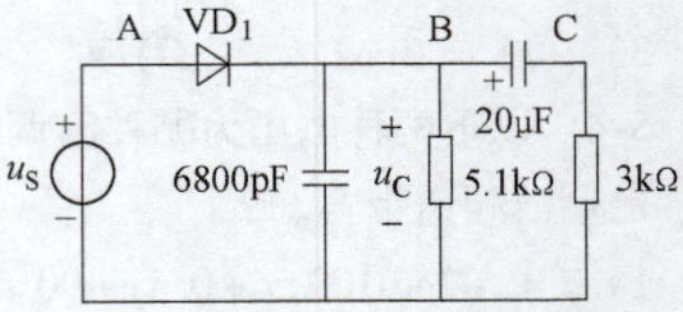

图 5-40 题 5-13 图

5-14 若已知中频为 465kHz，信号频率为 1000kHz，问镜像干扰频率为多少？本振频率为多少？

5-15 已知某城市有两个发射功率较大的广播电台，工作频率分别为 $f_1=1.5\text{MHz}$，$f_2=0.9\text{MHz}$，如果接收机产生了 3 阶（即两个频率谐波次数之和为 3）组合频率的互调，求相应的互调频率值。

5-16 一超外差广播接收机，中频为 $f_I=465\text{kHz}$。在收听频率为 $f_S=931\text{kHz}$ 的电台播音时，发现除了正常信号外，还伴有音调约为 1kHz 的啸叫声，而且若转动接收机的调谐旋钮，则此啸叫声还会变化。请分析：

1）此现象是如何引起的？属于哪种干扰？

2）在 535～1605kHz 波段内，在哪些频率上还会出现这种现象？

3）如何减小这种干扰？

5-17 已知混频器件的伏安特性为 $i=a_0+a_1u+a_2u^2$，试问是否会产生中频干扰和镜像频率干扰？

第6章 角度调制与解调电路

【目的和要求】

理解角度调制（调频、调相）的基本概念；掌握角度调制的标准表达式、波形和频带宽度等主要参数的计算；理解调频、调相信号的特点（时域、频域）及其联系、区别；掌握变容二极管直接调频电路的组成原理及性能特点；理解变容二极管间接调频、相位鉴频器电路的组成及工作原理。

【重点和难点】

- 调频波的基本特性（数学表达式、波形图、频谱图、频带宽度）。
- 变容二极管直接调频电路的典型电路、工作原理及分析。
- 变容二极管调相——间接调频电路。
- 鉴频的原理与实现方法。

角度调制是用待传输的调制信号去改变高频载波信号的频率或相位而实现的调制。如果用调制信号改变载波信号的频率，则称为频率调制（调频 FM）；如果用调制信号改变载波信号的相位，则称为相位调制（调相 PM）。调频和调相都表现为载波信号的瞬时相位发生改变，故统称为角度调制，简称调角。

从频域上看，角度调制与振幅调制不同，属于频谱的非线性搬移，已调的高频信号已不再保持低频信号的频谱结构。角度调制与振幅调制相比具有较多的优点，因而被广泛应用于广播电视、导航、雷达、遥测遥控等各种通信系统中。与振幅调制一样，角度调制也是无线电传送信息的重要方式之一。

本章首先讨论角度调制的基本原理，然后介绍调频和鉴频的实现方法和电路原理，最后讨论一些常见故障的诊断方法。

6.1 角度调制信号的基本特性

6.1.1 瞬时频率与瞬时相位的概念

为了便于理解，用旋转矢量图来说明瞬时频率和瞬时相位的概念。设一旋转矢量围绕原点 O 逆时针旋转，旋转的角速度为 $\omega(t)$，如图 6-1 所示。在 $t=0$ 时，矢量与实轴之间的夹

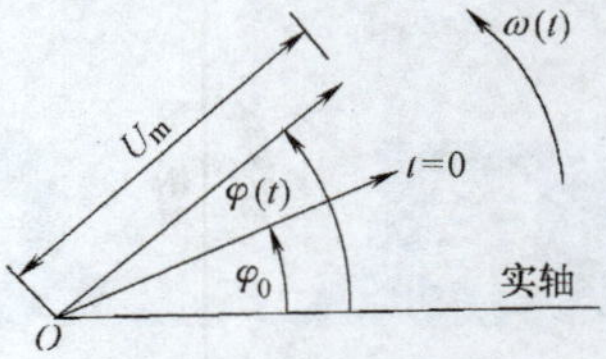

图 6-1 瞬时频率和瞬时相位的概念

角为 φ_0，称为初相；在任意时刻 t 时，矢量与实轴之间的夹角为 $\varphi(t)$，称为瞬时相位。

这是一个简谐振荡，它的瞬时相位 $\varphi(t)$ 等于矢量在时间 t 内所旋转过的角度与初相角 φ_0 之和，若旋转的角速度 $\omega(t)=\omega_C$ 为常数，则瞬时相位为

$$\varphi(t)=\omega_C t+\varphi_0$$

若旋转的角速度 $\omega(t)$ 是 t 的函数，则瞬时相位为

$$\varphi(t)=\int_0^t \omega(t)\mathrm{d}t+\varphi_0 \tag{6-1}$$

将式（6-1）两边取微分，则得

$$\omega(t)=\frac{\mathrm{d}\varphi(t)}{\mathrm{d}t} \tag{6-2}$$

通常把旋转矢量的瞬时旋转角速度 $\omega(t)$ 称为瞬时角频率。式（6-1）和式（6-2）是角度调制中常用的两个公式。

6.1.2 调频信号与调相信号

角度调制时，载波的频率或相位是变化的，瞬时频率随调制信号做线性变化的是调频信号，而瞬时相位随调制信号做线性变化的则是调相信号，所以角度调制信号分为调频信号与调相信号两类。

1. 调频信号的数学表达式和波形

设载波输出电压 $u_C(t)$ 为一余弦信号：

$$u_C(t)=U_{cm}\cos(\omega_C t+\varphi_0)=U_{cm}\cos\varphi(t)$$

式中，U_{cm} 为载波振幅；ω_C 为载波角频率；φ_0 为载波初相。

在未进行角度调制时，载波角频率 ω_C 和初相 φ_0 均为常数；调频时，载波的瞬时角频率 $\omega(t)$ 将在 ω_C 的基础上按照调制信号 $u_\Omega(t)$ 的规律呈线性变化，即

$$\omega(t)=\omega_C+k_f u_\Omega(t)$$

式中，k_f 是由调频电路决定的比例常数，表示单位调制信号引起的角频率变化，单位是 rad/(s·V)；$k_f u_\Omega(t)$ 为瞬时角频率相对于 ω_C 的偏移，称为瞬时角频偏，用 $\Delta\omega(t)$ 表示，即

$$\Delta\omega(t)=k_f u_\Omega(t)$$

$\Delta\omega(t)$ 的最大值称为最大角频偏，用 $\Delta\omega_m$ 表示，即

$$\Delta\omega_m=\left|\Delta\omega(t)\right|_{max}=\left|k_f u_\Omega(t)\right|_{max} \tag{6-3}$$

可得调频信号的瞬时相位为

$$\varphi(t)=\varphi_0+\int_0^t[\omega_C+k_f u_\Omega(t)]\mathrm{d}t=\omega_C t+\varphi_0+k_f\int_0^t u_\Omega(t)\mathrm{d}t$$

式中，$\omega_C t+\varphi_0$ 为未调制时载波的相位；$k_f\int_0^t u_\Omega(t)\mathrm{d}t$ 为瞬时相位相对于 $\omega_C t+\varphi_0$ 的偏移，称为瞬时相偏，用 $\Delta\varphi(t)$ 表示，即

$$\Delta\varphi(t)=k_f\int_0^t u_\Omega(t)\mathrm{d}t$$

$\Delta\varphi(t)$ 的最大值称为最大相偏，用 $\Delta\varphi_m$ 表示，即

$$\Delta\varphi_m = \left|\Delta\varphi(t)\right|_{max} = \left|k_f\int_0^t u_\Omega(t)\mathrm{d}t\right|_{max} \tag{6-4}$$

可得调频信号的数学表达式为

$$u_{FM}(t) = U_{cm}\cos\left[\omega_C t + \varphi_0 + k_f\int_0^t u_\Omega(t)\mathrm{d}t\right] \tag{6-5}$$

若调制信号 $u_\Omega(t)$ 为单一频率的余弦信号，即

$$u_\Omega(t) = U_{\Omega m}\cos\Omega t$$

分别代入式（6-3）和式（6-4）可得最大角频偏和最大相偏为

$$\Delta\omega_m = \left|k_f U_{\Omega m}\cos\Omega t\right|_{max} = k_f U_{\Omega m} \tag{6-6}$$

$$\Delta\varphi_m = \left|k_f\int_0^t U_{\Omega m}\cos\Omega t\mathrm{d}t\right|_{max} = \frac{k_f U_{\Omega m}}{\Omega} \tag{6-7}$$

式中，$\frac{k_f U_{\Omega m}}{\Omega}$为调频信号的最大相偏，也称为调频系数，用 m_f 表示，所以有

$$m_f = \frac{k_f U_{\Omega m}}{\Omega} = \frac{\Delta\omega_m}{\Omega} = \frac{\Delta f_m}{F} \tag{6-8}$$

式中，Δf_m 为最大频偏，简称频偏；F 为调制信号频率。

若载波信号为 $u_C(t) = U_{cm}\cos\omega_C t$，则式（6-5）可以表示为

$$\begin{aligned}u_{FM}(t) &= U_{cm}\cos\left[\omega_C t + k_f\int_0^t u_\Omega(t)\mathrm{d}t\right]\\ &= U_{cm}\cos\left(\omega_C t + \frac{k_f U_{\Omega m}}{\Omega}\sin\Omega t\right)\\ &= U_{cm}\cos(\omega_C t + m_f\sin\Omega t)\end{aligned} \tag{6-9}$$

调制信号为余弦波的调频信号波形及其瞬时角频率的波形如图 6-2 所示。

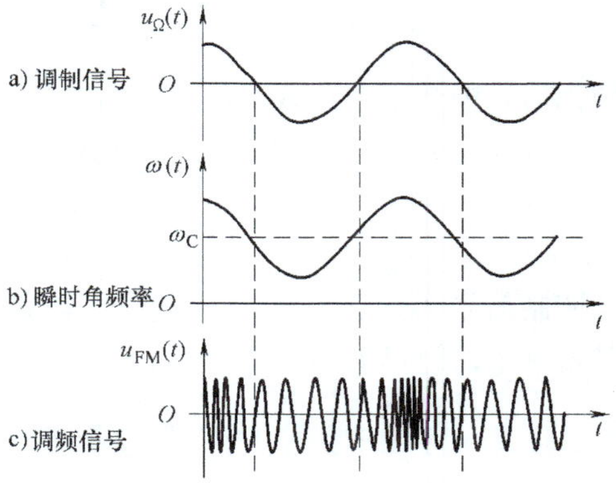

图 6-2 调制信号为余弦波的调频信号波形及瞬时角频率的波形

2. 调相信号的数学表达式和波形

设载波 $u_C(t)$ 为一余弦信号：

$$u_C(t) = U_{cm}\cos(\omega_C t + \varphi_0) = U_{cm}\cos\varphi(t)$$

设调制信号为 $u_\Omega(t)$，根据调相的定义，调相信号的 $\varphi(t)$ 随 $u_\Omega(t)$ 呈线性变化，即

$$\varphi(t) = \omega_C t + \varphi_0 + k_p u_\Omega(t)$$

式中，k_p 为调相灵敏度，表示单位调制信号所引起的相位变化，单位是 rad/V。

可知，瞬时相偏和最大相偏分别为

$$\Delta\varphi(t) = k_p u_\Omega(t)$$

$$\Delta\varphi_m = \left|\Delta\varphi(t)\right|_{max} = \left|k_p u_\Omega(t)\right|_{max} \tag{6-10}$$

调相信号的瞬时角频率为

$$\omega(t) = \frac{\mathrm{d}\varphi(t)}{\mathrm{d}t} = \omega_C + k_p\frac{\mathrm{d}u_\Omega(t)}{\mathrm{d}t}$$

瞬时角频偏和最大角频偏分别为

$$\Delta\omega(t) = k_p \frac{du_\Omega(t)}{dt}$$

$$\Delta\omega_m = \left|\Delta\omega(t)\right|_{max} = \left|k_p \frac{du_\Omega(t)}{dt}\right|_{max} \tag{6-11}$$

可得调相信号的数学表达式为

$$u_{PM}(t) = U_{cm}\cos[\omega_C t + \varphi_0 + k_p u_\Omega(t)] \tag{6-12}$$

若调制信号 $u_\Omega(t)$ 为单一频率的余弦信号，即

$$u_\Omega(t) = U_{\Omega m}\cos\Omega t$$

可得最大角频偏和最大相偏为

$$\Delta\omega_m = \left|k_p \frac{du_\Omega(t)}{dt}\right|_{max} = k_p U_{\Omega m}\Omega \tag{6-13}$$

$$\Delta\varphi_m = \left|k_p u_\Omega(t)\right|_{max} = k_p U_{\Omega m} \tag{6-14}$$

式中，$k_p U_{\Omega m}$ 为调相信号的最大相偏，也称为调相系数，用 m_p 表示，所以有

$$m_p = k_p U_{\Omega m} = \frac{\Delta\omega_m}{\Omega} = \frac{\Delta f_m}{F} \tag{6-15}$$

则调相信号的数学表达式可以表示为

$$\begin{aligned} u_{PM}(t) &= U_{cm}\cos[\omega_C t + k_p u_\Omega(t)] \\ &= U_{cm}\cos(\omega_C t + m_p\cos\Omega t) \end{aligned} \tag{6-16}$$

调制信号为余弦波的调相信号、附加相位及瞬时角频率的波形如图6-3所示。

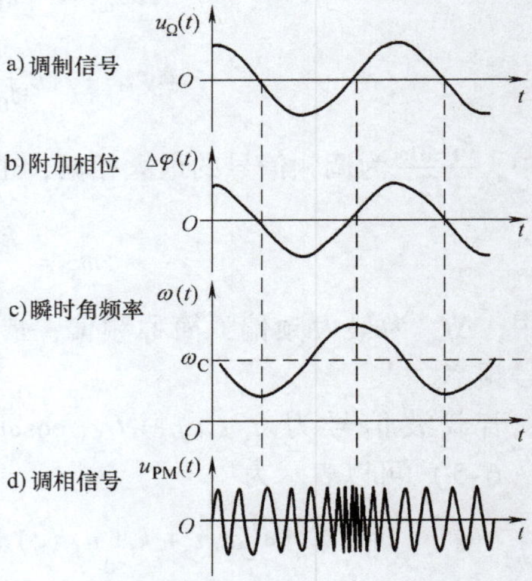

图6-3 调制信号为余弦波的调相信号、附加相位及瞬时角频率的波形

6.1.3 角度调制信号的频谱与带宽

为了确定角度调制信号传输系统的带宽，必须对角度调制信号的频谱进行分析。采用单一频率调制时，调频信号和调相信号的数学表达式是相似的，因此，它们具有相同的频谱，下面就以调频信号为例来讨论角度调制信号的频谱与带宽。

1. 调频信号的频谱

采用单一频率的余弦信号调制的调频信号数学表达式为

$$u_{FM}(t) = U_{cm}\cos(\omega_C t + m_f\sin\Omega t)$$

经过三角变换可得

$$u_{FM}(t) = U_{cm}\cos\omega_C t\cos(m_f\sin\Omega t) - U_{cm}\sin\omega_C t\sin(m_f\sin\Omega t)$$

将式中的 $\cos(m_f\sin\Omega t)$ 和 $\sin(m_f\sin\Omega t)$ 直接展开成傅里叶级数可得

$$\begin{aligned} u_{FM}(t) = &U_{cm}J_0(m_f)\cos\omega_C t && \text{中心载频} \\ &+ U_{cm}J_1(m_f)\cos(\omega_C+\Omega)t - U_{cm}J_1(m_f)\cos(\omega_C-\Omega)t && \text{第一对边频} \\ &+ U_{cm}J_2(m_f)\cos(\omega_C+2\Omega)t + U_{cm}J_2(m_f)\cos(\omega_C-2\Omega)t && \text{第二对边频} \\ &+ U_{cm}J_3(m_f)\cos(\omega_C+3\Omega)t - U_{cm}J_3(m_f)\cos(\omega_C-3\Omega)t && \text{第三对边频} \\ &+ \cdots\cdots \end{aligned} \tag{6-17}$$

式中，$J_n(m_f)$是以 m_f 为参数的 n 阶第一类贝塞尔函数（n 为非负整数）。

贝塞尔函数曲线如图 6-4 所示。

将调频信号的频率分量标在频率轴上，即可获得它的频谱，如图 6-5 所示。

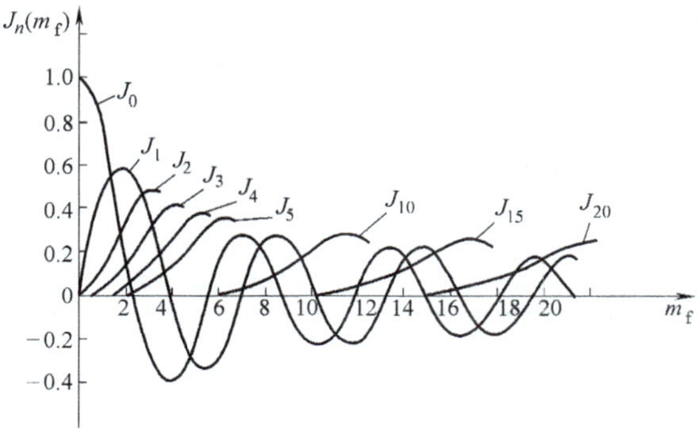

图 6-4　贝塞尔函数曲线

由图6-5 可知，采用单一频率调制的调频信号的频谱具有以下特点：

1）调频信号的频谱不是调制信号频谱的简单搬移，而是由载波分量和无数对边频分量组成，它们之间的间隔都是调制频率的整数倍。

2）载波分量和各边频分量的振幅由对应的各阶贝塞尔函数确定。m_f 越大，振幅较大的边频分量就越多，这与调幅信号是不同的，调幅信号在单频调制下，它的边频数目与调制系数无关。

3）对于某些 m_f 值，载波或某边频分量的振幅为零，如 $m_f=2.4$ 时，载波的振幅为零。

2. 调频信号的带宽

从理论上说，调频信号的边频分量有无数多个，其频带宽度应为无穷大，但实际上，对于任意给定的 m_f 值，高到一定次数的边频分量的振幅已经小到可以忽略，以至滤除它们对调频信号不会产生显著的影响，因此，调频信号的频带宽度实际上可以认为是有限的。在高质量通信系统中，常忽略小于1%未调制载波振幅的边频分量来确定频谱宽度；而在中等质量通信系统中，常忽略小于10%未调制载波振幅的边频分量来确定频谱宽度。若以中等质量通信系统标准，则调频信号的有效带宽 BW 可由下列近似公式求出：

$$BW = 2(m_f + 1)F \tag{6-18}$$

也就是

$$BW = 2(\Delta f_m + F) \tag{6-19}$$

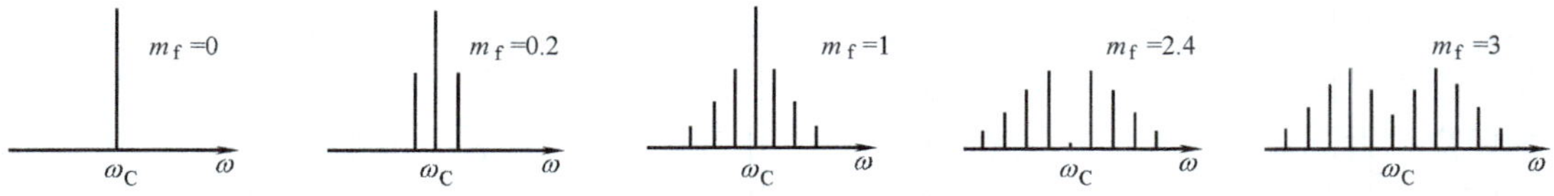

图 6-5　m_f 为不同数值时调频信号的频谱

一般将 $m_f \ll 1$ 的调频称为窄带调频，这时：

$$BW \approx 2F \tag{6-20}$$

而把 $m_f \gg 1$ 的调频称为宽带调频，这时：

$$BW \approx 2\Delta f_m \tag{6-21}$$

也就是说，宽带调频的带宽约等于最大频偏的两倍，如调频广播中规定 $\Delta f_m = 75\text{kHz}$，那么它的带宽应约为 150kHz。

调相信号的频谱结构以及带宽与调频信号相似，都与调制系数有关，只不过一个用 m_f 表示，另一个用 m_p 表示，调相信号的有效带宽为

$$BW = 2(m_p + 1)F \tag{6-22}$$

值得注意的是，实际上，调制信号往往都不是单频信号，而是比较复杂的，含有许多频率分量，但是角度调制信号的频谱宽度不会因为调制信号所含频率分量的增多而显著增加，所以仍然可以按最高调制频率作为单频信号调制时的带宽公式来估算。

3. 调频信号与调相信号的比较

调频信号和调相信号的性质对比见表 6-1（设调制信号为 $u_\Omega(t)=U_{\Omega m}\cos\Omega t$，载波信号为 $u_C(t)=U_{cm}\cos\omega_C t$）。

表 6-1 调频信号和调相信号的性质对比

	调频信号	调相信号
瞬时角频率	$\omega(t)=\omega_C+\Delta\omega_m\cos\Omega t$	$\omega(t)=\omega_C-\Delta\omega_m\sin\Omega t$
瞬时相位	$\varphi(t)=\omega_C t+m_f\sin\Omega t$	$\varphi(t)=\omega_C t+m_p\cos\Omega t$
最大角频偏	$\Delta\omega_m=k_f U_{\Omega m}=m_f\Omega$	$\Delta\omega_m=k_p U_{\Omega m}\Omega=m_p\Omega$
调制系数	$m_f=k_f U_{\Omega m}/\Omega=\Delta\omega_m/\Omega=\Delta f_m/F$	$m_p=k_p U_{\Omega m}=\Delta\omega_m/\Omega=\Delta f_m/F$
数学表达式	$u_{FM}(t)=U_{cm}\cos(\omega_C t+m_f\sin\Omega t)$	$u_{PM}(t)=U_{cm}\cos(\omega_C t+m_p\cos\Omega t)$

从表 6-1 可知，当调制信号为单频信号时，调频信号和调相信号在性质上存在以下区别：

1）调频信号和调相信号的瞬时频率与瞬时相位都随时间发生变化，但变化的规律不同：调频信号的瞬时频偏随调制信号呈线性变化，瞬时相偏随调制信号的积分呈线性变化；调相信号的瞬时频偏随调制信号的微分呈线性变化，瞬时相偏随调制信号呈线性变化。

2）调频信号和调相信号的最大频偏及调制系数均与调制信号的振幅成正比，但是它们与调制频率的关系则各不相同。其中，调频信号的最大频偏与调制频率无关，调制系数与调制频率成反比；调相信号的最大频偏与调制频率成正比，调制系数与调制频率无关。

3）调频信号和调相信号的频谱结构以及频带宽度都与调制系数有关，总的规律是：调制系数越大，应当考虑的边频分量的数目就越多，但是，当调制信号的振幅恒定时，对于调频信号而言，由于 m_f 随 F 的增大而减小，应当考虑的边频分量就减少，同时由于各边频之间的距离扩大，最后造成频带宽度几乎不变；对于调相信号而言，由于 m_p 不变，应当考虑的边频分量的数目也就不变，同时由于各边频之间的距离扩大，最后造成频带宽度随调制频率 F 近似按比例增加。

正是由于最后一点的区别，所以调频制在模拟通信系统中得到了广泛的应用，主要应用于广播电视、导航、雷达、遥测遥控等；而调相制则因调相信号频带宽度没有得到充分利用，一般不直接应用在模拟通信系统中，主要应用于数字通信系统中的移相键控。

例 6-1 设调制频率为 1kHz，有调制系数 $m_f=m_p=75$ 的调频信号和调相信号。

1）求 Δf_m 和 BW。

2）若调制信号的振幅不变，而调制信号频率提高为 10kHz，这时 Δf_m 和 BW 为多少？

3）若调制频率仍为 1kHz，而调制信号的振幅降为原来的 1/3，问 Δf_m 和 BW 又将为多少？

解：1）当 $F=1\text{kHz}$，$m_f=m_p=75$ 时，有

调频信号：$\Delta f_m = m_f F = 75 \times 1\text{kHz} = 75\text{kHz}$

$BW = 2(m_f + 1)F = 2 \times (75 + 1) \times 1\text{kHz} = 152\text{kHz}$

调相信号：$\Delta f_m = m_p F = 75 \times 1\text{kHz} = 75\text{kHz}$

$BW = 2(m_p + 1)F = 2 \times (75 + 1) \times 1\text{kHz} = 152\text{kHz}$

2）当 $F = 10\text{kHz}$ 时，由于调制信号的振幅不变，所以调频信号的最大频偏不变，即 $\Delta f_m = 75\text{kHz}$，那么

$$m_f = \Delta f_m / F = 75\text{kHz}/10\text{kHz} = 7.5$$

$$BW = 2(m_f + 1)F = 2 \times (7.5 + 1) \times 10\text{kHz} = 170\text{kHz}$$

由于调相信号的最大频偏与调制频率成正比，所以调相信号的最大频偏为

$$\Delta f_m = m_p F = 75 \times 10\text{kHz} = 750\text{kHz}$$

而 m_p 与调制频率无关，故有

$$BW = 2(m_p + 1)F = 2 \times (75 + 1) \times 10\text{kHz} = 1520\text{kHz}$$

3）由于调频信号和调相信号的 Δf_m 及调制系数均与调制信号的振幅成正比，调制信号的振幅降为原来的 1/3，故在调制频率不变情况下，调频信号和调相信号均有

$$\Delta f_m = 75\text{kHz}/3 = 25\text{kHz}$$

$$m_f = m_p = \Delta f_m / F = 25\text{kHz}/1\text{kHz} = 25$$

$$BW = 2(m_f + 1)F = 2 \times (25 + 1) \times 1\text{kHz} = 52\text{kHz}$$

6.2 调频电路

调频电路是指产生调频信号的电路。调频电路的性能指标，一般有以下几方面的要求：

1）已调波的瞬时频率与调制信号呈线性关系变化。

2）具有较高的调制灵敏度。

3）最大频率偏移与调制信号频率无关。

4）已调波的中心频率应具较高的稳定度。

5）无寄生调幅或寄生调幅尽可能小。

产生调频信号的方法主要有两种：直接调频和间接调频。

6.2.1 变容二极管直接调频电路

直接调频的基本原理是利用调制信号直接控制振荡器的振荡频率，使其不失真地反映调制信号变化规律。由 LC 正弦波振荡器的原理可知，振荡器的振荡频率主要取决于振荡回路的电感量和电容量，如果在振荡回路的两端并接一个可变电抗器件，利用调制电压去控制电抗器件的电感或电容，就可得到频率随调制信号线性变化的调频信号。在实际应用中，常用的可变电抗器件是变容二极管，故最常见的直接调频电路是变容二极管直接调频电路。

1. 变容二极管的特性

变容二极管实际上是电压控制可变电容器件，当外加反向偏置电压 u 发生变化时，变容二极管 PN 结的结电容 C_j 会随之变化，它们之间的关系可用下式来表示：

$$C_j = \frac{C_{j0}}{\left(1 + \frac{u}{U_D}\right)^{\gamma}} \tag{6-23}$$

式中，U_D 为变容二极管PN结的势垒电位差，硅管为0.5~0.7V，锗管为0.2~0.3V；C_{j0} 为外加反向偏置电压为0时的结电容值；γ 为变容二极管的结电容变化指数，它与PN结的类型和掺杂浓度有关。

图6-6给出了不同 γ 值时的 C_{j0}—u 曲线，图中 C_{min} 等于变容二极管反向击穿电压时的结电容值。

为了保证变容二极管反向偏置，往往在其两端加上负电压 V_{CC}，此电压也就是变容二极管的静态工作电压，若在此基础上加入调制信号电压 $u_\Omega(t)$（见图6-7），且调制信号为单一频率信号，那么由图6-7可知，加在变容二极管两端的反向偏置电压 $u(t)$ 为

$$u(t) = V_{CC} + u_\Omega(t) = V_{CC} + U_{\Omega m}\cos\Omega t$$

将上式代入式（6-23）可得

$$C_j = C_{j0}\left(1 + \frac{V_{CC} + U_{\Omega m}\cos\Omega t}{U_D}\right)^{-\gamma} = C_{j0}\left(\frac{V_{CC} + U_D}{U_D}\right)^{-\gamma}\left(1 + \frac{U_{\Omega m}}{V_{CC} + U_D}\cos\Omega t\right)^{-\gamma}$$

令 $C_{jQ} = C_{j0}\left(\frac{V_{CC} + U_D}{U_D}\right)^{-\gamma}$，$m = \frac{U_{\Omega m}}{V_{CC} + U_D}$，则可得

$$C_j = C_{jQ}(1 + m\cos\Omega t)^{-\gamma} \tag{6-24}$$

式中，C_{jQ} 为变容二极管在静态工作点处的结电容值；m 称为变容二极管的调制深度。

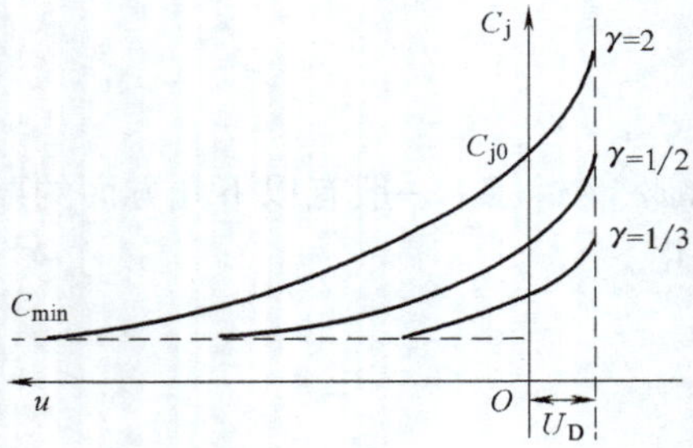

图6-6 变容二极管的 C_{j0}—u 曲线

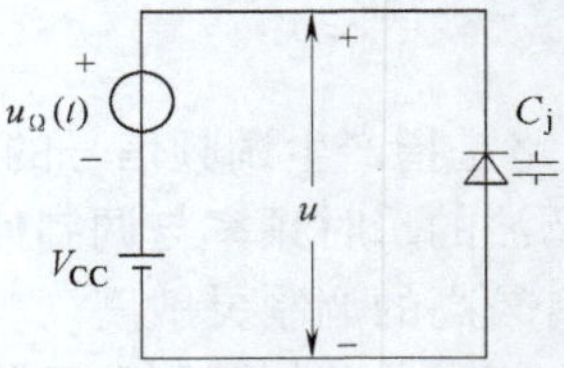

图6-7 变容二极管的反向偏置

可见，变容二极管的结电容受调制信号控制，不过，C_j 的变化规律一般不只与调制信号 $u_\Omega(t)$ 成正比，还与结电容变化指数 γ 有关。

2. 调频原理分析

假设振荡器的振荡回路由变容二极管的结电容 C_j 与电感 L 组成，电路如图6-8所示，其振荡频率为 $\omega = \frac{1}{\sqrt{LC_j}}$。

可得

$$\omega(t) = \frac{1}{\sqrt{LC_{jQ}}}(1 + m\cos\Omega t)^{\frac{\gamma}{2}} = \omega_C(1 + m\cos\Omega t)^{\frac{\gamma}{2}}$$

式中，ω_C 为未加调制信号时的振荡频率，也就是调频电路的中心频率。

由上式可知，调频电路的振荡频率是随着调制信号的 $\gamma/2$ 次方变化。下面具体分析变容二极管直接调频电路受调后的振荡频率。

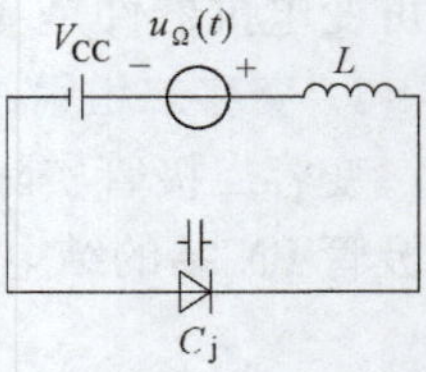

图6-8 变容二极管组成的谐振回路

当 $m<1$ 时，上式用泰勒级数展开，可以近似为

$$\omega(t)=\omega_C\left[1+\frac{\gamma}{8}\left(\frac{\gamma}{2}-1\right)m^2+\frac{\gamma}{2}m\cos\Omega t+\frac{\gamma}{8}\left(\frac{\gamma}{2}-1\right)m^2\cos2\Omega t\right]$$

$$=(\omega_C+\Delta\omega_C)+\Delta\omega_m\cos\Omega t+\Delta\omega_{2m}\cos2\Omega t \tag{6-25}$$

式中，第一项是调频电路的中心角频率 ω_C，有一定的偏移，偏移量为 $\Delta\omega_C$；第二项是调频电路的瞬时角频偏，最大角频偏为 $\Delta\omega_m=\omega_C m\gamma/2$；第三项是二次谐波失真分量的瞬时角频偏。

当 $\gamma=2$ 时，上式近似为

$$\omega(t)=\omega_C+\omega_C m\cos\Omega t$$

即调频电路的瞬时角频偏 $\Delta\omega(t)$ 随调制信号做线性变化，中心角频率没有偏移，调制过程也不会产生非线性失真，也就是说，实现理想直接调频的条件是 $\gamma=2$。

当 $\gamma\neq2$ 时，只有在 m 足够小的情况下，$\Delta\omega_C$ 和 $\Delta\omega_{2m}$ 才可近似为零，调制才可认为是线性的，但减小 m，又会导致最大频偏减小。这就说明，获得较大频偏与提高调制线性度之间存在着矛盾。实际应用中，在相对频偏较小的情况下，如调频广播发射机，由于所要求的 m 值很小，即使 γ 值不等于 2，调频电路的中心角频率偏移量和二次谐波引起的非线性失真也是比较小的，所以对变容二极管的要求并不严格。然而在微波调频制多路通信系统中，通常需要产生相对频偏比较大的调频信号，这时由于 m 值较大，当 $\gamma\neq2$ 时，就会产生较大的非线性失真和中心频率偏移，这种情况下，则应尽可能采用 γ 值接近于 2 的变容二极管。

3. 实际电路分析

图 6-9a 是一个通信机的变容二极管直接调频器的实际电路，图中 u_Ω、u_B 和 u_{FM} 分别为调制信号输入、直流反向偏置电压输入和调频信号输出；L_3、C_8、C_9 组成电源滤波电路；R_1 和 R_2 是晶体管的偏置电阻；L_2 和 L_B 为扼流圈。L_2 使 u_B 同时加于反向串联的两个变容二极管的正极上，从而使两个变容二极管工作于反向偏置状态；调制信号 u_Ω 经 L_B 同时加到两个变容二极管的负极。这样，两个变容二极管都加有直流反向偏置电压和调制信号电压，它们的结电容将受调制信号电压的控制，两管串联后的总结电容为单管的一半，由于采用两管背对背串联，所以总结电容受高频电压的影响也下降了 50%。

图 6-9b 是图 6-9a 所示电路的高频等效简化电路。从图中可知，该调频电路采用的是电容三点式振荡器作为振荡电路，振荡回路由 L_1、C_2、C_3、C_5 和反向串联的两个变容二极管共同组成，两变容二极管的结电容 C_j 随输入的调制信号 u_Ω 变化而变化，两管结电容与固定电容 C_5 串联后，控制振荡回路的总电容随输入的调制信号电压变化而变化，从而实现调频。

在此实例中，结电容 C_j 只是振荡回路总电容的一部分，而不是全部，这种方式称为变容二极管部分接入式。采用部分接入式时，虽然结电容 C_j 对振荡回路总电容的控制能力比全部接入式弱，也就是说，调频电路的最大频偏和调频灵敏度相应有一定减小，但是，它可使变容二极管的静态工作点电容 C_{jQ} 受温度、电源电压变化和由 C_j 的非线性导致的调频信号中心频率偏移的影响都变小，这有利于提高调频信号中心频率的稳定性，同时还可减小寄生调幅。另外，本电路振荡回路中的电感 L_1 是可调的，通过改变两变容二极管的反向偏置电压和 L_1 的电感值就可使该调频电路的中心频率在 50～100MHz 范围内变化。

变容二极管直接调频电路具有电路简单、工作频率高、所需调制信号的功率小、易于获得较大的频偏以及在频偏较小的情况下，非线性失真很小等优点，因而获得了广泛应用。但

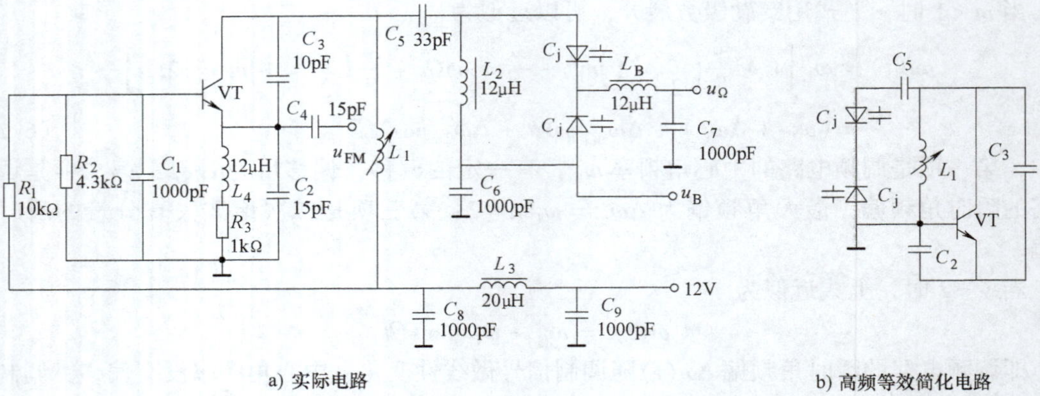

图 6-9 变容二极管直接调频器电路实例

这种电路的缺点是偏置电压漂移、温度变化等都会改变变容二极管的结电容，从而造成调频振荡器的中心频率稳定度不高，而且在频偏较大时，非线性失真较大。

6.2.2 间接调频电路

由前面的介绍可知，直接调频电路的主要缺点是中心频率稳定度较低，即使是对石英晶体振荡器进行直接调频，中心频率的稳定度仍然比不上不调频的石英晶体振荡器。间接调频是提高调频信号中心频率稳定度的一种较简便而有效的方法。

1. 间接调频原理

根据 6.1 节中介绍的调频信号的性质可知，用调制信号对载波进行调频时，其瞬时相位也随之发生变化，瞬时相偏与调制信号的积分呈线性关系。所以，若先对调制信号积分，然后再对载波进行调相，那么所得到的调相信号就是想要的调频信号，具体原理框图如图 6-10 所示。

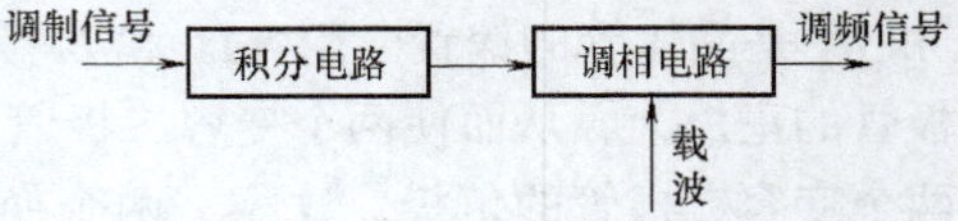

图 6-10 间接调频原理框图

从图 6-10 可以看出，间接调频是将调频电路的调制与振荡两部分分开，具体方法是：采用高稳定度的石英晶体振荡器作为主振，产生稳定的载波，然后用积分过的调制信号对其进行调相，这样就可从调相器中输出中心频率稳定度很高的调频信号。

2. 变容二极管间接调频电路

间接调频的关键电路是调相电路，调相的方法通常有 3 类：第 1 类是可变移相法调相，第 2 类是可变时延法调相，第 3 类是矢量合成法调相。下面仅对第 1 类调相方法进行讨论。

可变移相法调相是指将载波信号通过一个受调制信号控制的相移网络，即可实现调相的方法。其中，可控相移网络可采用多种电路来实现，应用最广的是变容二极管调相电路。图 6-11 为变容二极管移相的单回路调相电路。

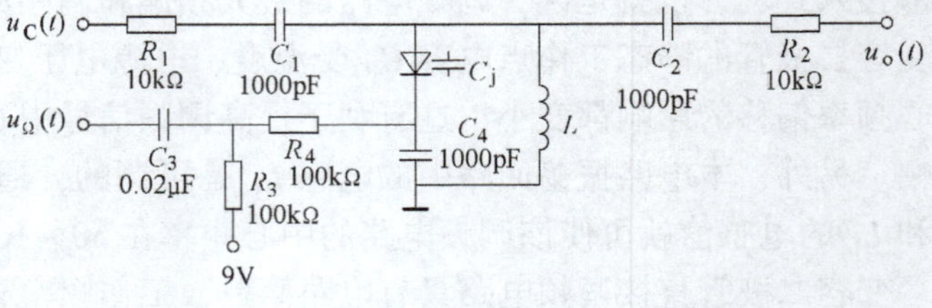

图 6-11 变容二极管移相的单回路调相电路

电路中，R_1、C_1 和 R_2、C_2 分别用作前后级耦合隔离，电感 L 与变容二极管的结电容 C_j 构成谐振回路，9V 的直流电源经电阻 R_3 和 R_4 提供给变容二极管反向偏置电压，电容 C_4 对高频短路而对低频和直流开路，调制信号经 R_4、C_3 耦合到变容二极管上以改变谐振回路的总电容，从而使谐振回路的谐振频率发生改变。

若调制信号为单一频率信号，那么由式（6-25）可知谐振回路的谐振频率为

$$\omega(t) = \omega_C\left(1 + \frac{\gamma}{2}m\cos\Omega t\right) = \omega_C + \Delta\omega(t) \tag{6-26}$$

也就是

$$\Delta\omega(t) = \frac{\gamma}{2}\omega_C m\cos\Omega t \tag{6-27}$$

这使固定频率为 ω_C 的载波通过这个回路时，由于回路失谐而产生相移，由并联谐振回路的特性可知，当失谐不大时，回路的相移可表示为

$$\Delta\varphi(t) = \arctan Q_0\frac{2\Delta\omega(t)}{\omega_C} \approx \gamma Q_0 m\cos\Omega t \tag{6-28}$$

由式（6-28）可知，瞬时相偏与调制信号呈线性关系，从而产生调相信号输出。

在实际应用中，通常需要较大的调相系数，为了增大它，可以采用多级单回路构成的变容二极管调相电路。

6.2.3 扩展最大频偏的方法

由上面的调频电路讨论可知，调频电路产生的调频信号的最大频偏比较小，一般都不能满足实际需要，这就不得不考虑扩展最大频偏。由于变容二极管直接调频电路和晶体振荡器直接调频电路的最大相对线性频偏分别受变容二极管参数和晶体振荡器特性限制，而间接调频电路的调制系数又很小，因而扩展最大频偏只能靠提高载频来实现，又由于过高的载频有可能不符合对调频信号的中心频率的要求，所以扩展最大频偏要同时采用倍频和混频。其中，倍频可将调频信号的载频和最大频偏同时扩大 n 倍，而混频可在调频信号的最大频偏保持不变的情况下使载频缩小 n 倍。

由以上分析可知，只要对调频、倍频和混频电路进行适当组合，就可使产生的调频信号的载频不变，最大频偏扩大为原来的 n 倍，从而满足实际需要，如图 6-12 所示。当然，倍频也可分散进行，如先倍频 n_1 倍，之后进行混频，然后再倍频 n_2 倍，如有必要，可以如此进行多次，直到产生的调频信号符合要求为止。

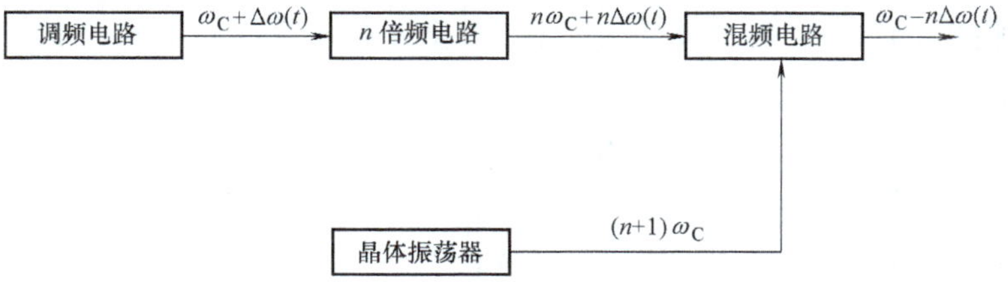

图 6-12 扩展最大频偏原理框图

例 6-2 某调频设备组成框图如图 6-13 所示，已知间接调频电路输出的调频信号中心频率 f_{C1} =100kHz，最大频偏 Δf_{m1} =24.41Hz，混频器的本振信号频率 f_L =25.45MHz，取下边频输出，试求调频设备输出调频信号的中心频率 f_C 和最大频偏 Δf_m。

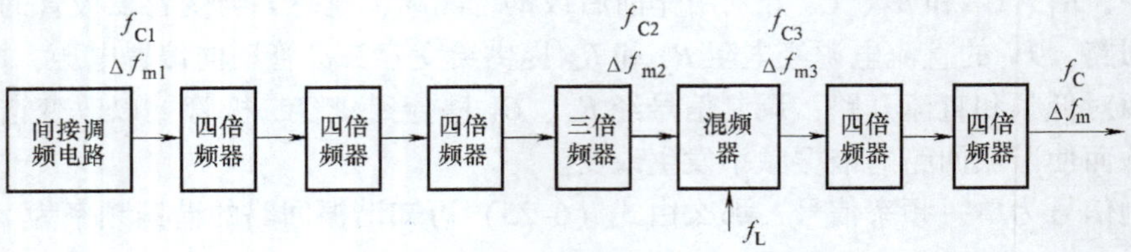

图 6-13　某调频设备组成框图

解：间接调频电路输出的调频信号，经 3 次四倍频器和 1 次三倍频器后其载波频率和最大频偏分别为

$$f_{C2} = 4 \times 4 \times 4 \times 3 \times f_{C1} = 192 \times 100\text{kHz} = 19.2\text{MHz}$$

$$\Delta f_{m2} = 4 \times 4 \times 4 \times 3 \times \Delta f_{m1} = 192 \times 24.41\text{Hz} \approx 4687\text{Hz} = 4.687\text{kHz}$$

经过混频器后，载波频率和最大频偏分别变为

$$f_{C3} = f_L - f_{C2} = (25.45 - 19.2)\text{MHz} = 6.25\text{MHz}$$

$$\Delta f_{m3} = \Delta f_{m2} = 4.687\text{kHz}$$

再经两次四倍频器后，则得到调频设备输出调频信号的中心频率和最大频偏分别为

$$f_C = 4 \times 4 \times f_{C3} = 16 \times 6.25\text{MHz} = 100\text{MHz}$$

$$\Delta f_m = 4 \times 4 \times \Delta f_{m3} = 16 \times 4.687\text{kHz} \approx 75\text{kHz}$$

6.3　鉴频电路

从调频信号中解调出原调制信号的过程称为鉴频，实现鉴频功能的电路称为鉴频器。鉴频器的主要功能是从调频信号中取出原调制信号，也就是说，它的输出信号应与输入调频信号的瞬时频偏成正比。鉴频器的种类很多，本节主要介绍斜率鉴频器、相位鉴频器和脉冲计数式鉴频器。

6.3.1　鉴频特性及鉴频的实现方法

1. 鉴频特性

（1）鉴频特性曲线　鉴频特性曲线是指鉴频器输出电压 u_o 与输入信号的瞬时频率 f 的关系曲线。通常总是希望该曲线是线性的，以免产生解调失真，但实际上只是在某一频率范围内，该曲线才能近似为直线。实际上该曲线看起来有点像英文字母“S”，所以有时也称为 S 曲线，图 6-14 为典型的鉴频特性曲线，图中 f_C 为调频信号的中心频率，即载波频率。从图中可以看出，对应调频信号的中心频率 f_C 的输出电压 $u_o=0$，当输入信号频率向左、右有偏离时，分别得到负、正输出电压。

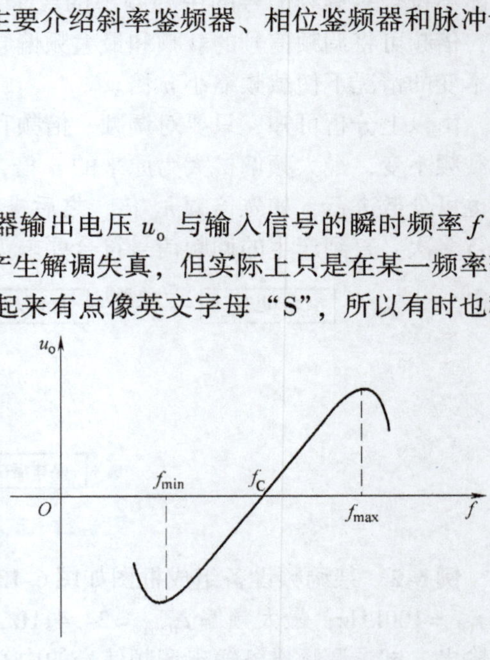

图 6-14　典型的鉴频特性曲线

（2）鉴频灵敏度　鉴频灵敏度（也称鉴频跨导）是指在调频信号的中心频率 f_C 附近，单位频偏所产生的输出电压的大小，也就是 $\Delta u/\Delta f$。实际上，它就是鉴频特性曲线在中心频率

f_C 附近的斜率，灵敏度越高意味着 S 曲线越陡，也就是在相同的频偏 Δf 下，输出电压越大。显然，鉴频器的鉴频灵敏度越高越好。

(3) 线性范围　线性范围（也称带宽）是指鉴频特性曲线中可以近似为直线的频率范围，它表明鉴频器不失真解调时所允许的最大频率变化范围。在图 6-14 中，特性曲线两弯曲点 f_{max} 与 f_{min} 之间的频率范围为线性范围。通常此范围应大于调频信号最大频偏 Δf_m 的两倍，即 $BW > 2\Delta f_m$，否则将产生严重的解调失真。

(4) 非线性失真　实际上，u_o 在鉴频器的鉴频特性线性范围内只是近似线性，仍然存在着一定的非线性，通常只有在 $\Delta f = 0$ 附近才有较好的线性，所以非线性失真或多或少总是存在的，实际应用时希望非线性失真尽量小。

(5) 抑制寄生调幅的能力　一般要求鉴频器对调频信号的寄生调幅应具有一定的抑制能力。

2. 鉴频的实现方法

鉴频就是把调频信号的瞬时频率变化转换成电压的变化，从而完成频率—电压的转换。鉴频的方法主要有 3 种，分别是斜率鉴频、相位鉴频和脉冲计数式鉴频。

(1) 斜率鉴频　调频信号的振幅是恒定的，且振幅不包含原调制信息，故无法直接用包络检波器解调出调制信号，所以斜率鉴频的基本方法是先将等幅的调频信号通过频—幅变换器变换成振幅与调频信号瞬时频率成正比的调频—调幅波（FM—AM 波），然后用振幅检波器进行振幅检波，从而还原出原调制信号。斜率鉴频的原理框图如图 6-15 所示。

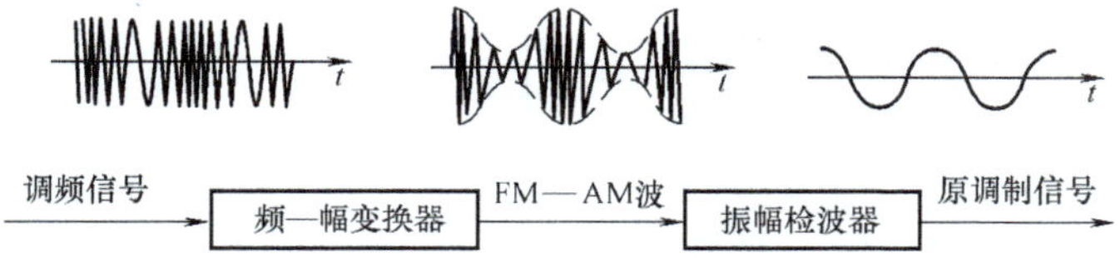

图 6-15　斜率鉴频的原理框图

(2) 相位鉴频　相位鉴频的基本方法是先将调频信号进行线性频—相变换，变换为频率和相位都随调制信号变化的调频—调相波（FM—PM 波），然后根据调相—调频波相位受调制的特征，通过相位检波器还原出原调制信号，其原理框图如图 6-16 所示。

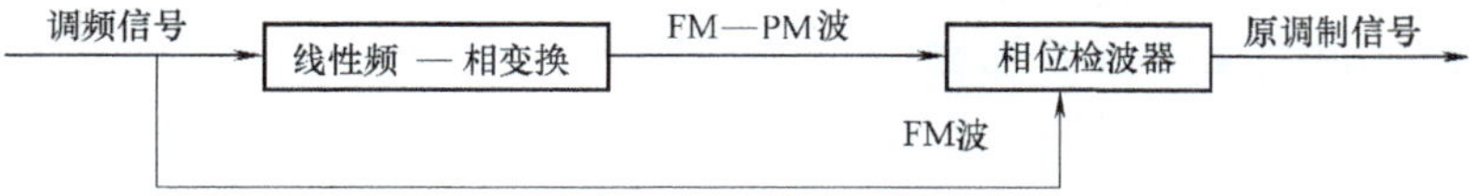

图 6-16　相位鉴频的原理框图

(3) 脉冲计数式鉴频　脉冲计数式鉴频的基本方法是先将调频信号通过过零比较器变换成重复频率与调频信号瞬时频率相等的单极性等幅脉冲序列，然后通过低通滤波器取出脉冲序列的平均值，从而还原出与瞬时频率变化成正比的原调制信号。

6.3.2　斜率鉴频器

斜率鉴频器的实质是采用振幅鉴频的原理，先将等幅的调频信号通过频—幅变换器变换成振幅与调频信号瞬时频率成正比的 FM—AM 波，然后用振幅检波器进行振幅检波，从而还原出原调制信号。因此，斜率鉴频器的关键部分就是频—幅变换器，最简便的频—幅变换

器就是利用失谐的 LC 并联谐振回路，使调频信号的中心频率处在 LC 并联谐振回路幅频特性曲线的倾斜部分，从而得到 FM—AM 波。斜率鉴频器有单失谐斜率鉴频器和双失谐斜率鉴频器两种类型，由于单失谐斜率鉴频器的鉴频曲线线性范围较窄，当频偏较大时，非线性失真很严重，实际应用中很少用，这里只介绍双失谐斜率鉴频器。

图 6-17 为一种双失谐斜率鉴频器的原理电路。从图中可知，双失谐斜率鉴频器由频—幅变换器和振幅检波器两部分组成，其中二极管及其右边的元件构成两个完全相同的包络检波器，二极管左边部分则是频—幅变换电路，整个电路共有 3 个谐振回路，一次回路调谐于调频信号的中心频率 f_C，二次侧的两个回路分别调谐于 f_{01} 和 f_{02}，且 $f_{02} > f_C$，$f_{01} < f_C$，并且 f_{01} 和 f_{02} 对 f_C 是对称的，即 $f_{02} - f_C = f_C - f_{01}$，也就是

$$f_C = \frac{1}{2}(f_{01} + f_{02}) \tag{6-29}$$

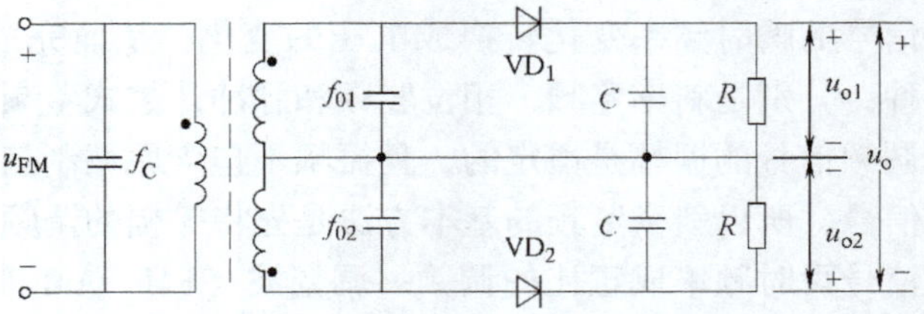

图 6-17 双失谐斜率鉴频器的原理电路

另外，为了保证工作的线性范围，可以调整 f_{01}、f_{02}，使 $f_{02} - f_{01}$ 大于输入调频信号最大频偏 Δf_m 的两倍。由于两二极管检波器的参数一致，所以经二极管检波器检波得到的输出电压 u_{o1} 和 u_{o2} 极性恰好相反，合成的总输出电压为 $u_o = u_{o1} - u_{o2}$，由此可得出图 6-18 所示的鉴频特性曲线。显然，双失谐斜率鉴频器的鉴频特性在频带宽度、线性范围、灵敏度等方面比单失谐斜率鉴频器都有较大改进，因而应用较广。

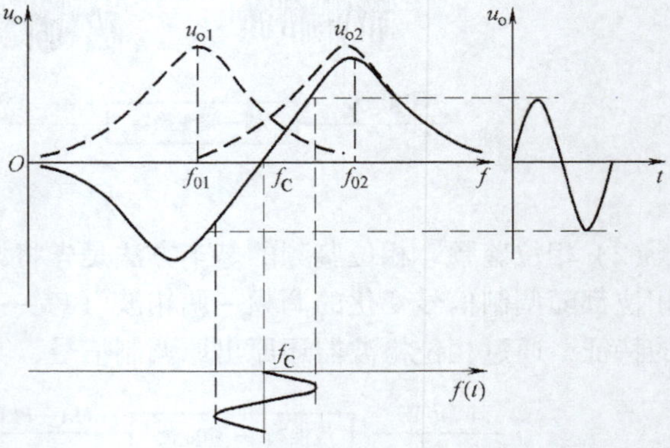

图 6-18 双失谐斜率鉴频器的鉴频曲线及工作波形示意

6.3.3 相位鉴频器

据 6.3.1 节中相位鉴频的原理可知，相位鉴频器主要由频—相变换网络和相位检波器两部分组成。其中，频—相变换网络是相位鉴频器的关键，它主要有两种类型：一种是由电容 C_1 和 RLC 单谐振回路构成分压电路的频—相变换网络；另一种是由互感耦合双谐振回路构成的频—相变换网络。另外，根据相位检波器的实现方法不同，相位鉴频器可分为叠加型和乘积型两种。由于目前乘积型相位鉴频器应用较为广泛，这里只介绍乘积型相位鉴频器，对叠加型相位鉴频器感兴趣的读者请自行查阅有关书籍。

1. 乘积型相位鉴频器的工作原理

乘积型相位鉴频器主要是利用模拟乘法器的相乘特性来实现相位检波，它包含 3 个部

分：频—相变换网络、乘法器和低通滤波器，其原理框图如图 6-19 所示。图中 $u_1(t)$ 为调频信号，$u_2(t)$ 为经过频—相变换后得到的调相—调频信号，$u_o(t)$ 为解调出的原调制信号。

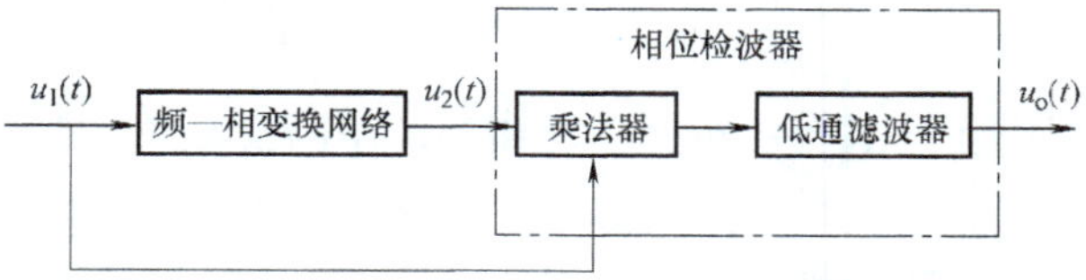

图 6-19 乘积型相位鉴频器的原理框图

（1）频—相变换原理分析 乘积型相位鉴频器的频—相变换网络一般采用由电容 C_1 和 RLC 单谐振回路构成分压电路的频—相变换网络，其电路原理及相频特性如图 6-20 所示。

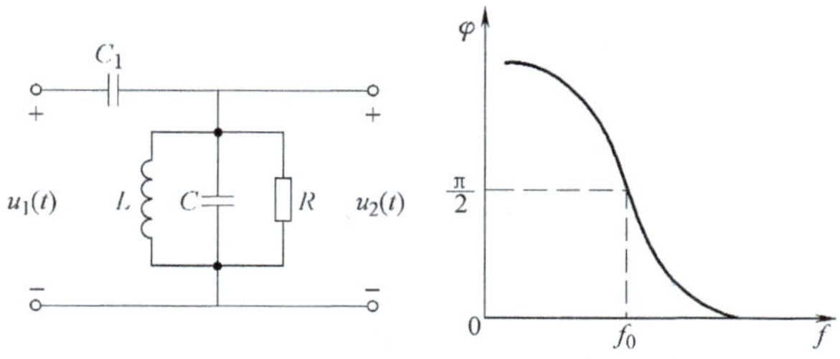

图 6-20 频—相变换网络的电路原理及相频特性

由图 6-20a 所示的频—相变换网络可知，$u_2(t)$ 与 $u_1(t)$ 之间的相位差为

$$\varphi = \frac{\pi}{2} - \arctan\xi = \frac{\pi}{2} - \varphi' \tag{6-30}$$

式中，$\xi = Q\left(\frac{\omega^2}{\omega_0^2} - 1\right) \approx 2Q\frac{\Delta f}{f_0}$；$Q = \frac{R}{\omega_0 L}$；$\omega_0 = \omega_C = \frac{1}{\sqrt{L(C+C_1)}}$。

若 $\varphi' < \frac{\pi}{6}$，则式（6-30）为

$$\varphi \approx \frac{\pi}{2} - \xi = \frac{\pi}{2} - 2Q\frac{\Delta f}{f_0} \tag{6-31}$$

由式（6-31）可知，$\varphi \approx \frac{\pi}{2} - 2Q\frac{\Delta f}{f_0}$，实现了线性频—相变换。

（2）乘积型相位检波原理分析 设调频信号 $u_1(t) = U_{1m}\cos(\omega_C t + m_f\sin\Omega t)$ 则可得

$$u_2(t) = U_{2m}\cos(\omega_C t + m_f\sin\Omega t + \varphi) = U_{2m}\cos\left(\omega_C t + m_f\sin\Omega t + \frac{\pi}{2} - 2Q\frac{\Delta f}{f_0}\right)$$

又设低通滤波器在通带内的传输系数 $K_L = 1$，将两个信号相乘后滤除高频分量可得

$$u_o(t) = \frac{1}{2}U_{1m}U_{2m}\cos\left(\frac{\pi}{2} - 2Q\frac{\Delta f}{f_0}\right) = \frac{1}{2}U_{1m}U_{2m}\sin 2Q\frac{\Delta f}{f_0}$$

当 $2Q\frac{\Delta f}{f_0} < \frac{\pi}{6}$，$f_C = f_0$ 时，有

$$u_o(t) \approx U_{1m}U_{2m}Q\frac{\Delta f}{f_0} = (U_{1m}U_{2m}Qk_f/\omega_C)u_\Omega(t) \tag{6-32}$$

由式（6-32）可知，在相偏较小的情况下，可以通过乘积型相位检波器解调出原调制信号，这种鉴频电路能实现线性解调，在集成电路中被广泛采用。例如，MC3362、MC3363等集成调频接收电路均采用外接频—相变换网络和滤波元件构成鉴频器。这种鉴频电路性能良好、片外电路简单，通常只有一个可调电感，调整非常方便。

2. 乘积型相位鉴频器实际电路举例

图6-21为采用MC1596集成模拟乘法器构成的乘积型相位鉴频器。

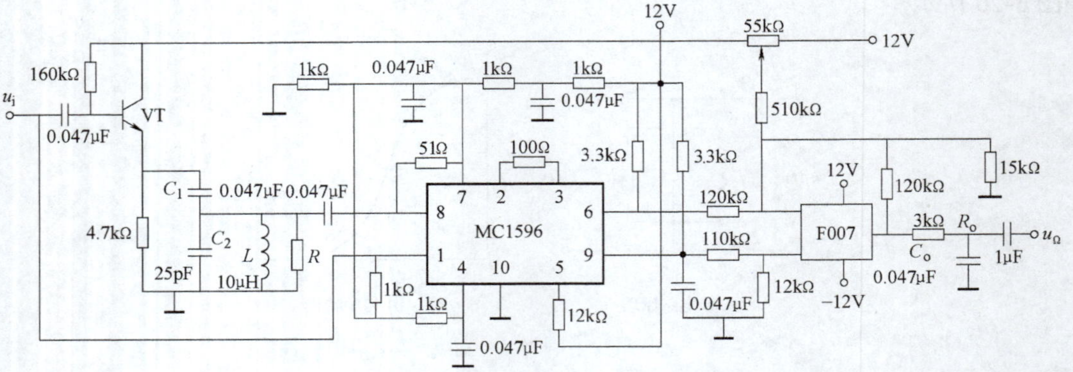

图6-21 采用MC1596集成模拟乘法器构成乘积型相位鉴频器

该电路是由VT射极跟随器、LC并联谐振移相网络、MC1596模拟乘法器、F007单位增益放大器和低通滤波器构成。其中，C_1、C_2和L构成并联谐振回路，用作频—相变换网络；电阻R_o和电容C_o组成低通滤波器；F007单位增益放大器一方面对模拟乘法器进行输出失调调零，另一方面将乘法器从双端输出转换成单端输出。图6-21中，调频信号u_i一路经VT射极跟随器输入频—相变换网络进行移相，得到的调频—调相信号再输入到MC1596的8号引脚；另一路信号直接从MC1596的1脚输入，这两路信号在模拟乘法器中实现相乘，从6脚、9脚输出，经过F007和低通滤波器滤波后得到原调制信号。

6.3.4 脉冲计数式鉴频器

脉冲计数式鉴频器是将调频信号通过过零比较器变换成重复频率与调频信号瞬时频率相等的单极性等幅脉冲序列，然后通过低通滤波器取出脉冲序列的平均值，恢复出与瞬时频率变化成正比的信号。脉冲计数式鉴频器的实现模型如图6-22所示。

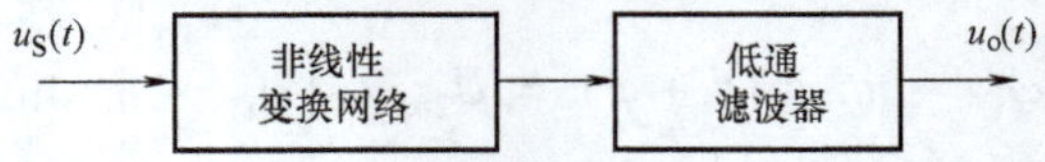

图6-22 脉冲计数式鉴频器的实现模型

脉冲计数式鉴频器有很多种实现电路，图6-23为一种实现电路的组成及其工作波形。

由于调频信号的频率是随调制信号变化的，因而它在相同的时间间隔内过零点的数目是不相同的，经过过零比较器形成单极性的脉冲序列，瞬时频率高时，形成的脉冲序列数目就多，瞬时频率低时，形成的脉冲序列数目就少，如图6-23b中$u_1(t)$所示。这些脉冲经脉冲展宽电路，展宽成相同的脉冲宽度，将调频信号变换成脉宽相同而周期变化的脉冲序列，如图6-23b中$u_2(t)$所示，它的周期变化反映了调频信号的瞬时频率变化，这个变化也就是调制信号，通过低通滤波器取出其平均分量，就可得到原调制信号，如图6-23b中$u_o(t)$所示。

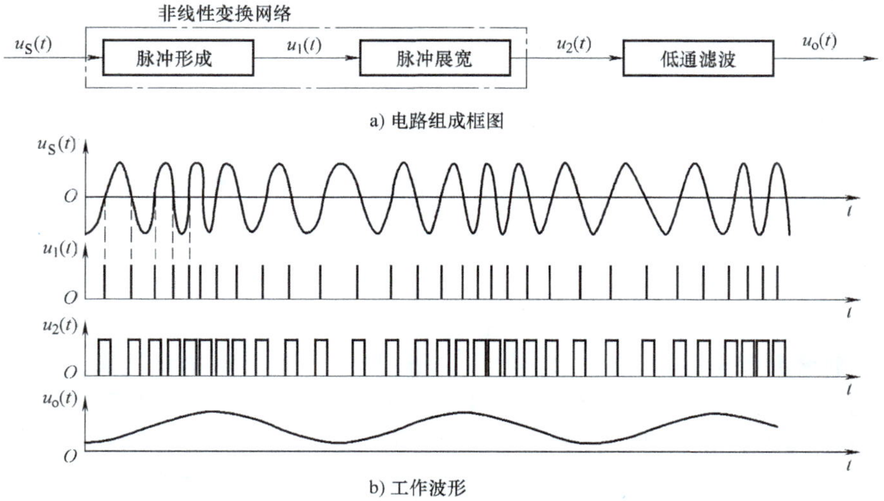

图6-23　脉冲计数式鉴频器的实现电路组成及其工作波形

脉冲计数式鉴频器具有线性鉴频范围大、不需要LC谐振回路、便于集成等优点，但它的工作频率受到脉冲最小宽度的限制，因而多用于中心频率较低的场合。

6.3.5　限幅器

调频信号在产生和处理过程中总是或多或少地附带有寄生调幅，这种寄生调幅可能是固有的，也可能是由噪声和干扰产生的，在鉴频前必须通过限幅器将它消除掉。

限幅器的性能通过限幅特性表示。如图6-24所示，在OA段输出电压U_{om}随输入电压U_{Sm}的增加而增加；A点右边，输入电压增加时，输出电压的增加很缓慢。A点称为限幅门限，U_p称为门限电压。当输入电压超过门限电压时，就会产生限幅作用。U_p越小，越易出现限幅，可以降低对放大器增益的要求，放大器的级数也可以减小。

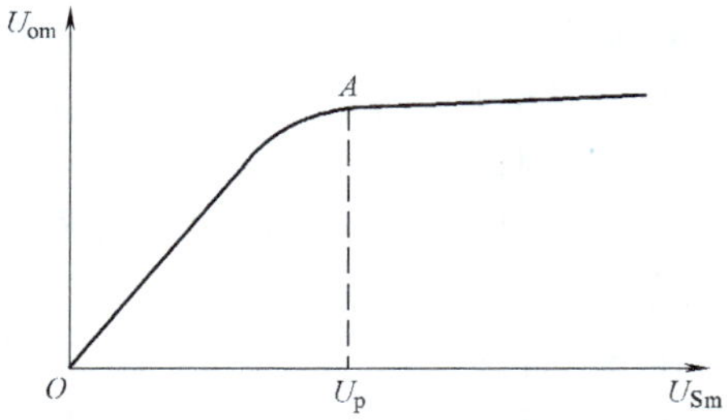

图6-24　典型限幅特性

二极管限幅器电路简单、结电容小、工作频带宽，是常用的限幅电路。图6-25为常用的并联型双向二极管限幅器。

图6-25a中，VD_1、VD_2是特性完全相同的二极管，要求二极管的正向电阻尽量小，反向电阻趋于无穷大；U_Q为二极管的偏置电压，用以调节限幅电路的门限电压；R为限流电阻，R_L为负载电阻，通常$R_L >> R$；u_S是经过放大的调频信号电压，其波形如图6-25b中虚线所示。当u_S较小时，加在VD_1、VD_2两端的电压值小于偏压U_Q，VD_1、VD_2均截止，电路没有限幅作用，这时输出电压u_o为

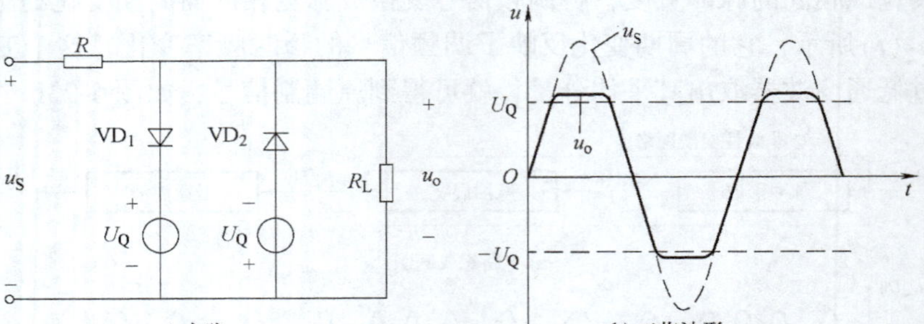

a) 电路　　b) 工作波形

图 6-25　常用的并联型双向二极管限幅器

$$u_o = \frac{R_L}{R+R_L}u_S \approx u_S$$

当 u_S 逐渐增大到 $|u_S| > U_Q$ 后，VD_1、VD_2 导通（正半周 VD_1 导通，负半周 VD_2 导通），输出电压的幅值将被限制在 U_Q 上，其限幅波形如图 6-25b 中实线所示。

从图 6-25b 可见，考虑到二极管正向导通电压，实际输出电压幅度略大于门限电压 U_Q。当 u_S 的幅度越大或门限电压 U_Q 越小，输出越接近方波，即限幅效果越好。由于这种限幅特性是对称的，因此输出没有直流成分和偶次谐波成分，这是很大的优点，但在后级需连接选频回路。

重要知识点

- 瞬时相位与瞬时角频率：$\varphi(t) = \int_0^t \omega(t)\mathrm{d}t + \varphi_0$　　$\omega(t) = \frac{\mathrm{d}\varphi(t)}{\mathrm{d}t}$
- 调频：用基带信号改变载波频率的过程。
- 调相：用基带信号改变载波相位的过程。
- 角度调制信号的带宽：$BW = 2(m+1)F$。
- 调频电路：直接调频和间接调频。
- 间接调频方法：先对调制信号积分，然后再对载波进行调相，那么所得到的调相信号就是想要的调频信号。
- 鉴频：从调频信号中解调出原调制信号的过程。
- 斜率鉴频：先将等幅的调频信号通过频—幅变换器变换成振幅与调频信号瞬时频率成正比的调频—调幅波，然后用振幅检波器进行振幅检波，从而还原出原调制信号。
- 相位鉴频：先将调频信号进行频—相变换，变换为频率和相位都随调制信号变化的调相—调频波，然后根据调相—调频波相位受调制的特征，通过相位检波器还原出原调制信号。
- 脉冲计数式鉴频：先将调频信号通过过零比较器变换成重复频率与调频信号瞬时频率相等的单极性等幅脉冲序列，然后通过低通滤波器取出脉冲序列的平均值，从而还原出与瞬时频率变化成正比的原调制信号。

本章小结

调频信号的瞬时频偏 $\Delta f(t)$ 与调制信号呈线性关系，调相信号的瞬时相偏 $\Delta\varphi(t)$ 与调制信号呈线性关系，且两者均为等幅信号。在调频时，必然会引起瞬时相位的变化；而在调相时，也必然会引起瞬时频率的变化。因此，调频与调相是相互关联，可以相互转换的。

调角制是一种性能良好的调制方式，与调幅制相比，调角制具有抗干扰能力强、信号传输的保真度高、发射机的功率管利用率高等优点，但角度调制信号所占用的频带要比调幅波宽很多，调频波的带宽 $BW=2(m_f+1)F_{max}$，调相波的带宽 $BW=2(m_p+1)F_{max}$，调幅波的带宽 $BW=2F_{max}$，因此角度调制必须工作在超短波以上的波段。

实现调频的方法有直接调频法和间接调频法两种。直接调频具有频偏大、调制灵敏度高等优点，但中心频率稳定度差，可采用石英晶体振荡器调频电路或自动频率控制技术提高中心频率稳定度；间接调频的中心频率稳定度较高，但频偏较小，必须采用倍频、混频等措施来扩展最大线性频偏。

调频信号的解调称为鉴频，实现鉴频功能的电路称为鉴频器。鉴频的实现方法主要有两种：一种是先将调频波转换成调幅—调频波，再进行振幅检波，还原出原调制信号，典型电路如斜率鉴频器；另一种是先将调频波转换成调相—调频波，再进行相位鉴频取出原调制信号。集成斜率鉴频器和乘积型相位鉴频器由于便于集成、调谐容易、线性度好，所以得到广泛应用。

思考题与习题

6-1 若有一调制频率为1kHz，调频系数 m_f 为12rad的单音调频波和一调制频率为1kHz，调相系数 m_p 为12rad的单音调相波。

1）试求这两种调角波的最大频偏 Δf_m 和有效频带宽带 BW。

2）若调制信号幅度不变，而调制频率变为2kHz和4kHz，试求这两种调角波的最大频偏 Δf_m 和有效频带宽度 BW。

3）若调制频率不变，仍为1kHz，而调制信号幅度降低到原来的一半，试求这两种调角波的最大频偏 Δf_m 和有效频带宽带 BW。

6-2 什么叫角度调制？与振幅调制相比，角度调制主要优点是什么？

6-3 试对直接调频电路与间接调频电路进行比较，说明它们的特点及主要优点。

6-4 倍频器和混频器在调频设备中有何作用？为什么？

6-5 常用的鉴频实现方法有哪些？画出电路模型并说明各有何特点？

6-6 假设载波频率 $f_C=25\text{MHz}$，振幅 $U_m=4\text{V}$，调制信号为单一频率余弦波，频率 $F=400\text{Hz}$，最大频偏 $\Delta f_m=10\text{kHz}$。

1）分别写出调频波和调相波的数学表示式。

2）若 F 变为2kHz，其他参数不变，再分别写出调频波、调相波的数学表达式。

6-7 调频波 $u_{FM}(t)=10\cos(2\pi\times10^6t+10\sin2000\pi t)$ V，试分别求其最大频偏、最大相偏及信号带宽。

6-8 设调制信号 $u_\Omega(t)=2\sin10^4t\text{V}$，调频灵敏度 $k_f=2\pi\times20\times10^3\text{rad/(s·V)}$，若载波频率为10MHz，载波振幅为6V。试求：

1）调制信号的角频率 Ω，调频波的中心角频率 ω_C。

2）最大频率偏 Δf_m。

3）调频系数 m_f。

4）最大相偏 $\Delta\varphi_m$。

5）调频波的表达式。

6）最大角频偏和最大相偏与调制信号的频率变化有何关系？与振幅变化又有什么关系？

6-9 已知调制信号 $u_{\Omega}(t)=8\cos(2\pi\times10^3t)$ V，载波电压 $u_C(t)=10\cos(2\pi\times10^8t)$ V，$k_f=2\pi\times10^3\text{rad}/(\text{s}\cdot\text{V})$，求调频信号的调频系数 m_f、最大频偏 Δf_m 和有效频谱带宽 BW，写出调频信号表示式。

6-10 若已知调制信号 $u_{\Omega}(t)=0.1\sin(2\pi\times10^3t)$ V，载波频率 $f_C=1\text{MHz}$，调制灵敏度 $k_f=2\pi\times10^3\text{rad}/(\text{s}\cdot\text{V})$，其动态范围大于20V，试求：

1）调幅波和调频波的频带宽度。

2）若调制信号改为 $u_{\Omega}(t)=20\sin(2\pi\times10^3t)$ V时，调幅波和调频波的信号宽度。

6-11 某电视频道的伴音载频 $f_C=83.75\text{MHz}$，最大频偏 $\Delta f_m=50\text{kHz}$，最高调制频率 $F_{max}=15\text{kHz}$，试求：

1）信号带宽 BW。

2）瞬时频率的变化范围是多少？它与信号带宽相等吗？

6-12 假设变容二极管直接调频电路的振荡回路由电感 L 和变容二极管组成，$L=2\mu\text{H}$，变容二极管的参数 $C_{j0}=225\text{pF}$，$\gamma=0.5$，$U_D=0.6\text{V}$，$V_{CC}=-6\text{V}$，调制信号 $u_{\Omega}(t)=3\sin10^4t\text{V}$，试求：

1）输出调频波的 f_C。

2）由调制信号引起的载频漂移 Δf_C。

3）最大频偏 Δf_m。

6-13 某调频波的调制信号频率 $F=1\text{kHz}$，载频 $f_C=5\text{MHz}$，最大频偏 $\Delta f_m=10\text{kHz}$，此信号经过十二倍频，试求此时调频信号的载频、调制信号频率和最大频偏分别为多少？

6-14 变容二极管的工作原理是什么？结电容与其外加电压的大小有何关系？

6-15 变容二极管直接调频电路是如何实现调频的？实现理想直接调频的条件是什么？

第 7 章 反馈控制电路

【目的和要求】

了解反馈控制电路的类型及基本特性；掌握 AGC、AFC 及 PLL 3 种负反馈控制电路的组成、作用及应用；熟悉 AGC、AFC 及 PLL 反馈控制电路的分析方法。

【重点和难点】

- 自动增益控制。
- 自动频率控制。
- 锁相环路的分析与应用。

7.1 自动增益控制电路

自动增益控制（AGC）电路是接收机中不可缺少的辅助电路，同时，它在发射机和其他电子设备中也有广泛应用。

7.1.1 自动增益控制电路的作用

自动增益控制电路组成如图 7-1 所示。图中，可控增益放大器用于放大输入信号 u_i，其增益是可变的，它的大小取决于控制电压 U_C；振幅检波器、直流放大器和比较器构成反馈控制器。可控增益放大器输出的交流信号经振幅检波器变换成直流信号，通过直流放大器的放大，在比较器中与参考电平 U_R 相比较产生一直流控制电压 U_C。可见，图 7-1 所示的电路构成了一个闭合环路。

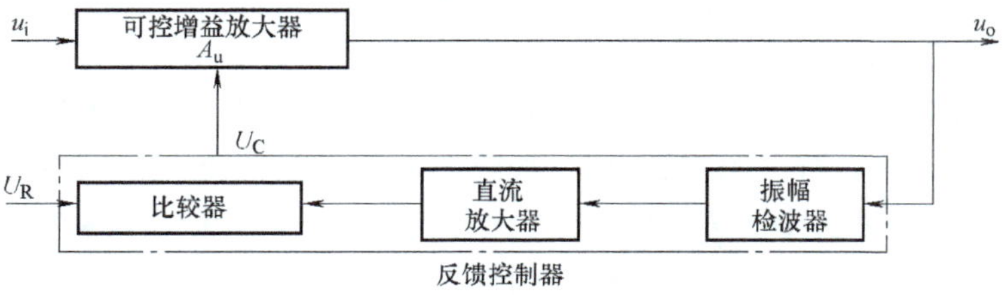

图 7-1　自动增益控制电路组成

当输入电压 u_i 的幅度增加而使输出电压 u_o 幅度增加时，反馈控制器产生一控制电压，

使 A_u 减小；当 u_i 幅度减小，使 u_o 幅度减小时，反馈控制器即产生一控制信号使 A_u 增加。这样，通过环路的反馈控制作用，当输入信号 u_i 幅度增大或减小时，可使输出信号幅度保持恒定或仅在很小的范围内变化，这就是 AGC 电路的作用。

在无线通信中，接收电台的不同、通信距离的变化、电磁波传播信道的衰减量变化以及接收机环境的变化等，均会导致接收机收到的信号强度发生很大的波动。可以设想，如果接收机的增益不变，输入信号幅度在很大范围内变化时，输出信号的幅度也将发生同样比例的变化，在强信号时就有可能使接收机过载而导致阻塞；在弱信号时，则又有可能造成信号的丢失。为了克服这一缺点，可采用 AGC 电路，使接收机的增益随着输入信号的强弱而变化。输入信号弱时，接收机增益升高；输入信号强时，接收机增益减小，以补偿输入信号强弱的影响，达到减小输出电平变化的目的。所以，为了提高接收机的性能，AGC 电路在接收机几乎是不可缺少的辅助电路。

图 7-2 为具有简单 AGC 电路的调幅接收机结构框图。图中各级放大器（包括变频器）组成环路可控增益放大器，振幅检波器和 RC 低通滤波器组成环路的反馈控制器。

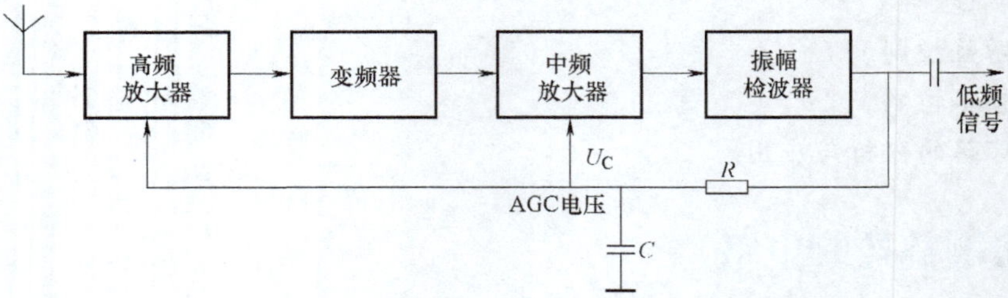

图 7-2 具有简单 AGC 电路的调幅接收机结构框图

与图 7-1 比较，图 7-2 中省略了直流放大器，并用振幅检波器兼作比较器。由于振幅检波器输出的信号电压主要由两部分组成：一部分是低频信号电压，它反映输入振幅波的包络变化规律；另一部分则是随输入载波幅度作相应变化的直流信号电压。与输出低频信号相比较，反映输入载波幅度的输出直流电压的变化是极为缓慢的，因而在振幅检波器输出端用一级具有较大时间常数的 RC 低通滤波器，就能滤除低频信号电压，把该直流电压取出来加到各被控级（高频放大、中频放大级），用以改变被控级的增益，从而使接收机的增益随输入信号的强弱而变化，实现了 AGC 作用。

在图 7-2 中，当接收机有输入信号时，AGC 电路就会立即起控制作用，接收机的增益因受控而降低，这对接收弱信号是不利的。

为了克服这一缺点，可采用图 7-3a 所示的延迟式 AGC 电路。图中单独设置提供 AGC 电压的 AGC 检波器，其延迟特性由加在 AGC 检波器上的附加偏压 U_R（参考电平）来实现。当振幅检波器输入信号幅度小于 U_R 时，AGC 检波器不工作，AGC 电压为零，AGC 电路不起控制作用；当 AGC 检波器输入信号幅度大于 U_R 时，AGC 电路才起作用。延迟式 AGC 电路的控制特性如图 7-3b 所示。

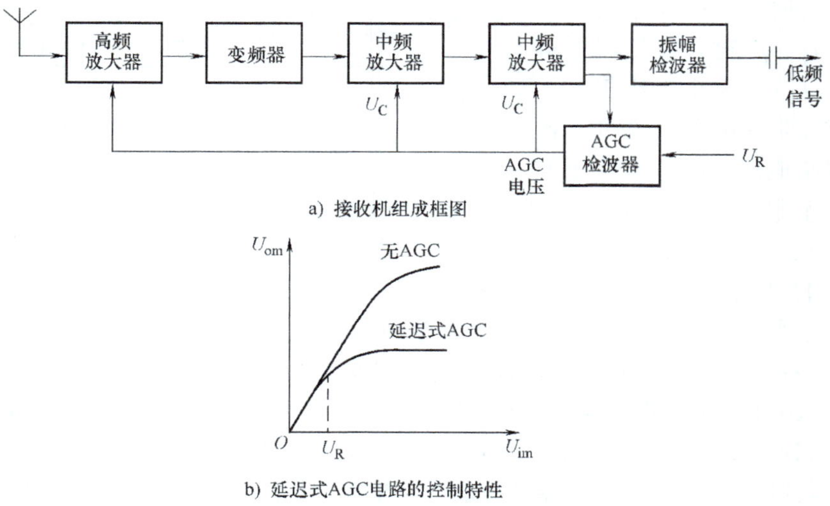

图 7-3　具有延迟式 AGC 电路的接收机

7.1.2　自动增益控制电路应用举例

根据系统对 AGC 的要求，可采用多种不同形式的控制电路。下面介绍常用的 AGC 电路。

晶体管放大器的增益与其放大晶体管的跨导 g_m 有关，而 g_m 与放大晶体管的静态工作点有关，因此，改变发射极工作点电流 I_E（即晶体管的静态工作点电流），放大器的增益即随之改变，从而达到控制放大器增益的目的。

为了控制晶体管的静态工作点电流 I_E，一般把控制电压 U_C 加到晶体管的基极或发射极上。图 7-4 为控制电压加到晶体管基极上的 AGC 电路。图中受控晶体管 VT 为 NPN 型，故控制电压 U_C 应为负极性，即信号增大时，控制电压向负的方向增大，从而导致 I_E 减小、g_m 下降，使放大器增益降低。

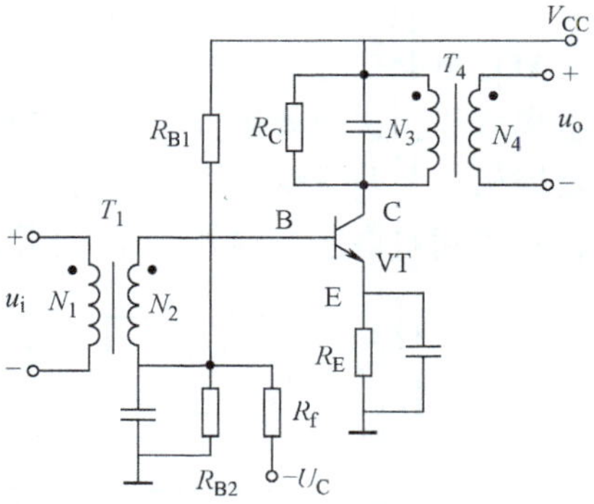

图 7-4　控制电压加到晶体管基极上的 AGC 电路

7.2　自动频率控制电路

在各种电子和通信设备中，频率是否稳定将直接影响到系统的性能，工程上常采用自动频率控制（AFC）电路来自动调节振荡器的频率，使之稳定在某一预期的标准频率附近。

7.2.1　工作原理

图 7-5 为 AFC 电路的原理框图，它由鉴频器、低通滤波器和压控振荡器组成，f_r 为标准频率，f_0 为输出信号频率。

由图 7-5 可见，压控振荡器的输出频率 f_0 与标准频率 f_r 在鉴频器中进行比较。当 $f_0 = f_r$

时，鉴频器无输出，压控振荡器不受影响；当 $f_0 \neq f_r$ 时，鉴频器即有误差电压输出，其大小正比于 $f_0 - f_r$，低通滤波器滤除交流成分，输出的直流控制电压 $u_C(t)$ 迫使压控振荡器的振荡频率 f_0 向 f_r 接近。然后，在新的压控振荡器振荡频率基础上，电路再经历上述同样的过程，使误差频率进一步减小，如此循环下去，最后 f_0 和 f_r 的误差减小到某一最小值 Δf 时，自动微调过程即停止，环路进入锁定状态。就是说，环路在锁定状态时，压控振荡器输出信号频率等于 $f_r + \Delta f$，Δf 称为剩余频率误差，简称剩余频差。

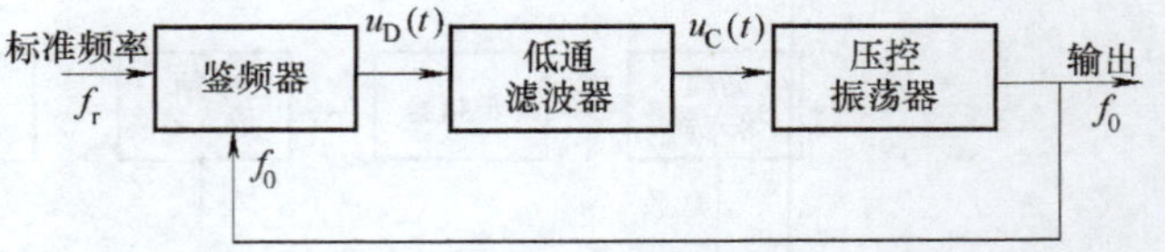

图 7-5 AFC 电路的原理框图

这时，压控振荡器在由剩余频差 Δf 通过鉴频器产生的控制电压作用下，使自身振荡频率保持在 $f_r + \Delta f$ 上。AFC 电路通过自身的调节，可以将原先因压控振荡器不稳定引起的较大起始频差减小到较小的剩余频差 Δf。由于自动频率微调过程是利用误差信号的反馈作用来控制压控振荡器的振荡频率的，而误差信号是由鉴频器产生的，因而达到最后稳定状态（即锁定状态）时，两个频率不能完全相等，必须有剩余频差 Δf 存在，这就是 AFC 电路的缺点。当然，希望剩余频差 Δf 越小越好。AFC 电路的剩余频差的大小取决于鉴频器和压控振荡器的特性，鉴频特性和压控振荡器的控制特性斜率越大，环路锁定所需要的剩余频差也就越小。

7.2.2 自动频率控制电路应用举例

AFC 电路广泛用于接收机和发射机的自动频率微调。图 7-6 为调幅接收机中的 AFC 电路组成框图，这种调幅接收机与普通调幅接收机相比，增加了限幅鉴频器、低通滤波器和放大器等部分，同时将本机振荡器改为压控振荡器。混频器输出的中频信号经中频放大器放大后，除送到包络检波器外，还送到限幅鉴频器进行鉴频。

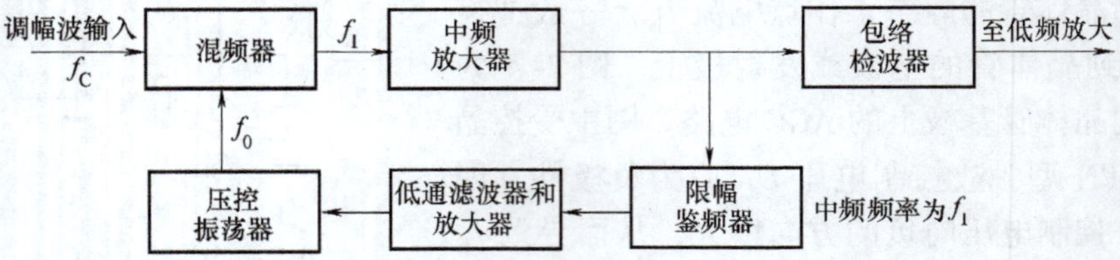

图 7-6 调幅接收机中的 AFC 电路组成框图

由于鉴频器中心频率调在规定的中频频率 f_I 上，鉴频器就可将偏离于中频的频率误差变换成电压，该电压通过低通滤波器和放大器后作用到压控振荡器上，压控振荡器的振荡频率发生变化，使偏离于中频的频率误差减小。这样，在 AFC 电路的作用下，接收机的输入调幅信号的载波频率和压控振荡器频率之差接近于中频。因此，采用 AFC 电路后，中频放大器的宽带可以减小，从而有利于提高接收机的灵敏度和选择性。

图 7-7 为采用 AFC 电路的调频发射机组成框图。

图 7-7 中，晶体振荡器是参考频率信号源，其频率为 f_r，频率稳定度很高，作为 AFC 电路的标准频率；调频振荡器的标称中心频率为 f_C；鉴频器的中心频率调整在 $f_r - f_C$ 上，由于 f_r 稳定度很高，当调频振荡器的中心频率发生漂移时，混频器输出的频差也随之变化，使限幅鉴频器的输出电压发生变化，经窄带低通滤波器滤除调制频率分量后，将反映调频波中心

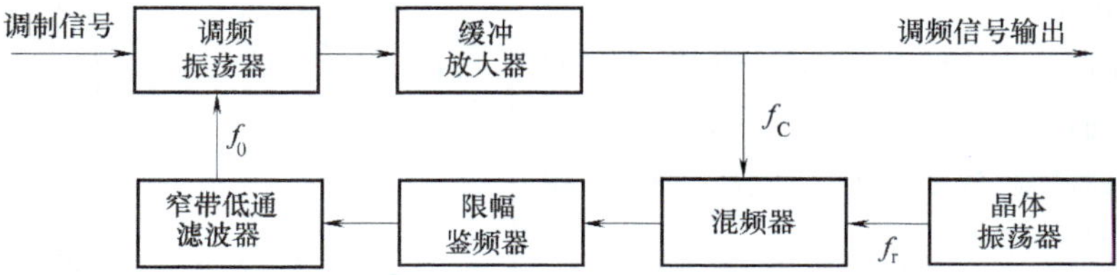

图 7-7　采用 AFC 电路的调频发射机组成框图

频率漂移程度的缓慢变化的电压加到调频振荡器，使之中心频率漂移减小，稳定度提高。

7.3　锁相环路与频率合成

锁相环路（PLL）也是一种以消除频率误差为目的的自动控制电路，但它不是直接利用频率误差信号电压，而是利用相位误差信号电压去消除频率误差。

PLL 的基本理论早在 20 世纪 30 年代就已被提出，直到集成技术迅速发展，可以将这种较为复杂的电子系统集成在一块硅片上后，才引起了电路工作者的广泛注意。目前，PLL 在滤波、频率合成、调制与调解、信号检测等许多技术领域获得了广泛应用，在模拟与数字通信系统中已成为不可缺少的基本部件。

7.3.1　锁相环路的基本原理

1. 电路结构

PLL 的基本组成如图 7-8 所示，它是由鉴相器、环路低通滤波器和压控振荡器组成的闭合环路，与 AFC 电路相比较，其差别仅在于鉴相器取代了鉴频器。

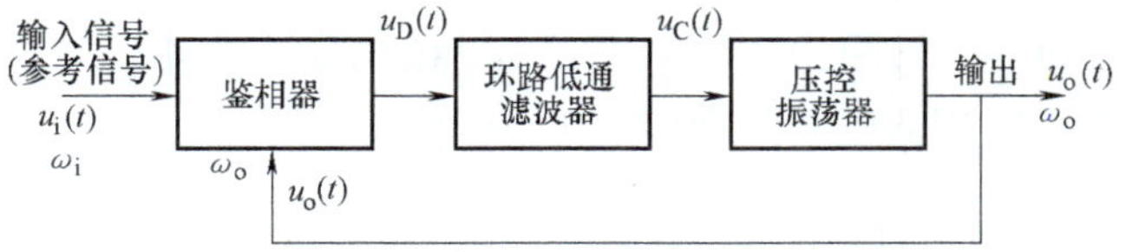

图 7-8　PLL 的基本组成

鉴相器是相位比较部件，它能够检出两个输入信号之间的相位误差，输出反映相位误差的电压 $u_D(t)$；环路低通滤波器用来消除误差信号中的高频分量及噪声，提高系统的稳定性；压控振荡器受控于环路滤波器的输出电压 $u_C(t)$，即其振荡频率受 $u_C(t)$ 的控制，使两者频率误差越来越小，直至频差消除而被锁定。

众所周知，若两个正弦信号频率相等，则这两个信号之间的相位差必保持恒定，如图 7-9 所示。换句话说，如果能保证两个信号之间的相位差恒定，则这两个信号的频率必然相等。PLL 就是利用两个信号之间的相位差来控制压控振荡器输出信号的频率，最终使两个信号之间的相位保持恒定，从而达到使两个信号频率相等的目的。

若 $\omega_i \neq \omega_o$，则称电路处于失锁状态，$u_i(t)$ 和 $u_o(t)$ 之间产生相位变化，鉴相器输出误差电压 $u_D(t)$，它与瞬时误差相位成正比，经过环路滤波器滤除高频分量和噪声而取出缓慢变化的电压 $u_C(t)$，控制压控振荡器（VCO）的角频率 ω_o 去接近 ω_i，最终使 $\omega_i = \omega_o$，相位误差为常数，环路锁定，这时的相位误差称为剩余相位误差或稳态相位误差。

2. PLL 组成部件的特性

PLL 的性能主要取决于鉴相器、压控振荡器和环路滤波器这 3 个基本组成部件，下面先

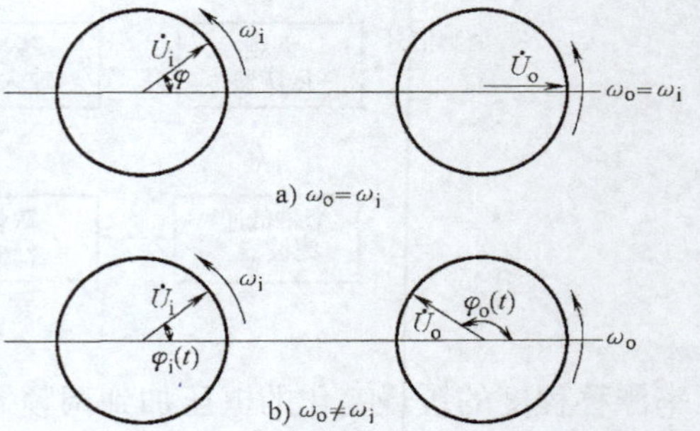

图 7-9 U_o 与 U_i 的频率和相位之间的关系

介绍它们的基本特性。

(1) 鉴相器 鉴相器（PD）是 PLL 中的关键部件，它对两个输入信号的相位进行比较，输出反映相位误差的控制电压。设压控振荡器的输出电压 $u_o(t)$ 为

$$u_o(t) = U_{om}\cos[\omega_{o0}t + \varphi_o(t)] \quad (7\text{-}1)$$

式中，ω_{o0}是压控振荡器未加控制电压时的固有振荡角频率；$\varphi_o(t)$是以 ω_{o0}为参考的瞬时相位。

设环路输入电压为

$$u_i(t) = U_{im}\sin(\omega_i t) \quad (7\text{-}2)$$

其相位可改写为

$$\omega_i t = \omega_{o0}t + (\omega_i - \omega_{o0})t = \omega_{o0}t + \varphi_i(t) \quad (7\text{-}3)$$

则 $u_i(t)$与 $u_o(t)$之间的瞬时相位差为

$$\varphi_e(t) = \varphi_i(t) - \varphi_o(t) \quad (7\text{-}4)$$

设鉴相器具有正弦鉴相特性，则

$$u_D(t) = A_d\sin[\varphi_e(t)] \quad (7\text{-}5)$$

式中，A_d 为鉴相器的最大输出电压。可见，鉴相器的输出电压 $u_D(t)$与相位差 $\varphi_e(t)$呈正弦关系，将 $u_D(t)$与 $\varphi_e(t)$关系曲线称为鉴相特性。正弦型鉴相特性可用模拟乘法器构成的乘积型鉴相器来实现，常用于两路输入信号均为方波的 PLL 中。

(2) 环路滤波器 鉴相器的输出电压必须经过环路滤波器（LF）平滑滤波后，即滤除高频交流及噪声后，才能用于控制压控振荡器。环路滤波器是低通滤波器，它的特性对 PLL 的性能参数有较大的影响。

PLL 中常用的环路滤波器有 *RC* 积分滤波器、*RC* 比例积分滤波器和有源比例积分滤波器等，它们的电路分别如图 7-10a、b、c 所示。

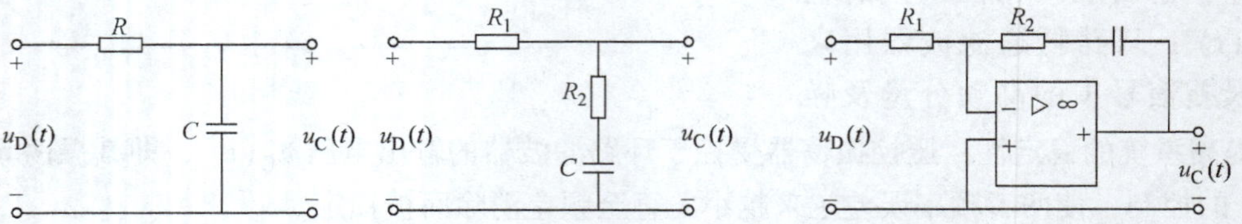

a) *RC*积分滤波器 b) *RC*比例积分滤波器 c) 有源比例积分滤波器

图 7-10 环路滤波器

由图可写出它们的传递函数，现以图 7-10b 为例，得

$$A_F(s) = \frac{U_C(s)}{U_D(s)} = \frac{R_2 + \dfrac{1}{sC}}{R_1 + R_2 + \dfrac{1}{sC}} = \frac{1 + s\tau_2}{1 + s(\tau_1 + \tau_2)} \quad (7\text{-}6)$$

式中，U_C（s）、U_D（s）分别为输入和输出电压的拉普拉斯变换式；$s = \sigma + j\omega$ 为复频率；$\tau_1 = R_1C$；$\tau_2 = R_2C$。

RC 比例积分滤波器可把鉴相器输出电压，即使是非常微小的电压积累起来，形成一个

相当大的控制电压 $u_C(t)$。只要改变环路滤波器的 R_1、R_2、C 就可以改变环路滤波器的性能，也就方便改变了 PLL 的性能。

PLL 通过环路滤波器的作用，具有窄带滤波器特性，可将混进输入信号中的噪声和杂散干扰滤除掉。在设计较好时，这个通带能做得极窄。

(3) 压控振荡器 压控振荡器（VCO）是一个电压—频率变换装置，它的振荡角频率应随控制电压 $u_C(t)$ 的变化而变化。一般情况下，压控振荡器的控制特性是非线性的，如图 7-11 所示，图中，ω_{o0} 是未加控制电压 $u_C(t)$ 时压控振荡器的固有振荡角频率。不过，在 $u_C(t)=0$ 附近的有限范围内控制特性近似呈线性，因此，它的控制特性可近似用线性方程来表示，即

$$\omega_o(t) = \omega_{o0} + A_0 u_C(t) \tag{7-7}$$

式中，A_0 为控制灵敏度（或称增益系数），单位是 rad/(s · V)，它表示单位控制电压所引起振荡角频率的变化量。

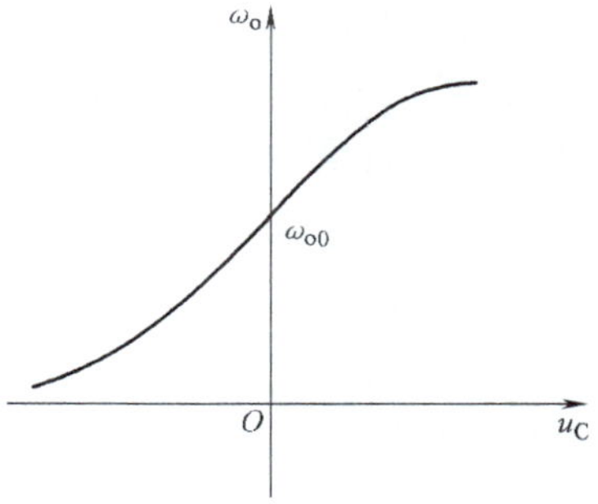

图 7-11 压控振荡器的控制特性

由于压控振荡器的输出反馈到鉴相器上，对鉴相器输出误差电压 $u_D(t)$ 起作用的不是其频率而是其相位，因此对式（7-7）进行积分，则得

$$\varphi(t) = \int_0^t \omega_o(t)\,dt = \omega_{o0}t + A_0\int_0^t u_C(t)\,dt \tag{7-8}$$

与式（7-1）相比较，可知：

$$\varphi_o(t) = A_0\int_0^t u_C(t)\,dt \tag{7-9}$$

由式（7-9）可见，就 $\varphi_o(t)$ 和 $u_C(t)$ 之间的关系而言，压控振荡器是一个理想的积分器。因此，往往将它称为 PLL 中的固有积分环节。

3. PLL 的捕捉与跟踪

PLL 根据初始状态的不同有两种不同自动调节过程，即捕捉与跟踪过程。

(1) PLL 的捕捉 当 PLL 没有输入信号 u_i 时，压控振荡器以固有振荡角频率 ω_{o0} 振荡，加入 u_i 后，ω 不等于压控振荡器的固有振荡频率而存在一个固有的输入角的频差 $\Delta\omega_i=\omega_i-\omega_{o0}$，PLL 的初始状态是失锁的。此后的鉴相器输出一误差电压，经环路滤波器变换后控制 VCO 的频率，使其输出信号的角频率由 ω_{o0} 逐渐向输入信号角频率 ω_i 靠拢，达到一定程度后，PLL 即能进入锁定，$\omega_o=\omega_i$。这类由失锁进入锁定的过程称为捕捉过程。

PLL 锁定后，相位误差 $\varphi_e(t)$ 为固定值，用 $\varphi_{e\infty}$ 表示，称为剩余相位误差或稳态相位误差。正是这个稳态相位误差，才使鉴相器输出一直流电压，控制压控振荡器的振荡角频率，使之偏移了 $\Delta\omega_i$ 而与输入信号角频率 ω_i 相等。

如果输入固有角频差 $\Delta\omega_i$ 过大，PLL 将无法进入锁定状态，因此，将能够由失锁进入锁定的最大输入固有角频差称为 PLL 的捕捉带，用 $\Delta\omega_p$ 表示。

(2) PLL 的跟踪 PLL 的初始状态是锁定的，当输入信号的频率和相位变化时，环路通过自身调节来维持锁定的过程，称为跟踪过程。将能够保持跟踪的最大输入固有角频差，称为同步带（又称跟踪带），用 $\Delta\omega_H$ 表示。

(3) 同步带和捕捉带的测量　同步带与捕捉带如图7-12所示。使PLL的输入信号角频率ω_i远小于压控振荡器固有的振荡角频率ω_{o0}，PLL失锁，缓慢增大ω_i，当$\omega_i=\omega_b$时，PLL进入锁定状态，然后继续增大ω_i，压控振荡器输出信号角频率跟踪输入信号角频率同步变化，当$\omega_i=\omega_d$时，PLL开始失锁。这时再将输入信号角频率ω_i从高频向低频方向缓慢变化，当$\omega_i=\omega_d$时PLL并不发生锁定，而要使ω_i继续下降到$\omega_i=\omega_c$时，PLL才会再度进入锁定，此后继续降低ω_i，压控振荡器输出信号的角频率又跟踪输入信号角频率变化，当ω_i下降到$\omega_i=\omega_a$时，PLL又开始失锁。

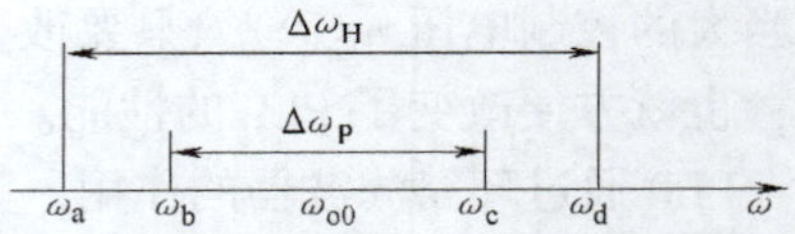

图7-12　同步带与捕捉带

因此，由图7-12可见PLL的同步带为

$$\Delta\omega_H = \omega_d - \omega_a \tag{7-10}$$

PLL的捕捉带为

$$\Delta\omega_P = \omega_c - \omega_b \tag{7-11}$$

一般来说，捕捉带与同步带不相等，捕捉带小于同步带。

4. 集成PLL

集成PLL的发展十分迅速，应用十分广泛。目前集成PLL已形成系列产品：由模拟电路构成的模拟PLL和由部分数字电路（主要是数字鉴相器）或全部数字电路（数字鉴相器、数字滤波器、数控振荡器）构成的数字PLL两大类。无论是模拟PLL还是数字PLL，按其用途都可分为通用型和专用型两种。

通用型PLL是一种能够适应各种用途的PLL，其内部主要由鉴相器和压控振荡器两部分组成，有时还附有放大器和其他辅助电路，也有的用单独的集成鉴相器和集成压控振荡器连接而成。专用型PLL是一种专为某种功能设计的PLL，如用于调频接收机中的调频多路立体声解调环路，用于通信和测量仪器中的频率合成器，用于电视机中的正交色差信号同步检波环路等。

无论是模拟PLL还是数字PLL，压控振荡器一般都采用射极耦合多谐振荡器或积分—施密特触发型多谐振荡器，采用射极耦合多谐振荡器的振荡频率较高，而采用积分—施密特触发型多谐振荡器的振荡频率比较低。

在模拟PLL中，鉴相器基本上都采用双差分对模拟乘法器的乘积型鉴相器，而数字鉴相器电路形式较多，它们都是由数字电路组成的。

下面介绍几种通用型集成PLL及其应用。

(1) L562通用型单片集成PLL　L562是工作频率可达30MHz的多功能单片集成PLL，它的内部除包含鉴相器和压控振荡器之外，还有3个放大器A_1、A_2、A_3和一个限幅器，其内部结构如图7-13a所示，引脚排列如图7-13b所示。

L562的鉴相器采用双差分对模拟乘法器，其输出脚13、14外接阻容元件构成环路滤波器。压控振荡器（VCO）采用射极耦合多谐振荡器，外接定时电容C由5脚、6脚接入，决定振荡频率f_0的大小。

限幅器用来限制PLL的直流增益，以控制环路同步带的大小，由7脚注入的电流可以控制限幅器的限幅电平和直流增益。注入电流增加，VCO的跟踪范围减小，当注入的电流超过0.7mA时，鉴相器输出的误差电压对压控振荡器的控制被截断，压控振荡器处于失控自

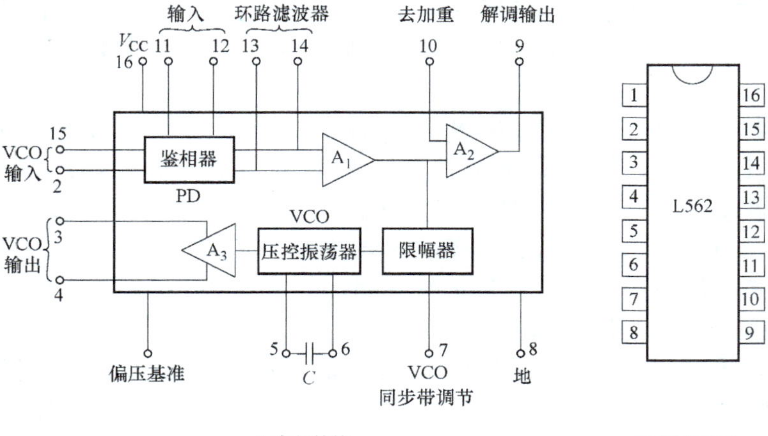

a) 内部结构　　b) 引脚排列

图 7-13　L562 的内部结构及引脚排列

由振荡状态。放大器 A_1、A_2、A_3 起隔离、缓冲放大的作用。

L562 只需单电源供电，最大电源电压为 30V，一般可采用 18V 电源供电，最大电流为 14mA，信号输入（11 脚与 12 脚间）电压最大值为 3V。

（2）CD4046 CMOS 数字 PLL　CD4046 是低频多功能单片集成 PLL，它主要由数字电路构成，具有电源电压范围宽、功耗低、输入阻抗高等优点，其工作频率可达 1MHz，内部压控振荡器产生 50% 占空比的方波，输出电平可与 TTL 电平或 CMOS 电平兼容。同时，它还具有相位锁定状态指示功能。

CD4046 的内部结构和引脚排列如图 7-14 所示。CD4046 为数字 PLL，由图可见，其内部有两个鉴相器 PDⅠ、PDⅡ，一个压控振荡器 VCO 和缓冲放大器 A_2、输入信号放大与整形电路 A_1、内部稳压二极管 VS 等。

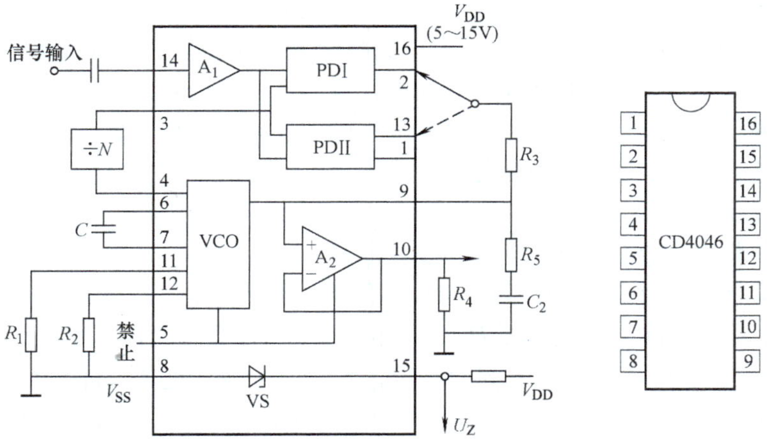

a) 内部结构　　b) 引脚排列

图 7-14　CD4046 集成 PLL

14 脚为信号输入端，允许输入 0.1V 左右的小信号或方波，经 A_1 放大和整形，提供满足鉴相器要求的方波。

鉴相器 PDⅠ由异或门构成，具有三角形鉴相特性，它要求两个输入信号均为 50% 占空比的方波。当无输入信号时，该鉴相器输出电压为 $V_{DD}/2$，用以确定压控振荡器的自由振荡频率。PD Ⅱ为数字式鉴相器，由 14 脚、3 脚控制。1 脚是 PD Ⅱ锁相指示输出，锁定时输出为低电平脉冲。

两个鉴相器中，可任选一个作为锁相环的鉴相器。通常，若输入信噪比以及固有频差较小，则采用 PD Ⅰ；反之，若输入信噪比较高，或捕捉时固有频差较大时，则应采用 PD Ⅱ。

压控振荡器采用 CMOS 数字门型压控振荡器，其 6 脚、7 脚之间外接的电容 C 和 11 脚外接的电阻 R_1，用来决定压控振荡器振荡频率的范围；12 脚外接电阻 R_2 可使压控振荡器有一个频移。R_1 控制最高频率，R_2 控制最低频率。$R_2=\infty$ 时，最低频率为零。无输入信号时，PD Ⅱ将压控振荡器调整到最低频率。

A_2 是缓冲输出级，它是一个跟随器，增益近似为 1，用于阻抗转换。5 脚用来使 PLL 具有"禁止"功能，当 5 脚接高电平"1"时，电源被切断，压控振荡器停振；5 脚接低电平"0"或接地时，压控振荡器工作。内部稳压器提供 5V 直流电压，从 15 脚与 8 脚之间引出，作为环路的基准电压，15 脚需外接限流电阻。

在使用 CD4046 时应注意，输入信号不能大于 V_{DD}，也不能小于 V_{SS}，即使电源断开时，输入电流也不能超过 10mA；在使用中每一个引脚都需要有连接，所有无用引脚必须接到 V_{SS} 或者 V_{DD} 上，具体视哪个合适而定。器件的输出端不能对 V_{DD} 或 V_{SS} 短路，否则由于超过器件的最大功耗，会损坏 CMOS 器件。V_{SS} 通常为 0V。

7.3.2 频率合成的基本原理

随着通信、雷达、宇宙航行和遥控遥测技术的不断发展，对频率源的要求越来越高，不但要求它的频率稳定度和准确度高，而且要求能方便地改换频率。石英晶体振荡器虽具有很高的频率稳定度和准确度，但它的频率值是单一的，最多只能在很小的频段内进行微调。随着现代技术的发展，工程上已可采用一个（或多个）石英晶体标准振荡源，产生大量的与标准源有相同频率稳定度和准确度的众多频率，这就是目前大量使用的频率合成器。锁相频率合成器是利用 PLL 的窄带跟踪特性，在石英晶体振荡器提供的基准频率源作用下，产生出一系列离散的频率。其优点是系统结构简单，输出频率成分的频谱频率高，而且易于得到大量的离散频率。目前全数字化频率合成器通过微型计算机或其他数字存储单元进行选择和预置，可以迅速、精确地改变输出信号的频率。

1. 频率合成器的主要技术指标

大体来说，频率合成器有如下几项主要技术指标：

（1）频率范围　频率范围是指频率合成器的工作频率范围。

（2）频率间隔　相邻频率之间的最小间隔称为频率合成器的频率间隔，又称为分辨率。频率间隔的大小随合成器的用途不同而不同。例如，短波单边带通信的频率间隔一般为 100Hz，有时为 10Hz、1Hz，甚至 0.1Hz；超短波通信则多取 50kHz，有时也取 25kHz、10kHz 等。

（3）频率转换时间　从一个工作频率转换到另一个工作频率并达到稳定工作所需要的时间称为频率转换时间。这个时间包括电路的延迟时间和 PLL 的捕捉时间，其数值与合成器的电路形式有关。

（4）频率稳定度和准确度　频率稳定度是指在规定的观测时间内，合成器输出频率偏离标称值的程度，一般用偏离值与输出频率的相对值来表示。准确度则表示实际工作频率与其标称频率值之间的偏差，又称频率误差。

（5）频谱纯度　频谱纯度是指输出信号接近正弦波的程度，可用输出端的有用信号电平与各寄生频率分量总电平之比的分贝数表示。一般情况下合成器在某选定输出频率附近，除了有用频率外，其附近尚存在各种周期性干扰与随机干扰，以及有用信号的各次谐波成分。这里，周期性干扰多数来源于混频器的高次组合频率，它们以某种频差的形式成对地分布在有用信号两边；随机干扰则是由设备内部各种不规则的电扰动产生，并以相位噪声的形式分布于有用频谱的两侧。

2. 锁相频率合成器

（1）简单锁相频率合成器　在基本 PLL 的反馈通道中插入分频器，就可构成简单锁相频率合成器，如图 7-15 所示。

由石英晶体振荡器产生一高稳定的标准频率源 f_S，经参考分频器进行 R 分频后，得到参考信号频率 f_r，即

$$f_r = f_S/R \tag{7-12}$$

它被送到 PLL 中鉴相器的一个输入端，而 PLL 压控振荡器输出的频率为 f_o，经 N 分频后，被送到鉴相器的另一输入端。当环路锁相时，一定有

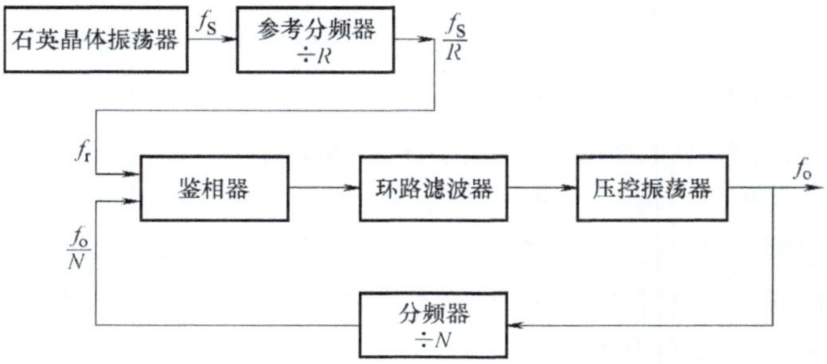

图 7-15　简单锁相频率合成器

$$f_r = f_o/N \tag{7-13}$$

因此，压控振荡器输出信号频率为

$$f_o = Nf_S/R = Nf_r \tag{7-14}$$

也就是说，输出信号频率 f_o 为输入参考信号频率 f_r 的 N 倍，故又把简单锁相频率合成器称为锁相倍频电路。改变分频系数 N，就可得到不同频率的信号输出，f_r 为各输出信号频率之间的频率间隔，即为频率合成器的频率分辨率。

图 7-16 为由 CD4046 构成的频率合成器电路实例。参考晶体振荡器采用 1024kHz 标准晶体构成，它的输出信号送至由 CC4040 组成的参考分频器。CC4040 由 12 级二进制计数器组成，取分频系数 $R = 2^8 = 256$，即可得到较低的参考频率 $f_r = 1024/256\text{kHz} = 4\text{kHz}$。分频系数为 N 的分频器由 CC40103 可编程分频器构成，它是 8 位可预制二进制 ÷N 计数器，称为程序分频器，其分频系数 $N = 29$。参考频率 f_r 由 14 脚引入 PLL 的 PDⅡ鉴相器输入端，压控振荡器输出信号由 4 端输出到程序分频器，经 29 分频后加到鉴相器的另一端（3 脚），与 f_r 进行相位比较。当 PLL 锁定时，由 4 脚就可以输出频率 $f_o = Nf_r$、频率间隔为 4kHz 的信号。改变 CC40103 置数端的接线，得到不同的 N 值，即可获得不同频率的信号输出。

（2）简单频率合成器存在的问题　上述讨论的频率合成器比较简单，构成比较方便，因为它只含有一个 PLL，故称为单环式电路。简单频率合成器在实际使用中存在以下一些问题，必须加以注意和改善。

1）由式（7-14）可知，输出频率的间隔等于输入鉴相器的参考频率 f_r，因此要减小输

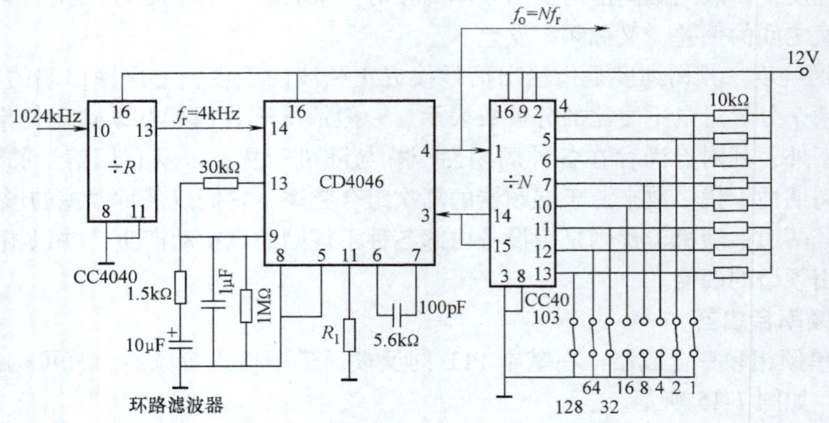

图 7-16　由 CD4046 构成的频率合成器电路实例

出频率的间隔，就必须减小输入参考频率 f_r。但是降低 f_r 后，环路滤波器的宽带也要压缩（因环路滤波器的宽带必须小于参考频率），以便滤除鉴相器输出中的参考频率及其谐波分量。这样，当由一个输出频率转换到另一个频率时，PLL 的捕捉时间或跟踪时间就要加长，即频率合成器的频率转换时间加长。可见，简单频率合成器中减小输出频率间隔和减小频率转换时间是矛盾的。另外，参考频率 f_r 过低还不利于降低压控振荡器引入的噪声，使环路总噪声不可能为最小。

2）PLL 内接入分频器后，其环路增益将下降为原来的 $1/N$。对于输出频率高、频率覆盖范围宽的合成器，当要求频率间隔很小时，其分频系数 N 的变化范围将很大，N 在大范围内变化时，环路增益也将大幅度地变化，从而影响到环路的动态工作性能。

3）程序分频器是简单频率合成器的重要部件，其分频系数的数目决定了合成器输出信道的数目。由图 7-17 可见，程序分频器的输入频率就是合成器的输出频率，但是程序分频器的工作频率比较低，无法满足大多通信系统中工作频率高的要求。

在实际应用中，解决这些问题的方法很多，下面介绍多环式锁相频率合成器。

（3）多环式锁相频率合成器　为了减小频率间隔而又不降低参考频率 f_r，可采用多环构成的频率合成器。作为举例，图 7-17 示出了三环频率合成器的组成框图。

三环频率合成器由 3 个 PLL 组成，环路 A 和 B 为单环频率合成器，参考频率 f_r 均为 100kHz，N_A、N_B 为两组可编程分频器的分频比。环路 C 内含有取差频输出的混频器，称为混频环。输出信号频率 f_o 与 B 环输出信号频率 f_B 经混频器、带通滤波器得到差频 f_o-f_B 信号输出至环路 C 的鉴相器，由环路 A 输出的 f_A 加到鉴相器的另一输入端。当环路锁定时，$f_A=f_o-f_B$。

所以，环路 C 的输出信号频率等于

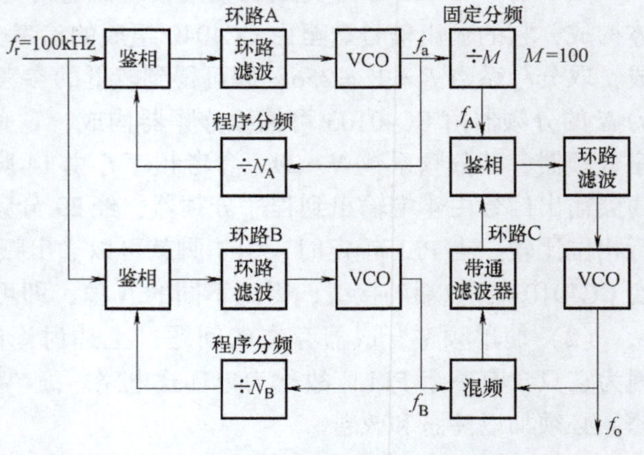

图 7-17　三环频率合成器的组成框图

$$f_o = f_A + f_B \tag{7-15}$$

由环路 A 和环路 B 可得

$$f_A = \frac{N_A}{100} f_r \qquad f_B = N_B f_r$$

因此，由式（7-15）可得三环频率合成器的输出频率 f_o 为

$$f_o = \left(\frac{N_A}{100} + N_B \right) f_r \tag{7-16}$$

所以，当 $300 \leqslant N_A \leqslant 399$、$351 \leqslant N_B \leqslant 397$ 时，输出频率 f_o 的覆盖范围为 35.400 ~ 40.099MHz，频率间隔为 1kHz。

由上述讨论可知，混频环 C 对 f_A 和 f_B 来说，就像混频器和滤波器。如果将 f_A 和 f_B 直接加到混频器，则和频与差频将非常接近。在本例中 $0.300\text{MHz} \leqslant f_A \leqslant 0.399\text{MHz}$，$(35.400-0.300)\text{MHz} \leqslant f_B \leqslant (40.099-0.399)\text{MHz}$，可见 $f_B + f_A$ 与 $f_B - f_A$ 相差很小，故无法用带通滤波器来充分地将它们分离，而采用了 PLL 后就能很好地加以分离。

环路 A 的输出接入固定分频器 M，可以使环路 A 在高参考频率下得到小的频率间隔。由图 7-17 可得 $f_A = N_A f_r / M$，可见，加了固定分频器后，输出频率间隔缩小了 M 倍，即环路 A 的输出频率 f_a 以 100kHz 增量变化，但 f_A 却只以 1kHz 增量变化，f_A 的增量比 f_a 的增量缩小了 M（$M=100$）倍。显然，这里环路 A 用于产生整个频率合成器输出频率 1kHz 和 10kHz 的增量，而环路 B 则用来产生 0.1MHz 和 1MHz 的增量。

3. 直接数字频率合成器

直接数字频率合成器（DDS）采用全数字技术，该技术是将先进的数字处理理论和方法引入信号合成的一项新技术。随着微电子集成技术的发展，DDS 集成电路器件的发展非常迅速，它与传统的频率合成器相比，具有极宽的工作频率范围、极高的频率分辨率、极快的频率切换速度且频率切换时相位连续、任意波形的输出能力和数字调制等优点，目前已广泛用于通信、雷达、导航及仪器仪表等领域。

直接数字频率合成技术是根据奈奎斯特取样定理，从连续信号的相位出发，对一个正弦信号取样、量化、编码，形成一个正弦函数表，储存在只读存储器中，合成时通过改变相位累加器的频率控制字来改变相位增量，相位增量的不同则导致一周期内的取样点不同，从而使得输出频率不同。正弦函数表中存储的数据具有相位—幅值的对应关系，所以在取样频率不变的情况下，通过改变相位累加器的频率控制字，将变化的相位—幅值量化的数字信号送到数模转换电路和低通滤波器，即可得到所需频率的模拟信号。改变只读存储器中的数据值，可以得到不同的波形，如正弦波、三角波、方波、锯齿波等。

DDS 的基本结构和各点信号波形如图 7-18 所示，它主要由参考时钟、相位累加器、只读存储器、数模转换器和低通滤波器组成。

参考时钟是一个高稳定度的晶体振荡器，用于同步 DDS 各部分的工作，因此 DDS 输出的合成信号频率的稳定度和晶体振荡器是一样的。相位累加器由一个 N 位数字全加器和一个 N 位相位寄存器组成，每来一个时钟 f_c，相位累加器就对频率控制字 K 进行线性累加，输出的相位序列 $\varphi(n)$ 对波形存储器（只读存储器）寻址。波形存储器主要完成信号的相位序列 $\varphi(n)$ 到幅度序列 $f(n)$ 之间的转换，它由只读存储器来完成。由只读存储器输出的幅度码经过数模转换器得到对应的阶梯波，再经低通滤波器，就可得到连续变化的所需频率

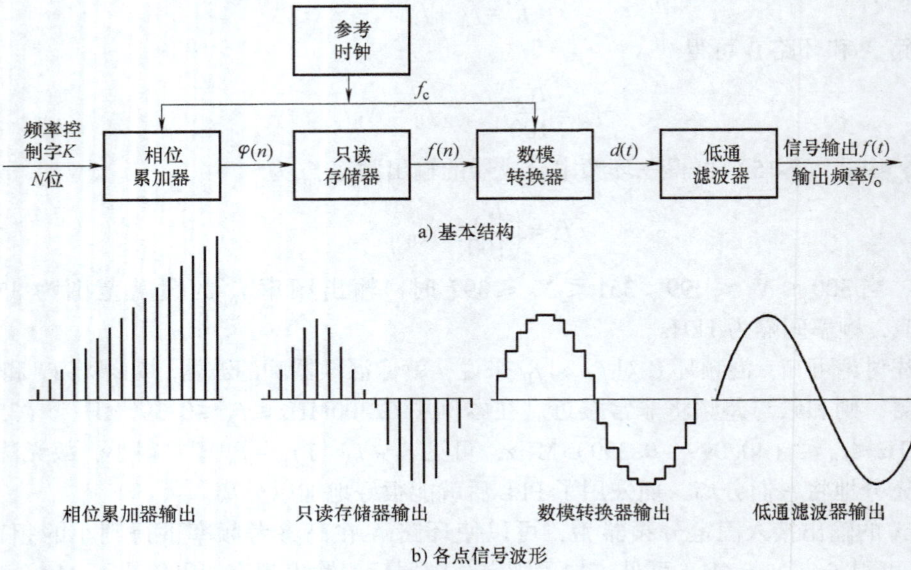

图 7-18 DDS 的基本结构及各点信号波形

的模拟信号。

当频率控制字为 K，相位累加器为 N 位时，DDS 的输出频率为

$$f_o = \frac{K}{2^N} f_c \tag{7-17}$$

当 $K=1$ 时，输出频率为最低，即

$$f_{omin} = \frac{f_c}{2^N} \tag{7-18}$$

式（7-18）也是 DDS 的频率分辨率。

DDS 的另一特点是它的输出信号上没有叠加任何电流脉冲，输出变化是一个平稳的过渡过程，而且能够保持相位连续变化，这是其他频率合成技术所不具备的。

DDS 和 PLL 是两种频率合成技术，其频率合成的方式是不同的。DDS 是一种全数字开环系统，而 PLL 是一种模拟闭环系统，由于合成方式不同，各有其独有的特点。DDS 并不能取代传统的频率合成技术，它的出现只是为现代频率合成技术提供了又一种新的手段。若将 DDS 和 PLL 两种技术相结合，可达到单一技术难以达到的结果。

7.3.3 锁相环路的应用举例

PLL 有许多独特的优点，所以应用十分广泛。下面先说明 PLL 的基本特征，然后通过几个具体的例子说明如何利用 PLL 的基本特性实现某种特定的功能。

1. PLL 的基本特征

PLL 具有以下基本特征：

1）锁定后没有频率误差：当 PLL 锁定时，压控振荡器的输出频率严格等于输入信号频率，而只有不大的剩余相位误差。

2）频率跟踪特性：PLL 锁定时，压控振荡器的输出频率能在一定范围内跟踪输入信号的频率变化。

3）窄带滤波特性：PLL 通过环路滤波器的作用后具有窄带滤波特性。当压控振荡器输出信号的频率锁定在输入信号频率上时，位于信号频率附近的频率分量，通过鉴相器变成低频信号而平移到零频率附近，这样，环路滤波器的低通作用对输入信号而言，就相当于一个高频带通滤波器。只要把环路滤波器的通带做的比较窄，整个环路就具有很窄的通带特性，如可以在十几兆赫的频率上，做到几赫的宽带，甚至更小。

2. 锁相解调电路

调频信号锁相解调电路的组成如图 7-19 所示。

当输入为调频信号时，环路锁定后，压控振荡器的振荡频率就能精确地跟踪输入调频信号的瞬时频率而变化，产生具有相同调制规律的调频信号。显然，只要压控振荡器的频率控制特性是线性的，压控振荡器的控制电压 $u_C(t)$ 就是输入调频信号的原调制信号，取出 $u_C(t)$ 输出，即实现了调频信号的解调。解调信号一般不从鉴相器取出端取出，因为这时解调电压信号中伴有较大的干扰和噪声。为了实现不失真的解调，要求 PLL 的捕捉带必须大于输入调频信号中调制信号的频谱宽度。

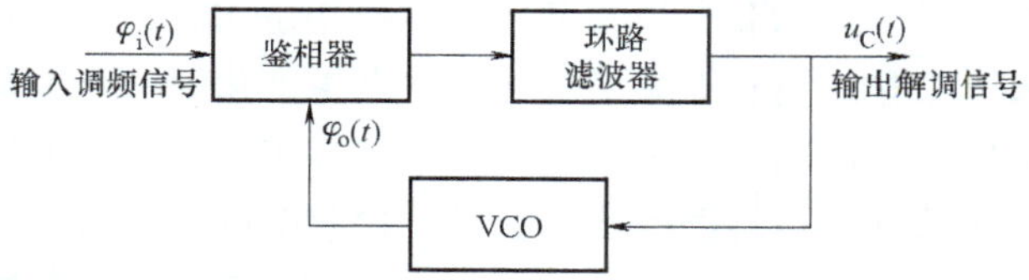

图 7-19 调频信号锁相解调电路的组成

分析证明，锁相鉴频可降低输入信噪比的门限值，有利于对弱信号的接收。

3. 调幅信号的同步检波

采用 PLL 从所接收的信号中提取载波信号，可实现调幅信号的同步检波，电路组成如图 7-20 所示。

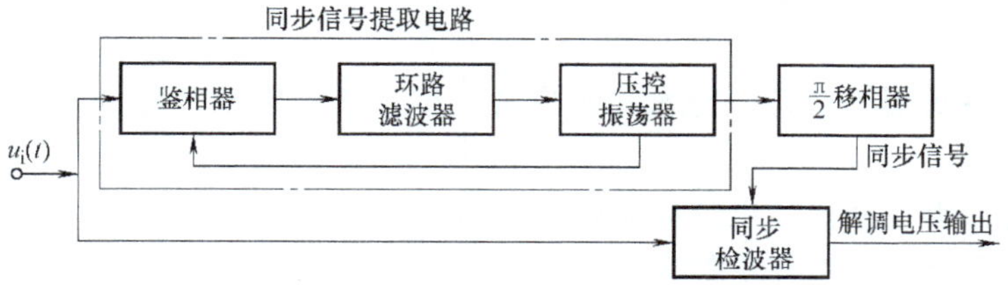

图 7-20 采用 PLL 的同步检波电路的组成

图 7-20 中，输入电压 $u_i(t)$ 为调幅信号或带有导频的 SSB 信号，环路滤波器的通频带很窄，使 PLL 锁定在调幅信号的载频上，这样压控振荡器就可以提供能跟踪调幅信号载波频率变化的同步信号。不过采用模拟鉴相器时，由于压控振荡器的输出电压与输入已调信号的载波电压之间有 $\pi/2$ 的固定相移，为了使压控振荡器的输出电压与输入已调信号的载波电压同相，压控振荡器的输出电压必须经 $\pi/2$ 的移相器后再加到同步检波器上。

4. 锁相接收器

卫星或其他宇宙飞行器由于离地面距离很远，同时受体积限制，发射功率又比较小，致使它们向地面发射的信号很微弱，又由于多普勒效应，频率漂移严重。在这种情况下，若采用普通接收机，势必要求它有足够的带宽，但是这样接收机的输出信噪比将严重下降而无法有效地检出有用信号。采用图 7-21 所示的锁相接收器，利用环路的窄带跟踪特性，就可十分有效地提高输出信噪比，获得满意的接收效果。

锁相接收器实际上是一个窄带跟踪环路，它比一般的PLL多了一个混频器和中频放大器，由压控振荡器输出电压作为本振电压（频率为ω_o），本振与外加接收信号（频率为ω_i）混合后，输出中频电压，经中频放大后加到鉴相器，与本地标准中频参考信号进行相位比较。在环路锁定时，加到鉴相器上的两个中频信号频率相等；当外界输出信号频率发生变化时，压控振荡器的频率也跟着变化，使中频信号频率自动维持在标准中频上不变。这样中频放大器的通频带就可以做得很窄，从而保证鉴相器输入端有足够的信噪比，提高了接收机的灵敏度。

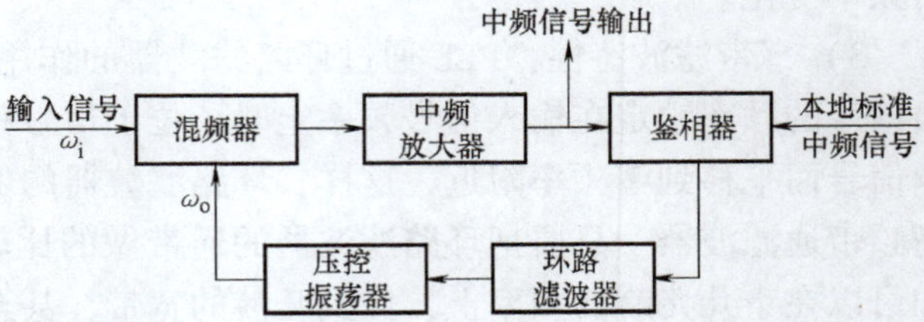

图7-21 锁相接收器的组成

重要知识点

- 反馈控制：运用反馈的原理控制电路，来改善其性能指标。
- AGC：自动增益控制，主要用于接收机中以维持输出信号幅度恒定，几乎不随外来信号的强弱而变化。
- AFC：自动频率控制，用于维持电子设备的工作频率稳定。
- PLL：锁相环路，用于锁定相位，利用这一环路能实现许多功能。
- PD：鉴相器，它是一个相位比较器，它的两个输入信号电压分别为环路的输入信号电压和压控振荡器（VCO）的输出电压。
- VCO：压控振荡器，它是瞬时振荡角频率$\omega_V(t)$受控制电压$u_C(t)$控制的一种振荡器。
- LF：环路滤波器，它是一个低通滤波器，用于滤除鉴相器输出电压中的高频分量及其干扰分量。
- 全数字化频率合成器：通过微型计算机或其他数字存储单元进行选择和预置，可以迅速、精确地改变输出信号的频率。

本章小结

1. 通信与电子设备中广泛采用的反馈控制电路有自动增益控制（AGC）电路、自动频率控制（AFC）电路和锁相环路（PLL），它们用来改善和提高整机的性能。

AGC电路用于稳定通信及电子设备输出电压（或电流）的幅度。AFC电路用于维持工作频率的稳定。锁相环路（PLL）是用于实现两个电信号相位同步的自动控制系统。

反馈控制系统实质上是一个负反馈系统，系统的环路增益越高，控制效果就越好，即被控参数的值越接近基准量。

2. PLL是利用相位的调节以消除频率误差的自动控制系统，它由鉴相器、环路滤波器、压控振荡器等组成。当PLL锁定时，环路输出信号频率与输入信号（参考信号）频率相等，但两信号之间保持一恒定的剩余相位误差。PLL广泛应用于滤波、频率合成、调制与解调等方面。

3. 在 PLL 中应搞清楚两种自动调节过程，若环路初始状态是失锁的，通过自身的调节，由失锁进入锁定的过程称为捕捉过程；若环路初始状态是锁定的，因某种原因使频率发生变化，环路通过自身的调节来维持锁定的过程，称为跟踪过程。捕捉特性可用捕捉带来表示，跟踪特性可用同步带来表示。

4. 锁相频率合成器由基准频率产生器和 PLL 两部分构成。基准频率产生器为合成器提供高稳定的参考频率，PLL 则利用其良好的窄带跟踪特性，使输出频率保持在参考频率的稳定度上。

采用多环式锁相频率合成器，可使锁相频率合成器的工作频率提高，又可获得所需的频率间隔。

直接数字频率合成器（DDS）采用全数字技术，是近年来发展迅速的一种集成器件，它具有极宽的工作频率范围、极高的频率分辨率、极快的频率切换速度且频率切换时相位连续、任意波形的输出能力和数字调制等优点，目前广泛用于通信、仪器仪表等领域。

思考题与习题

7-1　填空题

1）自动__________控制电路可以用于稳定整机输出电平，自动__________控制电路用于维持工作频率的稳定，锁相环路（PLL）可以实现__________跟踪。

2）PLL 是一个相位误差控制系统，是利用__________的调节以消除误差的自动控制系统。

3）PLL 由__________、__________和__________组成，PLL 锁定时，输出信号频率等于__________，故可以实现__________跟踪。

4）PLL 的输出信号频率与输入信号频率__________，称为锁定；若 PLL 的初始状态是失锁的，通过自身调节而进入锁定的过程，称为__________；若 PLL 的初始状态是锁定的，因某种原因使频率发生变化，PLL 的通过自身的调节维持锁定，称为__________。

7-2　锁相直接调频电路组成如图 7-22 所示。由于 PLL 为无频差的自动控制，具有精确的频率跟踪特性，故它有很高的中心频率稳定度。试分析该电路的工作原理。

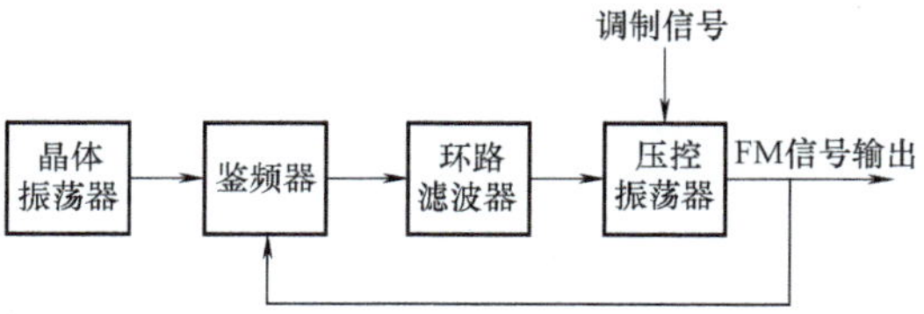

图 7-22　题 7-2 图

7-3　频率合成器框图如图 7-23 所示，$N=760\sim960$，试求输出频率范围和频率间隔。

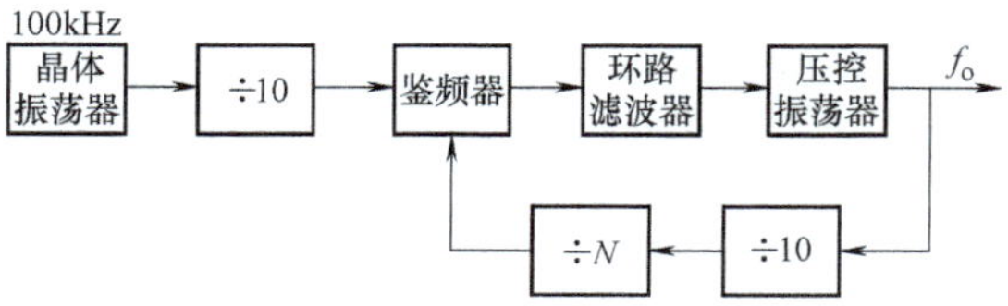

图 7-23　题 7-3 图

7-4　频率合成器框图如图 7-24 所示，$N=200\sim300$，试求输出频率范围和频率间隔。

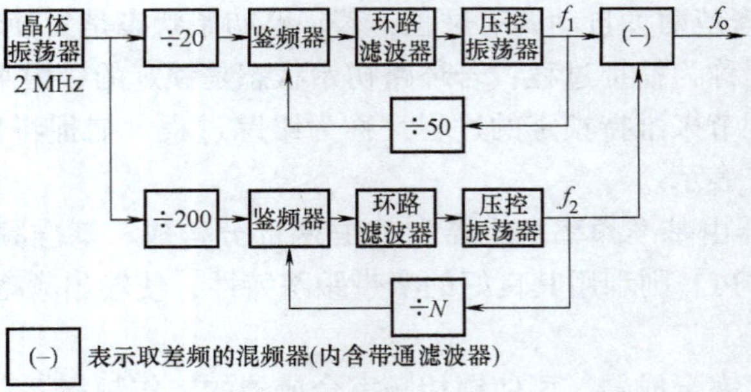

图 7-24　题 7-4 图

7-5　PLL 由哪几部分组成？有何工作特点？

7-6　什么是 PLL 的“失锁”和“锁定”？PLL 锁定有何特点？

7-7　说明 PLL 的捕捉和跟踪过程，以及捕捉带与同步带的区别。

7-8　频率合成器有哪些主要技术指标？

附　录

文字符号及说明

1. 几点原则

（1）以基极电流为例

I_B　　大写字母、大写下标，表示直流（或静态电流）

I_b　　大写字母、小写下标，表示交流有效值

$\dot{I}_b$　　大写字母上面有点“.”、小写下标，表示交流复数值（相量）

i_b　　小写字母、小写下标，表示交流瞬时值

i_B　　小写字母、大写下标，表示包含直流量的瞬时总量

（2）下角标符号

B　　基极的

C　　集电极的、共模的

E　　发射极的

G　　栅极的

D　　漏极的、差模的

S　　源极的、信号的

i　　输入的

o　　输出的

f　　反馈的

m　　振幅的

max　　最大的

min　　最小的

（3）电阻

R　　电路中的电阻（用途：分配电压、减压、分配电流、限流）

r　　器件内部的交流等效电阻、电感损耗电阻

2. 电压

V_{CC}　　电源（一般用于双极型半导体器件的集电极回路、集成电路）

V_{DD}　　电源（一般用于单极型 MOS 器件的漏极回路、集成电路）

V_{BB}　　基极回路直流电源

V_{EE}　　发射极回路直流电源

V_{SS}　　源极回路直流电源

U　　电压的通用符号（直流量）

U_C	集电极静态工作点电压（直流量）
U_B	基极静态工作点电压（直流量）
U_E	发射极静态工作点电压（直流量）
U_{REF}	参考电压
$\dot{U}_S$	交流信号源电压（相量）
$\dot{U}_i$	交流输入电压（相量）
$\dot{U}_o$	交流输出电压（相量）
$\dot{U}_f$	交流反馈电压（相量）
u_c	集电极交流瞬时值电压
u_b	基极交流瞬时值电压
u_e	发射极交流瞬时值电压
u_C	集电极交流瞬时值总量（直流量+交流量）电压（$u_C = U_C + u_c$）
u_B	基极交流瞬时值总量（直流量+交流量）电压（$u_B = U_B + u_b$）
u_E	发射极交流瞬时值总量（直流量+交流量）电压（$u_E = U_E + u_e$）
u_{BE}	晶体管 B、E 间的电压
u_{CE}	晶体管 C、E 间的电压
$u_\Omega(t)$	低频调制信号电压
$u_C(t)$	高频载波信号电压
$u_{AM}(t)$	调幅信号电压
$u_{FM}(t)$	调频信号电压
$u_{PM}(t)$	调相信号电压
U_{TH}	阈值电压
$U_{op\text{-}p}$	输出峰-峰值电压

3. 电流

I_{CC}	电源（V_{CC}）平均电流
I_{DD}	电源（V_{DD}）平均电流
I_i	输入电流
I_o	输出电流

4. 功率、效率

P	功率
P_o	输出功率
P_C	晶体管集电极耗散功率（调幅波的载波功率）
P_{DC}	直流电源供给功率
P_{AV}	调幅波的平均功率
P_{SB}	调幅波的单边带功率
η	效率
η_C	集电极效率

η_d　检波效率

5. 增益（放大倍数）、反馈系数

$\dot{A}$　增益（或放大倍数）的通用符号，增益的单位是分贝（dB）

$\dot{A}_u$　电压增益

$\dot{A}_{u0}$　谐振时的电压增益

$\dot{F}$　反馈系数

6. 频率

f　频率

F　调制信号频率

$BW_{0.7}$　通频带（或有效频谱带宽）

f_C　载波频率

f_L　本机振荡器频率，简称本振频率

f_I　中频频率

f_n　噪声干扰频率

f_o　振荡频率

Δf_m　最大频偏

f_p　并联谐振频率

f_S　串联谐振频率

ω　角频率

$\omega(t)$　瞬时角频率

$\Delta\omega_m$　最大角频偏

ω_C　载波角频率

Ω　调制信号角频率

$\frac{\Delta f}{f_0}$　频率稳定度

7. 电阻、电导、电容、电感、阻抗、滤波器

R_L　负载电阻

RP、R_P　电位器（可变电阻器）、并联回路谐振电阻

R_S　信号源内阻

G　电导

G_P　空载电导

G_e　有载电导

C　电容

L　电感

M　互感

Z　阻抗、滤波器

Z_L　负载阻抗

8. 器件文字符号及参数

（1）二极管

VD	二极管
U_D	二极管的导通电压
I_D	二极管的电流
r_D	二极管动态电阻
I_S	二极管的反向饱和电流
C_j	变容二极管结电容
VS	稳压二极管
U_Z	稳压二极管稳定电压

（2）晶体管

VT	晶体管
B	基极
C	集电极
E	发射极
I_{CM}	集电极最大允许电流
P_{CM}	集电极最大允许耗散功率
i_{CM}	集电极余弦脉冲电流的最大值
C_{ie}	晶体管共发射极输入电容
C_{oe}	晶体管共发射极输出电容
g_{ie}	晶体管共发射极输入电导
g_{oe}	晶体管共发射极输出电导
g_m	晶体管的跨导
β	晶体管共发射极交流电流放大系数

（3）场效应晶体管

VF	场效应晶体管
MOS	金属-氧化物-半导体
D	漏极
G	栅极
S	源极

9. 其他符号

W	天线
H	扬声器
A_M	乘法器的增益系数
τ	时间常数
λ	波长
S	开关
$S(t)$	开关函数
$\varphi(t)$	瞬时相位
θ	导通角

$\alpha(\theta)$	余弦脉冲电流分解系数
$g_1(\theta)$	波形系数
ξ	集电极电压利用系数
B	石英晶体
m_a	调幅指数（或调幅度）
m_f	调频指数（或最大相位偏移）
m_p	调相指数（或最大相位偏移）
$K_{0.1}$	矩形系数
Q	品质因数
Q_0	空载品质因数
Q_e	有载品质因数
T	变压器
N	变压器绕组匝数
p	接入系数
S_D	鉴频灵敏度

10. 英文缩写

VCO	(Voltage-Controlled Oscillator) 压控振荡器
SAWF	(Surface Acoustic Wave Filter) 声表面波滤波器
CF	(Ceramic Filter) 陶瓷滤波器
HFC	(High Frequency Choke Coil) 高频扼流圈
AGC	(Automatic Gain Control) 自动增益控制
AFC	(Automatic Frequency Control) 自动频率控制
APC	(Automatic Phase Control) 自动相位控制
PLL	(Phase-Locked Loop) 锁相环
PD	(Phase Detector) 鉴相器
LF	(Low-pass Filter) 低通滤波器
AM	(Amplitude Modulation) 振幅调制
FM	(Frequency Modulation) 频率调制
PM	(Phase Modulation) 相位调制
SSB	(Single Side Band) 单边带
SC-DSB	(Suppressed-Carrier Double Side Band) 抑制载波双边带
LSB	(Low Side Band) 下边带
USB	(Upper Side Band) 上边带
DDS	(Direct Digital Synthesizer) 直接数字式频率合成器
CMOS	(Complementary Metal Oxide Semiconductor) 互补金属氧化物半导体
IC	(Integrated Circuit) 集成电路
EPJ	(Earphones Jack) 耳机插孔
MIC	(microphone) 传声器、送话器
IN	(input) 输入
OUT	(output) 输出

参考文献

[1] 胡宴如．高频电子线路［M］．3 版．北京：高等教育出版社，2004.

[2] 周绍平．高频电子技术［M］．大连：大连理工大学出版社，2008.

[3] 张肃文．高频电子线路［M］．4 版．北京：高等教育出版社，2004.

[4] 张肃文．高频电子线路学习指导［M］．4 版．北京：高等教育出版社，2005.

[5] 谢嘉奎．电子线路（非线性部分）［M］．北京：高等教育出版社，2000.

[6] 王忠诚．零起点彩色电视机维修技术［M］．北京：电子工业出版社，2009.

[7] 王港元．电工电子实践指导［M］．3 版．南昌：江西科学技术出版社，2007.

[8] 石武信．实用电视机维修技巧与方法［M］．西安：西安电子科技大学出版社，1998.

[9] 王大能，毛秋曲．组合音响修理大全［M］．杭州：浙江科学技术出版社，1997.

“十二五”职业教育国家规划教材
经全国职业教育教材审定委员会审定

修订版

高频电子线路

第3版

实验与实训工作手册

主　编　郭根芳
参　编　许万里　范莉花　金巧芳

机械工业出版社

目　录

实验与实训1

高频小信号选频（谐振）放大器

1. 实验目的

1）熟悉高频电路实验装置的使用。

2）熟悉高频小信号选频放大器的工作原理及调整方法。

3）掌握高频小信号选频放大器静态工作点的测量方法。

4）掌握高频小信号选频放大器电压增益、通频带、选择性及动态范围的测量方法。

5）学会扫频仪的正确使用方法。

2. 预习要求

1）预习高频小信号选频放大器的工作原理，熟悉实验电路中各元器件的作用。

2）复习 LC 并联谐振回路的特性。图 1-1 所示电路中，若电感量 $L=1\mu H$，回路总电容 $C_1+C_T=220pF$（分布电容包括在内），计算回路的中心频率 f_0。

3）了解电压增益 A_{u0}、静态工作点、动态范围与发射极电阻 R_E 之间的关系。

4）了解高频小信号选频放大器的电压增益、通频带及选择性相互之间的关系。

5）写出预习实验报告。

3. 实验仪器及设备

高频信号发生器、双踪示波器、交流高频毫伏表、扫频仪、数字万用表、高频电路实验箱、实验板、连接导线（或跳线）若干。

4. 实验电路说明

实验电路如图 1-1a 所示，该电路属于晶体管小信号谐振放大器，集电极负载是 LC 并联谐振回路，R_{B1}、R_{B2}、R_E 组成分压式电流负反馈直流偏置电路，以保证晶体管工作在甲类状态。高频扼流圈 HFC、C_4 和 C_5 组成电源去耦电路。

当 LC 并联谐振回路调谐在输入信号频率上，回路产生谐振时，放大器输出电压最大，故电压增益也为最大，称为谐振电压增益（A_{u0}）。高频小信号选频放大器的直流通路、交流通路如图 1-1b、c 所示。

5. 实验内容与步骤

（1）静态工作点的测量　按图 1-1a 连接电路，$R=10k\Omega$，$R_E=1k\Omega$，检查确认接线无误后，接通 12V 电源，用万用表直流电压档测量 U_C、U_B、U_E，并计算出 I_C、U_{CE}值，将数据填入表 1-1 中。

表 1-1　静态工作点参数

实测			实测计算		VT 是否工作在放大区		
U_C/V	U_B/V	U_E/V	I_C/mA	U_{CE}/V	是	否	原 因

注：1. U_C、U_B、U_E 是晶体管的集电极、基极和发射极对地直流电压。
2. 电路不接高频信号发生器和示波器。

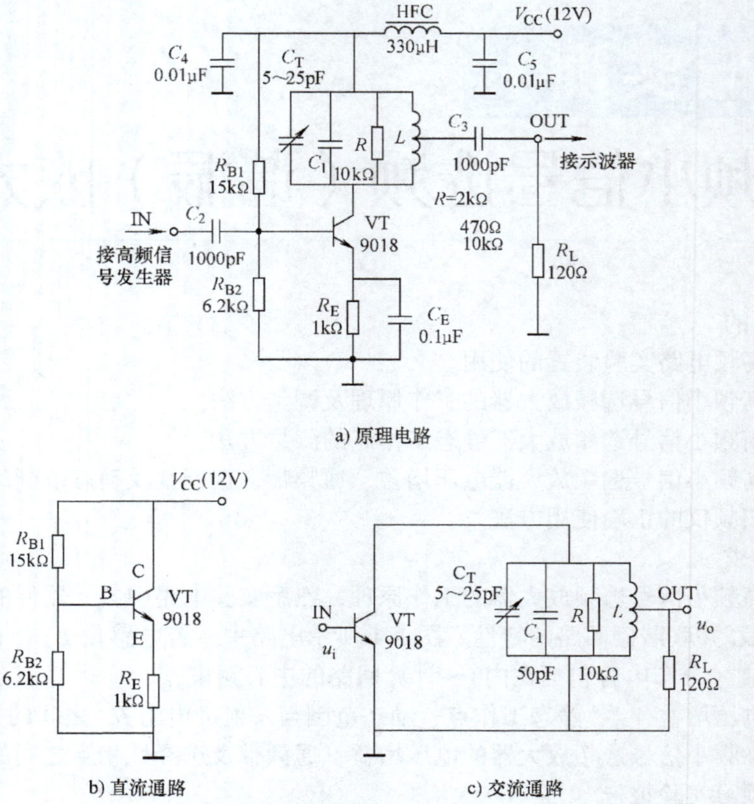

图 1-1 高频小信号选频（谐振）放大器

（2）动态研究

1）测量放大器的动态范围（在谐振时 U_i 与 U_o 之间的关系）。

① 选 $R=10k\Omega$，$R_E=1k\Omega$，$R_L=120\Omega$。将高频信号发生器输出信号的频率调至 10.7MHz，电压调到 30mV（$U_{ip-p}=85mV$）左右，输出电缆线的红色鳄鱼夹接到放大器的输入端（IN），黑色鳄鱼夹接地。将双踪示波器输出端探头接到放大器的输出端（OUT），黑色鳄鱼夹接地。

用绝缘螺钉旋具慢慢旋动 C_T（反复细调几次），使谐振回路发生谐振，即输出电压 U_o 幅度最大，这时 LC 谐振放大器调谐于 10.7MHz 工作频率上。

此后，调节信号发生器的幅度旋钮使放大器的输入电压 U_i 由 10mV 增加到 500mV，依次记录放大器的输出电压 U_o，将测量结果记录在表 1-2 中。

表 1-2 放大器的动态范围

U_i/mV		10	20	30	60	100	160	200	300	400	500
U_o/V	$R_E=1k\Omega$										
	$R_E=2k\Omega$										
	$R_E=500\Omega$										

注：U_i 的各点测量值可根据（各自）的实测情况来自己确定。输入电压、输出电压也可都用峰-峰值表示，即 U_{ip-p}、U_{op-p}。峰-峰值与有效值的关系为 $U_{ip-p}=2\sqrt{2}U_i$。

② 当 R_E 分别为 2kΩ、500Ω 时，重复上述过程，将结果记录在表 1-2 中。

2）用扫频仪观察回路谐振曲线。

① 放大电路选 $R=10\text{k}\Omega$，$R_E=1\text{k}\Omega$，将扫频仪的射频输出端接到放大电路输入端（IN），放大电路输出端（OUT）接到扫频仪检波器的输入端，微调回路电容 C_T，使谐振频率 $f_0=10.7\text{MHz}$，观察回路谐振曲线（扫频仪输出衰减档位应根据实验情况来选择适当位置，一般约为 30dB），并记录下回路谐振曲线。

② 改变谐振回路电阻 R 为 2kΩ、470Ω 时，观察回路谐振曲线有何变化？并记录下回路谐振曲线。回路谐振曲线如图 1-2 所示。

注意：放大器输入端（IN）不要连接高频信号发生器。

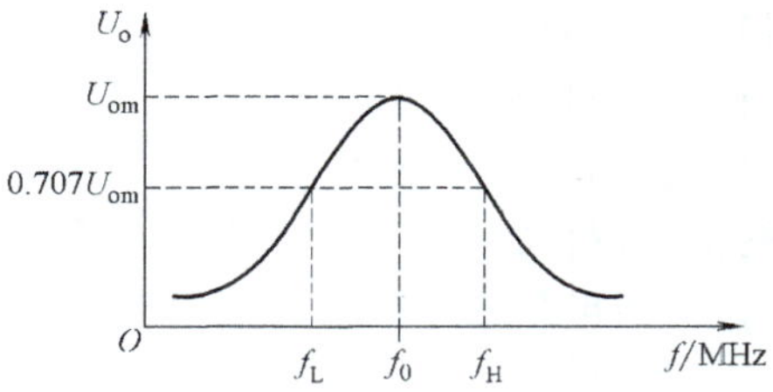

图 1-2　回路谐振曲线

3）测量放大器的频率特性及通频带。

① 选谐振回路电阻 $R=10\text{k}\Omega$，将高频信号发生器输出端接至放大电路输入端（IN），选择输入电压 $U_i=30\text{mV}$，调节信号发生器的频率 f 使其为 10.7MHz，再调节电容 C_T 使回路谐振，用示波器观察放大电路输出端（OUT）波形。此时输出电压 U_o 应为最大值 $U_{op-pmax}$，回路谐振频率 $f_0=10.7\text{MHz}$，以 10.7MHz 为中心，然后保证放大电路输入电压 30mV 不变，改变信号发生器的频率，由中心频率向两边逐点偏离，分别测出不同频率对应的输出电压 U_{op-p} 的值（峰-峰值），将测得的数据填入表 1-3 中。

表 1-3　测量放大器的频率特性及通频带（$U_i=30\text{mV}$、$R=10\text{k}\Omega$）

f/MHz		f_L			f_0			f_H	
					10.7				
U_{op-p}/mV									

注意：频率偏离范围可根据（各自）实测情况来自己确定，最主要测试的两个频率点是 f_L、f_H。f_L 为 $U_{op-p}=0.707U_{op-pmax}$ 所对应的下限截止频率，f_H 为 $U_{op-p}=0.707U_{op-pmax}$ 所对应的上限截止频率。通频带宽度 $BW_{0.7}=f_H-f_L$。

② 改变谐振回路电阻，即 R 分别为 2kΩ、470Ω 时，重复上述测试，并将测试结果数据填入表 1-4、表 1-5 中，并比较通频带宽度情况。

表 1-4　测量放大器的频率特性及通频带（$U_i=30\text{mV}$、$R=2\text{k}\Omega$）

f/MHz		f_L			f_0			f_H	
					10.7				
U_{op-p}/mV									

表 1-5　测量放大器的频率特性及通频带（$U_i=30\text{mV}$、$R=470\Omega$）

f/MHz		f_L			f_0			f_H	
						10.7			
U_{op-p}/mV									

6. 实验报告要求

1）画出实验电路的原理图、直流通路和交流通路，计算静态工作点，并与实验结果比较和分析。画出表 1-1 并填充数据。

2）画出表 1-2 并填充数据。根据表 1-2 内容，在同一坐标纸上画出不同 R_E 时的动态范围（U_i—U_o）曲线，并进行比较和分析。

3）讨论本放大器的电压增益 A_{u0} 与输入电压 U_i 的关系，R_E 对 A_{u0} 的影响。

4）利用扫频仪观察回路谐振曲线，画出谐振回路电阻 R 为 10kΩ、2kΩ、470Ω 时的谐振曲线，并进行比较和分析。

5）根据表 1-3、表 1-4、表 1-5 的内容，在同一坐标纸上画出不同谐振回路电阻 R 时放大器的幅频特性曲线，并进行比较和分析。

6）分析谐振回路电阻 R 对谐振电压增益 A_{u0}、通频带 $BW_{0.7}$ 和选择性的影响。

实验与实训2

高频丙类谐振功率放大器

1. 实验目的

1）熟悉高频丙类谐振功率放大器的电路组成与工作原理。

2）掌握高频谐振功率放大器测量的基本方法。

3）掌握集电极电源电压 V_{CC}、输入信号电压 U_i 及集电极负载电阻 R_L 对谐振功率放大器工作状态（欠电压、临界和过电压工作状态）的影响、对功率 P 和效率 η_C 的影响。

2. 预习要求

1）谐振功率放大器的电路组成及工作原理。

2）谐振功率放大器的特性分析，即工作状态与负载特性，V_{CC}、U_{im} 对工作状态的影响。

3）分析图 2-1 所示电路的组成及工作原理，了解各元器件的作用。

4）写出预习实验报告。

3. 实验仪器及设备

高频信号发生器、双踪示波器、扫频仪、数字万用表、高频交流毫伏表、高频电路实验箱、实验板、连接导线（或跳线）若干。

4. 实验电路说明

本实验电路如图 2-1 所示。它由三级放大电路构成，第一级 VT_1、第二级 VT_2 是小信号选频（谐振）电压放大电路，微调 C_{T1}、C_{T2} 使这两个谐振回路均调谐在 6.5MHz 频率上。第三级 VT_3 则是高频丙类谐振（6.5MHz）功率放大电路。

谐振功率放大电路中晶体管的基极采用自偏压串联直流馈电偏置电路，集电极采用并联直流馈电偏置电路。HFC_2 为高频扼流圈，对于直流电流相当于短路，对于高频信号则呈现

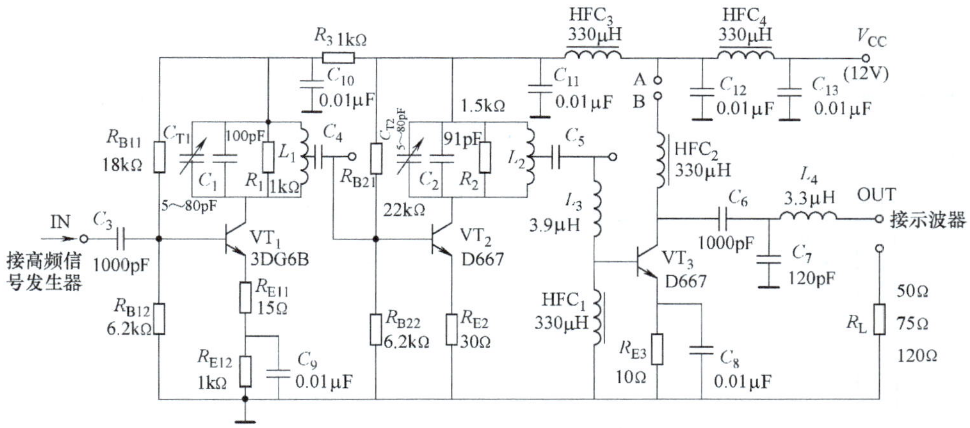

图 2-1　高频谐振功率放大器

很大的阻抗，可以认为开路，阻止高频信号能量损耗，避免通过电源内阻产生寄生耦合。C_6 为耦合电容，隔直流通交流。C_7 和 L_4 为中介回路（谐振回路），R_L 为负载。C_{11} 和 HFC_3 组成倒 L 形低通滤波器，C_{12}、C_{13} 和 HFC_4 组成 Π 形低通滤波器，起电源去耦作用。

5. 实验内容及步骤

（1）静态工作点的测量　实验电路如图 2-1 所示，接通 12V 电源电压，用万用表直流电压档测量第一级 VT_1、第二级 VT_2 的 U_C、U_B、U_E，并将测试数据填入表 2-1 中。试分析 VT_1、VT_2 是否工作在放大区（甲类状态）。

表 2-1　静态工作点的测量　（单位：V）

U_{C1}	U_{B1}	U_{E1}	U_{C2}	U_{B2}	U_{E2}

（2）动态研究

1）用扫频仪观察谐振回路的谐振曲线。实验电路如图 2-1 所示，按图连接电路并接通电源，$V_{CC}=12V$，将 A、B 两点短接，加负载 $R_L=50\Omega$。

将扫频仪的射频输出端接到放大电路的输入端（IN），放大电路的输出端（OUT）接到扫频仪检波探测器的输入端，反复调节 C_{T1}、C_{T2} 使两回路调谐在 6.5MHz，观察并记录下这时谐振回路的谐振曲线。

注意： 放大电路的输入端（IN）不要连接高频信号发生器。

2）测量电压、电流（断开扫频仪电缆与放大电路的连接线）。

① 加负载 $R_L=50\Omega$，在放大电路的输入端（IN）接入 $f=6.5MHz$、$U_{ip-p}=120mV$ 的信号，测量 VT_3 各极工作电压，同时用示波器测量输出端（OUT）的峰值电压 U_{om}（或峰-峰值电压 U_{op-p}），同时可用万用表电流档测 A、B 之间的电流 I_{C0}，将测量值填入表 2-2 内。

表 2-2　功率放大级（最后一级 VT_3）电压、电流值

V_{CC}/V	U_{ip-p}/mV	R_L/Ω	实测值					实测计算值			
			U_B/V	U_E/V	U_{CE}/V	I_{C0}/mA	U_{op-p}/V	P_o/W	P_{DC}/W	P_C/W	η_C
12	120	50									
		75									
		120									
	80	50									
		75									
		120									
5	120	50									
		75									
		120									
	80	50									
		75									
		120									

注意：表2-2中V_{CC}为电源电压，U_B、U_E是晶体管的基极、发射极对地的直流电压，U_{CE}是集电极-发射极直流电压降，I_{C0}是集电极电流直流分量；U_{ip-p}为输入电压峰-峰值；P_o为输出功率，P_{DC}为直流电源供给功率，P_C为集电极耗散功率，η_C为集电极效率。

② 加负载$R_L=75\Omega$，测试内容同①，将测量值填入表2-2内。

③ 加负载$R_L=120\Omega$，测试内容同①，将测量值填入表2-2内。

④ 改变输入端电压$U_{ip-p}=80\text{mV}$，测试内容同①、②、③，将测量值填入表2-2内。

⑤ 改变电源电压$V_{CC}=5\text{V}$，测试内容同①、②、③、④，将测量值填入表2-2内。

6. 实验报告要求

1）根据实验测量结果，计算出放大器的输出功率P_o、电源供给的功率P_D、集电极的耗散功率P_C及集电极的效率η_C，填入表2-2中。

2）分析说明集电极电源电压V_{CC}、输入信号电压U_{ip-p}及负载电阻R_L对放大器工作状态的影响，该功率放大器的晶体管VT_3是否工作在丙类状态。

3）试解释为什么丙类谐振功率放大器的集电极电流为尖脉冲，而输出电压波形却为正弦波。

4）分析实测计算数据值，画出负载特性（功率、效率变化）曲线$\left(R_e=\dfrac{L_4}{C_7R_L}\right)$。

实验与实训3

LC电容三点式振荡器

1. 实验目的

1）掌握 LC 电容三点式振荡器的电路组成与工作原理，掌握其振荡频率 f_0 的计算与测量方法。

2）了解负载电阻 R_L 的值对频率稳定度$\frac{\Delta f}{f_0}$的影响。

3）掌握反馈系数 $\dot{F}=\frac{\dot{U}_f}{\dot{U}_o}=-\frac{X_2}{X_1}=-\frac{C_1}{C_2}$不同时及静态工作电流 I_{EQ} 对振荡器起振及输出电压振幅 U_{om} 的影响。

2. 预习要求

1）复习 LC 振荡器的工作原理。

2）分析图 3-1a 所示电路的组成、工作原理及各元器件的作用，计算晶体管静态工作电流的最大值 I_{EQmax}（设 $\beta=50$）。

3）实验电路中 $L=12\mu H$，若 $C_1=120pF$，$C_2=680pF$，计算当 $C_T=50pF$ 时的振荡频率 f_0 是多少？

4）写出预习实验报告。

3. 实验仪器及设备

双踪示波器、频率计、数字万用表、高频电路实验箱、实验板、连接导线（或跳线）若干。

4. 实验电路说明

振荡器用于产生一定频率和幅度的信号，它不需要外加输入信号的控制，就能自动地将直流电能转换为所需要的交流能量输出。

对于振荡器的主要要求是应有较高的频率和幅度的准确性和稳定度，其中频率的准确性和稳定度最为重要。本实验电路如图 3-1a 所示，其直流通路及交流通路如图 3-1b、c 所示。

振荡器的起振条件为$\begin{cases}A_uF_u>1\\ \phi_{AF}=2n\pi\ (n=0,1,2,\cdots)\end{cases}$；振荡频率为 $f_0=\frac{1}{2\pi\sqrt{LC}}$。

5. 实验内容及步骤

实验前根据图 3-1a 所示 LC 电容三点式振荡电路原理图在高频电路实验板上找到对应的插孔（或跳线），并了解其作用。

（1）检查静态工作点

1）接好 12V 电源，注意电源极性不能接反。

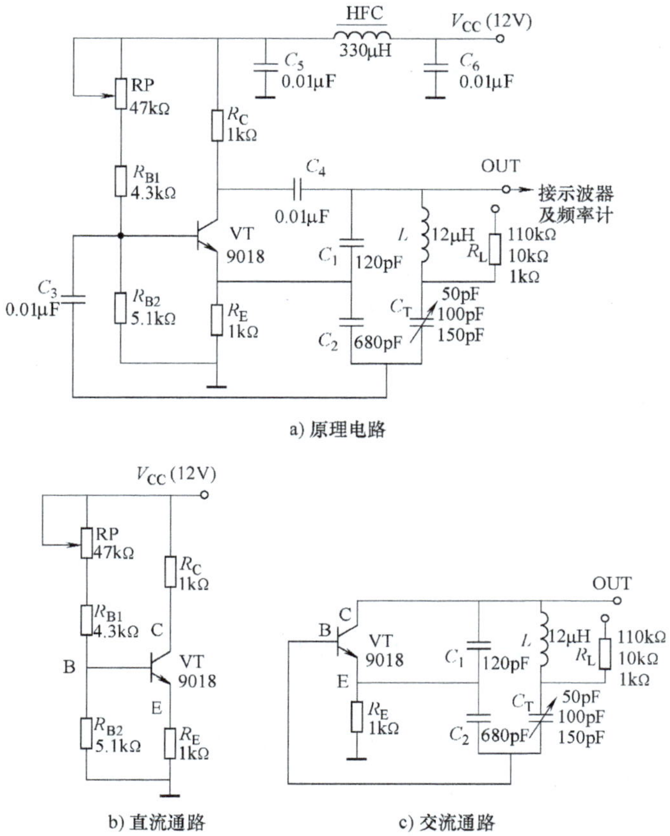

图 3-1　LC 电容三点式振荡器

2）反馈电容 C_2 不接。

3）设 $R_E=1\text{k}\Omega$，$I_E=\dfrac{U_E}{R_E}$。改变电位器 RP，测得晶体管 VT 的发射极电压 U_E，U_E 可连续变化，记下 U_E 的最小值、最大值，计算 I_E 值，同时测得 U_B、U_C 的值。将测得数据填入表 3-1 中。分析晶体管是否工作在放大区。

表 3-1　静态工作点电压、电流值

实测 U_E 为最小值时			实测 U_E 为最大值时			计算值	
U_E/V	U_B/V	U_C/V	U_E/V	U_B/V	U_C/V	I_{Emin}/mA	I_{Emax}/mA

(2) 振荡频率与振荡幅度的测试　实验条件：$I_{EQ}=2\text{mA}$（即 $U_E=2\text{V}$）、$C_1=120\text{pF}$、$C_2=680\text{pF}$、$R_L=110\text{k}\Omega$。

1）改变 C_T 电容，当它分别为 50pF、100pF、150pF 时，频率计接输出端（OUT），测量振荡器的振荡频率。记录相应的频率 f_o 值，填入表 3-2 中。

2）改变 C_T 电容，当它分别为 50pF、100pF、150pF 时，用示波器测量相应振荡器输出电压的峰-峰值 U_{op-p}，将测试的数据填入表 3-2 中。

表 3-2　振荡频率、振荡幅度（峰-峰值）与 C_T 的关系

C_T/pF	f_o/MHz	U_{op-p}/V
50		
100		
150		

（3）测试当 C_1、C_2 不同时，起振点、振幅与电流 I_{EQ} 的关系

1）取 $C_1=100\text{pF}$，$C_2=1200\text{pF}$，$C_T=100\text{pF}$，$R_L=110\text{k}\Omega$，调节电位器 RP 使 I_{EQ} 分别为表 3-3 所示各值，用示波器测量输出电压峰-峰值 U_{op-p}，并将其填入表 3-3 中。

表 3-3　振荡幅度（峰-峰值）与电流 I_{EQ} 的关系（$C_1=100\text{pF}$，$C_2=1200\text{pF}$）

I_{EQ}/mA	0.8	1.0	1.5	2.0	2.5	3.0	3.5	4.0	4.5	5.0
U_{op-p}/V										

注：I_{EQ} 是通过测量电压计算出的电流值，用万用表测量发射极对地直流电压值，即 U_E 值。然后根据 $I_{EQ}=\dfrac{U_E}{R_E}$ 求得。

2）取 $C_1=120\text{pF}$，$C_2=680\text{pF}$，$C_T=100\text{pF}$，$R_L=110\text{k}\Omega$，重复测量表 3-3 的内容。将测量的电压数据填入表 3-4 中。

表 3-4　振荡幅度（峰-峰值）与电流 I_{EQ} 的关系（$C_1=120\text{pF}$，$C_2=680\text{pF}$）

I_{EQ}/mA	0.8	1.0	1.5	2.0	2.5	3.0	3.5	4.0	4.5	5.0
U_{op-p}/V										

3）取 $C_1=680\text{pF}$，$C_2=120\text{pF}$，$C_T=100\text{pF}$，$R_L=110\text{k}\Omega$，重复测量表 3-3 的内容。将数据填入表 3-5 中。

表 3-5　振荡幅度（峰-峰值）与电流 I_{EQ} 的关系（$C_1=680\text{pF}$，$C_2=120\text{pF}$）

I_{EQ}/mA	0.8	1.0	1.5	2.0	2.5	3.0	3.5	4.0	4.5	5.0
U_{op-p}/V										

（4）R_L、I_{EQ} 对频率稳定度 $\dfrac{\Delta f}{f_0}$ 的影响

1）改变电阻 R_L 对振荡频率 f_o 的影响（回路参数 LC 固定）。

实验条件：取 $I_{EQ}=3\text{mA}$，$C_T=100\text{pF}$，$C_1=100\text{pF}$，$C_2=1200\text{pF}$。

改变 L 的并联电阻，即负载电阻 R_L，使其分别为 110kΩ、10kΩ、1kΩ，分别记录电路的振荡频率，并将其数据填入表 3-6 中。

表 3-6 R_L 对振荡频率的影响

R_L/kΩ	110	10	1
f_o/MHz			

注：1. 观察频率计后几位跳动变化的情况，应至少保留小数点后 2～3 位。

2. 用示波器观察输出端（OUT）波形的变化情况。

2）改变 I_{EQ} 对频率的影响（回路参数 LC 固定）。

实验条件：取 $R_L=110\text{k}\Omega$，$C_T=100\text{pF}$，$C_1=100\text{pF}$，$C_2=1200\text{pF}$。

改变晶体管的电流 I_{EQ}（即 U_E 值），使其分别为表 3-7 所示各值，分别记录电路的振荡频率，并将其数据填入表 3-7 中。

表 3-7 I_{EQ} 对振荡频率的影响

I_{EQ}/mA	1	2	3	4
f_o/MHz				

注：观察频率计后几位跳动变化的情况，至少保留小数点后 2～3 位。

6. 实验报告要求

1）画出实验电路的直流通路、交流通路。

2）以 I_{EQ} 为横轴，以输出电压 U_{op-p} 为纵轴，将不同 $\frac{C_1}{C_2}$ 值下测得的 3 组数据，在同一坐标纸中绘制成曲线。

3）整理实验数据填入表格中，分析实验结果，说明电容 C_T 与振荡频率 f_o 的关系。

4）说明本振荡电路有什么特点。

实验与实训4

石英晶体振荡器

1. 实验目的

1）掌握石英晶体振荡器的电路组成、工作原理及主要特点。

2）掌握石英晶体振荡器主要参数的计算与测量方法。

2. 预习要求

1）查阅晶体振荡器的有关资料，了解为什么用石英晶体作为振荡回路元件能使振荡器的频率稳定度$\frac{\Delta f}{f_0}$大大提高。

2）石英晶体振荡器有几种基本类型？石英晶体在不同类型的电路中各起什么作用？

3）了解实验电路中各元器件的作用。

4）写出预习实验报告。

3. 实验仪器及设备

双踪示波器、频率计、数字万用表、高频电路实验箱、实验板、连接（或跳线）导线若干。

4. 实验电路说明

本实验采用串联型晶体振荡器电路，如图 4-1a 所示，其直流通路和交流通路分别如图 4-1b、c 所示。

偏置电路由 R_{B1}、R_{B2}、RP、R_C 和 R_E 构成，改变 RP 可改变晶体管的静态工作点。晶体管的集电极直流负载为 R_C，振荡器的交流负载电阻为 R_L。C_1、C_2、C_T 和电感 L 组成振荡回路。石英晶体（B）工作在串联谐振状态，作为高选择性短路元件，将石英晶体短接，就构成了电容三点式振荡电路。C_3、C_5 对于振荡频率相当短路。电容 C_6、C_7 与高频扼流圈 HFC 组成 Π 形滤波器，起电源去耦作用。

这种振荡器的振荡频率受石英晶体串联谐振频率 f_S 的控制，具有很高的频率稳定度。为了减小 C_1、C_2、C_T 和 L 回路对频率稳定度的影响，要求将该回路调谐在 f_S 上。

5. 实验内容及步骤

实验电路如图 4-1 所示，熟悉电路组成、工作原理及各元器件的作用。

（1）测量静态工作点　设 $R_E = 1\text{k}\Omega$，$I_E = \frac{U_E}{R_E}$。接好 12V 电源，注意电源极性不能接反。改变电位器 RP 测量晶体管 VT 的发射极电压 U_E，U_E 可连续变化，记下 U_E 的最小值、最大值，计算 I_E 值，同时测得 U_B、U_C 的值，将测得数据填入表 4-1 中。分析晶体管是否工作在放大区。

（2）静态工作点 I_{EQ} 对振荡频率、幅度的影响　测量当 I_{EQ} 在表 4-1 中所示范围变化时的频率及输出电压，将测得数据填入表 4-2 中。

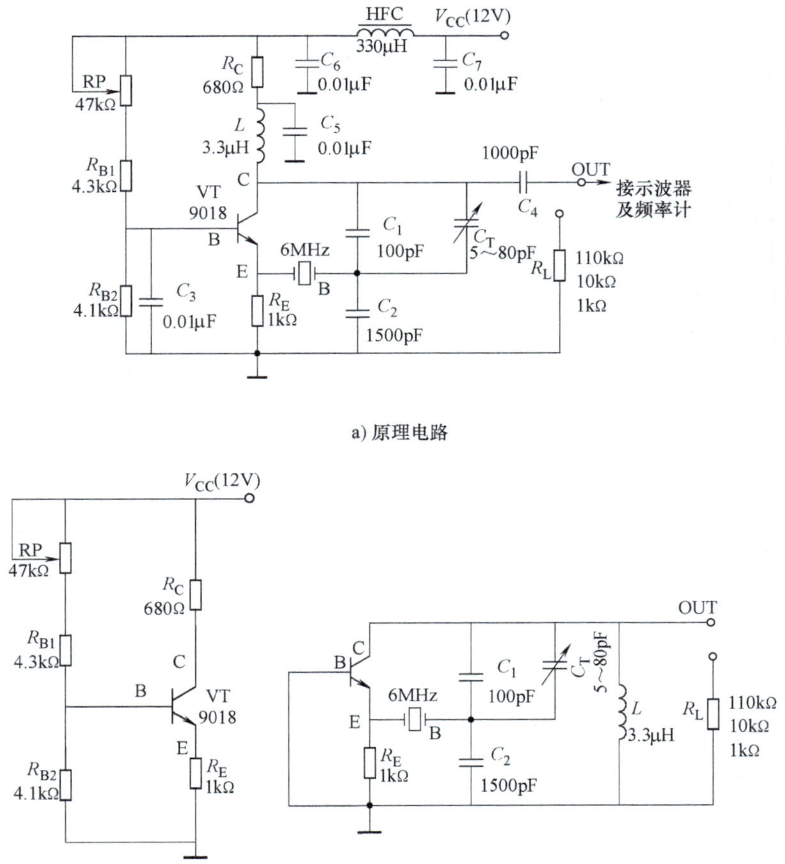

a) 原理电路

b) 直流通路

c) 交流通路

图 4-1　石英晶体振荡器

表 4-1　静态工作点电压、电流值

实测 U_E 为最小值时			实测 U_E 为最大值时			计算值	
U_E/V	U_B/V	U_C/V	U_E/V	U_B/V	U_C/V	I_{Emin}/mA	I_{Emax}/mA

表 4-2　静态工作点 I_{EQ} 对振荡频率、幅度的影响（$R_L=110k\Omega$）

I_{EQ}/mA	0.8	1.0	1.5	2.0	2.5	3.0	3.5	4.0	4.5	5.0
f_o/MHz										
U_{op-p}/V										

（3）负载 R_L 对频率的影响　改变负载电阻 R_L，使其分别为110kΩ、10kΩ、1kΩ，分别记录电路的振荡频率，并将其数据填入表4-3中，并与 LC 振荡器比较。

表 4-3 负载 R_L 对频率的影响（$I_{EQ}=3mA$）

R_L	110kΩ	10kΩ	1kΩ
f_o/MHz			

注：观察频率计后几位跳动变化的情况，至少保留小数点后 5 ~6 位。

6. 实验报告要求

1）画出实验电路的直流通路、交流通路。

2）以 I_{EQ} 为横轴，以振荡频率 f_o、输出电压 U_{op-p} 为纵轴，根据测得的数据，在同一坐标纸上绘制成曲线。

3）整理实验数据，分析实验结果，比较石英晶体振荡器与 LC 振荡器带负载能力的差异，并分析原因。

4）说明石英晶体振荡器有什么特点。

实验与实训5

振幅调制器

1. 实验目的

1）掌握用集成模拟乘法器实现低电平普通调幅（AM）和抑制载波双边带（SC-DSB）调幅的方法与过程，并研究已调波 $u_o(t)$ 与二输入信号 $u_\Omega(t)$、$u_C(t)$ 的关系。

2）掌握测量调幅系数 m_a 的方法。

3）通过实验中波形的变换，学会分析实验现象。

2. 预习要求

1）预习振幅调制电路的有关知识。

2）了解实验原理及内容，分析实验电路中用乘法器 MC1496 调制的工作原理。

3）分析普通调幅（AM）及抑制载波双边带（SC-DSB）调幅信号的特点。

4）写出预习实验报告。

3. 实验仪器及设备

高频信号发生器、双踪示波器、数字万用表、高频电路实验箱、实验板、连接（或跳线）导线若干。

4. 实验电路说明

振幅调制就是载波的振幅受调制信号的控制发生周期性的变化。变化的周期与调制信号周期相同。即振幅变化与调制信号的振幅成正比。通常称高频信号为载波信号，低频信号为调制信号，调制器即为产生调幅信号的装置。本实验采用集成模拟乘法器 MC1496 来构成振幅调制器。

（1）普通调幅（AM）信号　利用乘法器产生 AM 信号的电路组成模型如图 5-1a 所示。图中，$u_C(t)$为高频载波信号，$u_\Omega(t)$为低频调制信号，U_Q 为固定的直流电压，它与 $u_\Omega(t)$ 相叠加后加到乘法器的 Y 输入端。设

$$u_C(t)=U_{Cm}\cos(\omega_C t),u_\Omega(t)=U_{\Omega m}\cos(\Omega t)$$

则输出

$$u_o(t)=A_M[U_Q+U_{\Omega m}\cos(\Omega t)]U_{Cm}\cos(\omega_C t)$$

式中，A_M 为乘法器的增益系数。

整理后，则得单频调制时输出调幅波电压为

$$u_o(t)=U_{m0}[1+m_a\cos(\Omega t)]\cos(\omega_C t)$$

（2）SC-DSB 调幅信号　利用乘法器产生 SC-DSB 调幅信号的电路组成模型如图 5-1b 所示。

设高频载波信号 $u_C(t)=U_{Cm}\cos(\omega_C t)$，低频调制信号 $u_\Omega(t)=U_{\Omega m}\cos(\Omega t)$，则输出信号 $u_o(t)=A_M U_{\Omega m}\cos(\Omega t)U_{Cm}\cos(\omega_C t)$，式中 A_M 为乘法器的增益系数，单位为 V^{-1}，整理后，则得单频调制时输出调幅信号电压为

$$u_o(t)=\frac{1}{2}A_M U_{\Omega m}U_{cm}\{\cos[(\omega_C+\Omega)t]+\cos[(\omega_C-\Omega)t]\}$$

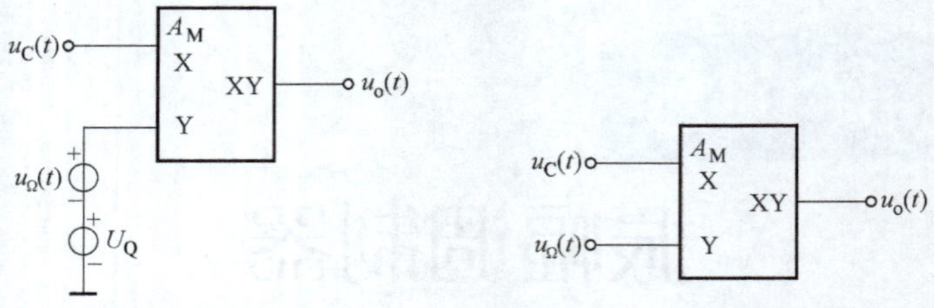

a) AM 电路组成模型　　b) SC-DSB 振幅调制电路组成模型

图 5-1　振幅调制电路组成模型

5. 实验内容及步骤

用 MC1496 集成电路构成的振幅调制器电路如图 5-2 所示。该电路采用 12V、-8V 双电源供电，RP_2 用来调节 8 脚、10 脚之间的平衡，使调幅信号的波形上下对称。RP_1 用来调节 1 脚、4 脚之间的平衡，可调节调幅度。C_1、C_2、C_3 为耦合电容，R_{11}、R_{12} 和晶体管 VT 组成射极跟随器，以提高振幅调制器带负载的能力。

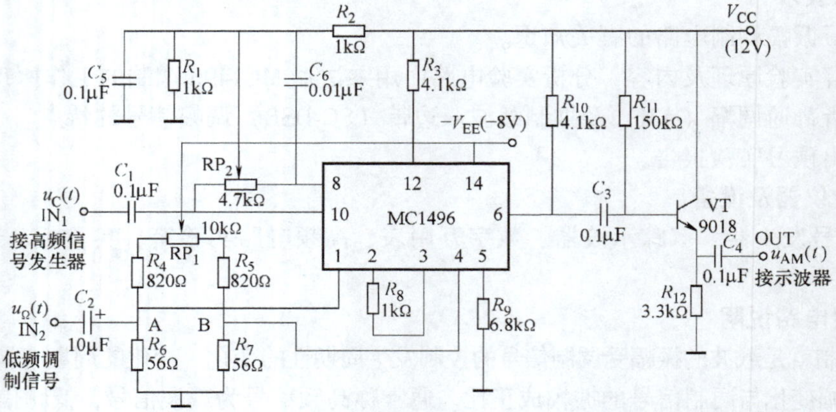

图 5-2　MC1496 集成电路构成的振幅调制器电路

（1）直流调制特性的测量

1）接好 12V、-8V 电源，在输入端 IN_2 加调制信号 $u_\Omega(t)$，即峰值 $U_{\Omega m}$ 为 100mV、频率为 1kHz 的低频正弦信号，输出端 OUT 接示波器，调节电位器 RP_2 使输出端 OUT 的信号最小（载波输入端平衡，即 $U_{8-10}=0V$），示波器波形变为直线扫线（即 $u_{AM}(t)=0V$），然后断开输入信号 $u_\Omega(t)$。

2）在输入端 IN_1 加载波信号 $u_C(t)$，即峰值 U_{Cm} 为 10mV，频率 f 为 100kHz 的正弦信号，用万用表测量 A、B 点之间的电压 U_{AB}，用示波器观察输出端 OUT 的波形，以 $U_{AB}=0.1V$ 为步长，记录 RP_1 由一端调至另一端的输出波形及其峰-峰值电压 U_{op-p}，注意观察相位变化，根据公式 $U_{op-p}=KU_{AB}U_{cp-p}$ 计算出系数 K 值，并填入表 5-1 中。

表 5-1　直流调制特性的测量数据（$U_{cp-p}=20mV$）

U_{AB}/V	-0.4	-0.3	-0.2	-0.1	0	0.1	0.2	0.3	0.4
U_{op-p}/V									
K									

(2) 实现普通调幅 (AM)

1) 调节 RP_1 使 $U_{AB}=0.1V$，将高频载波信号 $u_C(t)=10\sin(2\pi\times10^5t)mV$ 加至振幅调制器的输入端 IN_1，将低频调制信号 $u_\Omega(t)=U_{\Omega m}\sin(2\pi\times10^3t)mV$ 加至振幅调制器的输入端 IN_2，观察并记录 $U_{\Omega m}=30mV$ 和 100mV 时，输出端 OUT 的调幅信号 $u_{AM}(t)=U_{m0}[1+m_a\sin\Omega t]\sin\omega_Ct$ 的波形（标明峰-峰值与谷-谷值），并计算出其调制度 m_a。

输出端 AM 信号的波形如图 5-3 所示。调幅系数 m_a 可由下式计算：

$$m_a=\frac{\frac{1}{2}(U_{omax}-U_{omin})}{U_{m0}}$$

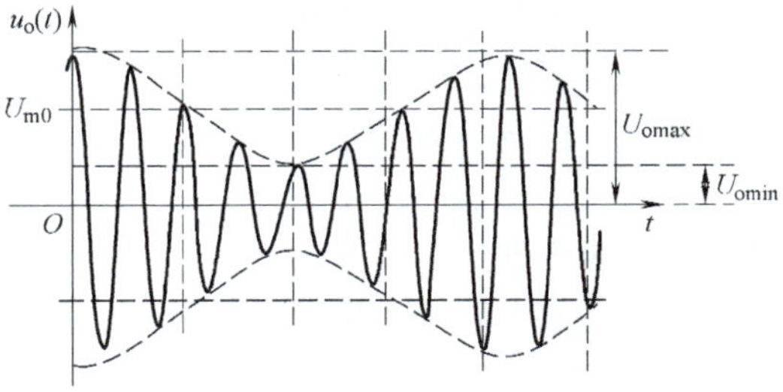

图 5-3　输出端 AM 信号的波形

2) 载波信号 $u_C(t)$ 不变，将调制信号改为 $u_\Omega(t)=100\sin(2\pi\times10^3t)mV$，调节 RP_1 观察输出波形 $u_{AM}(t)$ 的变化情况，记录 $m_a=30\%$ 和 $m_a=100\%$ 时调幅信号所对应的 U_{AB} 值。

(3) 实现抑制载波双边带(SC-DSB)调幅

1) 在输入端 IN_1 加载波信号 $u_C(t)=10\sin(2\pi\times10^5t)mV$，输入端 IN_2 不加调制信号，调 RP_1 使调制端平衡，即 $U_{AB}=0$，观察并记录输出端波形。

2) 在输入端 IN_2 加调制信号 $u_\Omega(t)=100\sin(2\pi\times10^3t)mV$，输入端 IN_1 的载波信号不变，观察记录输出端波形，并标明峰-峰值电压。

3) 所加载波信号和调制信号均不变，微调 RP_2 为某一个值，观察记录输出波形。

4) 在 3) 的条件下，去掉载波信号，观察并记录输出波形，并与调制信号比较。

6. 实验报告要求

1) 整理实验数据填入表 5-1 中，画出直流调制特性曲线($U_{AB}-U_{op-p}$)。

2) 画出低频调制信号 $u_\Omega(t)$、载波信号 $u_C(t)$ 及 $m_a=30\%$、$m_a=100\%$ 时的 AM 信号 $u_{AM}(t)$ 的波形，在图中标明峰-峰值电压。

3) 画出低频调制信号 $u_\Omega(t)$、载波信号 $u_C(t)$ 波形及抑制载波双边带(SC-DSB)调幅信号 $u_{SC\text{-}DSB}(t)$ 波形，比较 $u_{SC\text{-}DSB}(t)$ 与 $u_{AM}(t)$ 的区别。

实验与实训6

振幅检波器

1. 实验目的

1）进一步了解调幅波的原理，掌握调幅波的解调方法。

2）了解二极管包络检波的主要指标，如检波效率及波形失真。

3）掌握用集成乘法器实现同步检波的方法。

2. 预习要求

1）复习有关振幅调制和解调的原理。

2）分析二极管包络检波产生波形失真的主要因素。

3）写出预习实验报告。

3. 实验仪器及设备

高频信号发生器、双踪示波器、数字万用表、高频电路实验箱、实验板、连接（或跳线）导线若干。

4. 实验电路说明

调幅波解调即是从调幅信号中取出调制信号的过程，通常称之为检波。进行调幅波解调的器件有二极管包络检波器和同步检波器。

（1）二极管包络检波器　二极管包络检波器模型如图 6-1a 所示，这种电路适合于解调含有较大载波分量的大信号，它的电路简单、易于实现，主要由二极管 VD 及 *RC* 低通滤波器组成，它利用二极管的单向导电特性和检波负载 *RC* 的充放电过程实现检波。所以 *RC* 时间常数的选择很重要。*RC* 时间常数过大，会产生惰性（对角切割）失真；*RC* 时间常数太小，高频分量会滤不干净。

综合考虑，*RC* 时间常数的选择要求满足关系式：

$$\frac{1}{f_C} \ll RC \ll \frac{\sqrt{1-m_a^2}}{m_a \Omega}$$

式中，m_a 为调幅系数；f_C 为载波频率；Ω 为调制信号角频率。

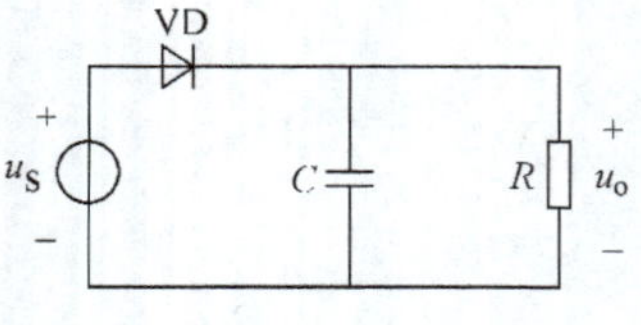

a) 二极管包络检波器模型

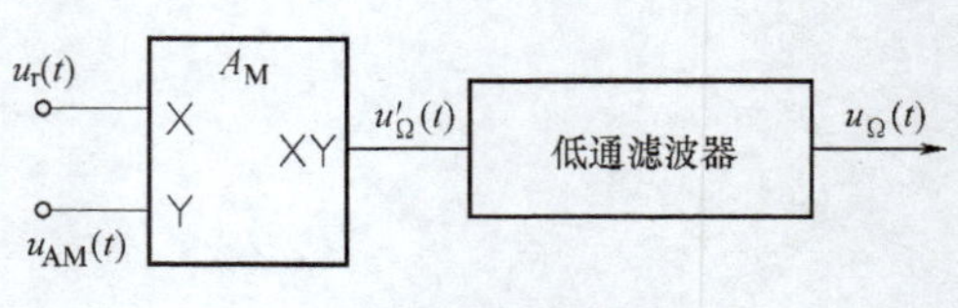

b) 同步检波器模型

图 6-1　二极管包络检波器及同步检波器模型

（2）同步检波器 同步检波器模型如图6-1b所示，该电路是利用一个和载波同频同相的同步信号 $u_r(t)$ 与调幅信号 $u_{AM}(t)$ 相乘，再通过低通滤波器滤除高频分量而获得低频调制信号 $u_{\Omega}(t)$。

5. 实验内容及步骤

注意：做此实验之前需恢复实验与实训5“5. 实验内容及步骤”（2）中第1）步或（3）中第1）步的内容，即获得普通调幅（AM）信号或抑制载波双边带（SC-DSB）调幅信号。

（1）二极管包络检波器 本实验电路如图6-2所示，图中LM318N为集成运算放大器，与 R_1、R_2 和 R_3 组成反相比例放大器，对输入的调幅信号进行幅度放大（满足大信号检波的要求）；VD是检波二极管，C_3、R_4 组成低通滤波器，R_5、RP_1 是可调检波直流负载，C_5 为滤波电容，C_1、C_2 为耦合电容，R_6、RP_2 是可调检波交流负载。改变 RP_1 和 RP_2 可观察负载对检波效率和波形的影响（惰性失真、负峰切割失真）。

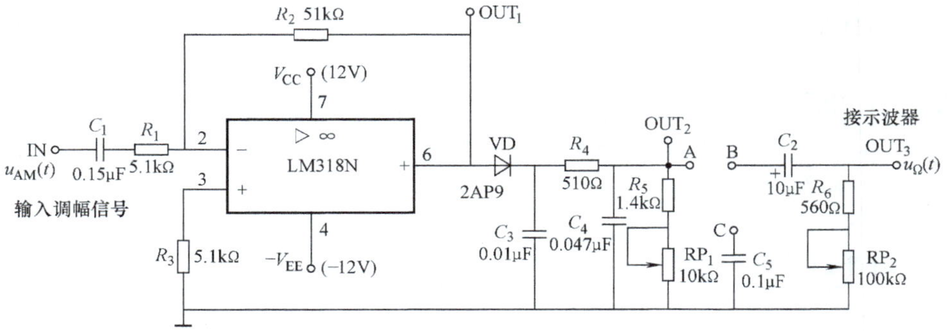

图6-2 二极管包络检波器实验电路

在实际电路中，检波电路的输出端一般需要经过一个隔直电容 C_2 与下级电路相连，为了传送低频信号，要求 C_2 的电容量比较大。这样检波电路对于低频的等效交流负载变为 $R_L' = (R_5 + RP_1) // (R_6 + RP_2)$，而直流负载仍为 $R = R_5 + RP_1$。有 $R_L' < R$。

为了避免产生负峰切割失真，应满足关系式： $\frac{R_L'}{R} \geqslant m_a$

上式说明 R_L' 与 R 大小越接近，不产生负峰切割失真所允许的 m_a 值就越接近1，或者说，当 m_a 一定时，R_L' 越大、R 越小，负峰切割失真就越不易产生。

1）解调普通调幅（AM）信号。

① $m_a < 30\%$ 的调幅波的检波。载波信号仍为 $u_C(t) = 10\sin(2\pi \times 10^5 t)$ mV，调节调制信号 $u_{\Omega}(t)$ 的幅度，按实验与实训5“5. 实验内容及步骤”（2）中第1）步的条件获得调制度 $m_a < 30\%$ 的调幅波，并将它加至图6-2中的输入端IN，（需事先接入−12V电源），在 OUT_1 处观察放大后的调幅波（确定放大器工作正常），在 OUT_2 处观察检波输出信号，调节 RP_1 改变直流负载，观测二极管VD直流负载改变对检波幅度和波形的影响，记录此时的波形。

② 适当加大调制信号 $u_{\Omega}(t)$ 幅度，使 $m_a = 100\%$，重复上述方法，观察并记录检波输出信号的波形。

③ 接入 C_5，重复①、②方法，观察并记录检波输出信号的波形。

④ 去掉 C_5，将 RP_1 逆时针旋至最大，短接 A、B 两点，在 OUT_3 观察检波输出信号，调节 RP_2 改变交流负载，观测二极管 VD 交流负载对检波幅度和波形的影响，记录检波输出波形。

2）解调抑制载波双边带（SC-DSB）调幅信号。载波信号 $u_C(t)$ 不变，将调制信号 $u_\Omega(t)$ 的峰值电压调至 80mV，调节 RP_1 使调制器输出为抑制载波双边带（SC-DSB）调幅信号，然后把 $u_{SC\text{-}DSB}(t)$ 信号加至二极管包络检波器输入端 IN，断开 A、B 两点，观察并记录检波输出端 OUT_2 的信号波形，并与调制信号 $u_\Omega(t)$ 比较。

（2）同步检波器 本实验电路如图 6-3 所示，采用 MC1496 集成电路构成同步检波器（解调器）。同步信号（与载波信号同频同相）$u_C(t)$ 在 IN_1 端输入，经过电容 C_1 加在 8 脚、10 脚之间，调幅信号 $u_{AM}(t)$ 在 IN_2 端输入，经电容 C_2 加在 1 脚、4 脚之间，相乘后信号从 12 脚输出，经 C_4、C_5、R_9 组成的低通滤波器，在检波输出端 OUT 提取调制信号 $u_\Omega(t)$。

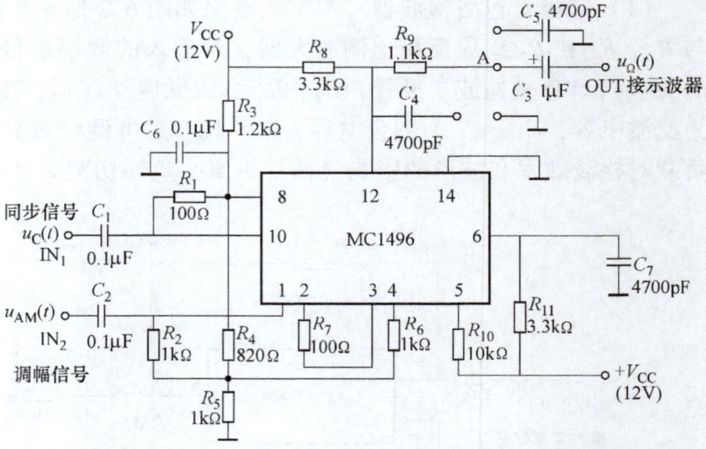

图 6-3 由 MC1496 乘法器构成的同步检波器

1）解调普通调幅（AM）信号。

① 将图 6-3 中 C_4 的另一端接地，C_5 另一端接 A 点，按实验与实训 5 "5. 实验内容及步骤"（2）中第 1）步的条件获得调制度 m_a 分别为 30%、100% 及大于 100% 的调幅波 $u_{AM}(t)$。将它们依次加至同步检波器的输入端 IN_2，并在同步检波器的载波输入端 IN_1 加上与调幅信号相同的载波信号 $u_C(t)$，分别记录检波输出信号的波形，并与调制信号 $u_\Omega(t)$ 比较。

② 去掉 C_4、C_5，观察并记录 $m_a=30\%$ 的调幅波输入时同步检波器的输出信号波形，并与调制信号 $u_\Omega(t)$ 比较，然后使电路复原。

2）解调抑制载波双边带（SC-DSB）调幅信号。

① 按实验与实训 5 "5. 实验内容及步骤"（3）中第 1）步的条件获得 SC-DSB 调幅波，并加至图 6-3 中的输入端 IN_2，其他连线均不变，观察记录检波输出信号的波形，并与调制信号比较。

② 去掉滤波电容 C_4、C_5，观察并记录输出信号的波形。

6. 实验报告要求

1）分别画出二极管包络检波器解调普通调幅（AM）信号（m_a 分别为 30%、100%）及抑制载波双边带（SC-DSB）调幅信号时检波器输入端 IN 和输出端 OUT_3 的波形，并进行比较、分析信号。

2）分别画出同步检波器解调普通调幅（AM）信号（m_a 分别为 30%、100%）及抑制载波双边带（SC-DSB）调幅信号时加入低通滤波器中电容 C_4、C_5 前后输入端 IN_2 和输出端 OUT 的波形，并进行比较分析。

3）分析二极管包络检波器和同步检波器的检波结果有何异同。

实验与实训7

变容二极管直接调频振荡器

1. 实验目的

1）熟悉变容二极管的特性。

2）掌握变容二极管直接调频器的电路原理、结构及测量方法。

2. 预习内容

1）变容二极管的非线性特性。

2）变容二极管直接调频振荡器的调制特性。

3）角度调制的原理。

3. 实验仪器及设备

双踪示波器、多功能计数器、数字万用表、毫伏表、高频电路实验箱、实验板、连接（或跳线）导线若干。

4. 实验电路基本原理

实验电路如图7-1a所示。图中调频振荡器是由晶体管 VT_1 构成的改进型电容三点式振荡器。选频网络主要由 L、C_3、C_4、C_5、C_6 及变容二极管 C_j 组成。直流电压 U_D 通过高频扼流圈 HFC_1 加至变容二极管 C_j 的负端。C_1 为变容二极管的交流通路，R_3 为变容二极管的直流通路，R_2 和 HFC_1 组成隔离支路，防止高频信号通过电源和低频回路短路。低频信号从IN端输入，通过变容二极管 C_j 实现直接调频。

VT_2 构成共发射极放大器对调制信号进行放大，通过 RP_3 控制调制信号的幅度。VT_3 构成射极跟随器，以减小负载对调频电路的影响。

变容二极管直接调频振荡器的交流通路如图7-1b所示，它属于克拉泼（Clapp）型振荡电路。C_4、C_5、C_6 3个电容为串联关系，C_2 与 C_3 是并联关系。

5. 实验内容与步骤

（1）静态调制特性测试（输入端IN不接低频调制频信号）

1）将数字频率计接到输出端 OUT_2。当接入电容 $C_2=100pF$ 时，调整 RP_1 使 $U_D=4V$，再微调 RP_2 使频率计的读数为6.5MHz，然后重新调节 RP_1，使 U_D 在0.5～8V范围内变化，测试此时对应的频率数据，将结果填入表7-1中。

表7-1　静态调制特性

U_D/V		0.5	1	2	3	4	5	6	7	8
f_0/MHz	接入 C_2									
	不接 C_2									

2）不接电容 C_2 时，测量方法同上，将测得结果填入表7-1中。

（2）动态测试（需利用相位鉴频器做辅助测试）　实验条件：将实验板中的相位鉴频器

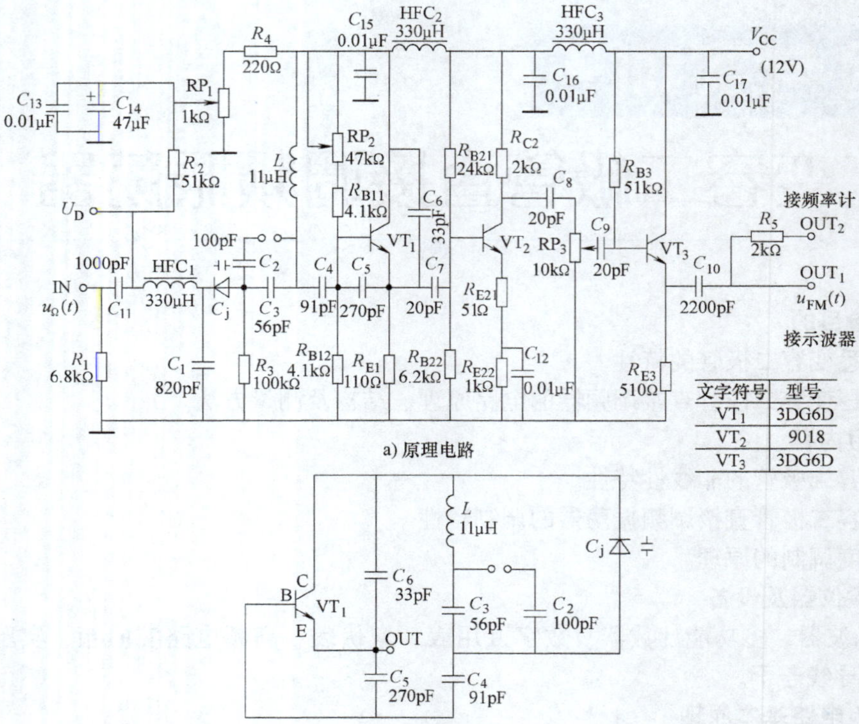

b) 交流通路

图 7-1 变容二极管直接调频振荡器

电路按要求连好导线(特别注意将微调电容 C_{T1}、C_{T2}、C_{T3}(见图 8-1)连接好,调节时要小心)。其目的是确保鉴频器工作在正常状态下(即中心频率为 6.5MHz,上、下频偏及幅度对称的 S 形曲线)。

1)电容 C_2 不接,调 RP_1 使变容二极管的反向偏置电压 $U_D=4V$ 时,振荡频率 $f_0=6.5MHz$。自 IN 端输入频率 $f=2kHz$、振幅为 $U_{\Omega m}$ 的低频调制信号,输出端接相位鉴频器,在相位鉴频器输出端观察 $U_{\Omega m}$ 与调频波上、下频偏的关系,记录对应的频率数据,将测量结果填入表 7-2 中。

表 7-2 低频调制信号振幅 $U_{\Omega m}$ 与调频波上、下频偏的关系

$U_{\Omega m}$/V			0	0.1	0.2	0.3	0.4	0.5	0.6	0.7	0.8	0.9	1
不接 C_2	Δf/MHz	上											
接入 C_2	Δf/MHz	下											

2)接上电容 C_2 后测试,测量方法同上,将对应的频率填入表 7-2 中。

6. 实验报告要求

1)整理实验数据。

2)在同一坐标纸上画出静态调制特性曲线,并求出其调制灵敏度 S,说明曲线斜率受哪些因素的影响并分析原因。

3)画出动态调制特性曲线,说明输出波形畸变原因。

实验与实训8

相位鉴频器

1. 实验目的

1）熟悉相位鉴频电路的基本工作原理。

2）掌握鉴频特性曲线（S曲线）的正确调整方法。

3）用变容二极管直接调频振荡器（调频器）与鉴频器两实验板进行联机试验，进一步了解调频和检波的全过程，以及整机调试方法。

2. 预习要求

1）认真阅读实验内容，预习有关相位鉴频的工作原理。

2）熟悉典型电路和实用电路的工作原理。

3）分析一次回路、二次回路和耦合回路有关参数对相位鉴频器工作特性（S曲线）的影响。

3. 实验仪器及设备

双踪示波器、扫频仪、频率计、万用表、毫伏表、实验板、连接（或跳线）导线若干。

4. 实验电路基本原理

相位鉴频器的实验电路及鉴频特性曲线如图8-1所示。相位鉴频器是模拟调频信号解调的一种最基本的解调电路，它具有鉴频灵敏度高，检波线性好等优点。

该电路由差分对振幅限幅器和电容耦合相位鉴频器组成，调频信号电压$u_{FM}(t)$由输入端IN经C_4耦合送至由VT_1、VT_2组成的差分对限幅放大器，集电极电流波形的上、下顶部被削平，经VT_2集电极的谐振回路选频后（调C_{T1}使L_1、C_1回路谐振在6.5MHz）输出等幅的调频电压，经C_5送至相位鉴频器。调C_{T2}、C_{T3}使L_2、C_{T2}、C_2谐振于6.5MHz，R_1、R_4为两谐振回路的阻尼电阻，用于扩展回路的通频带。

二极管VD_1、VD_2和电阻R_7、R_8分别构成两个对称的包络检波器，鉴频器输出端OUT的电压由C_9两端取出，C_9对高频信号短路而对低频信号开路。

5. 实验内容及步骤

（1）用扫频仪调整相位鉴频器的鉴频特性　实验条件：按图8-1相位鉴频器电路要求连接导线（特别注意将微调电容C_{T1}、C_{T2}、C_{T3}连接好，调节时要小心）。将扫频仪输出信号接入实验电路输入端IN，输出信号不宜过大，一般用30dB衰减器。扫频频标用外频标，外频标源采用高频信号发生器，其输出频率调到6.5MHz。

1）调整波形变换电路的回路频率。将扫频仪输入检波头插入测试孔A，耦合电容C_{T3}调到最小，此时显示屏将显示一谐振曲线。调C_{T1}使谐振曲线的谐振频率为6.5MHz，此时频标应在曲线顶峰上，再加大耦合电容C_{T3}的电容量，并将输入检波头插入测试孔B，此时显示屏幕出现带凹坑的耦合谐振曲线。调C_{T1}、C_{T2}、C_{T3}使曲线6.5MHz频标出现在中心点，

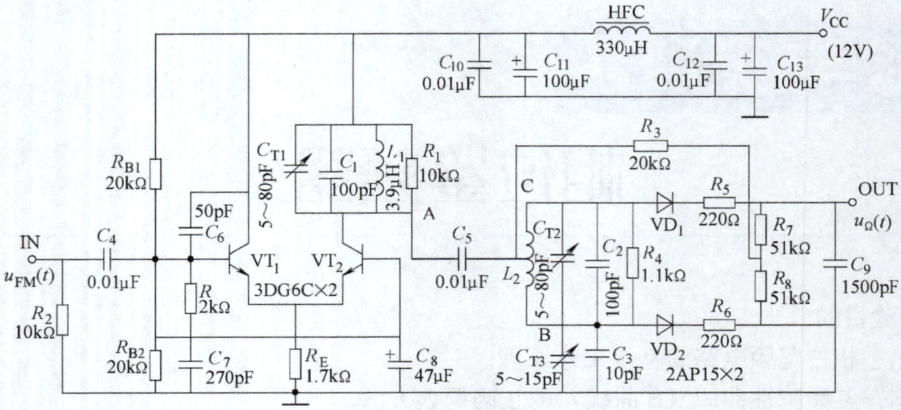

a) 实验电路

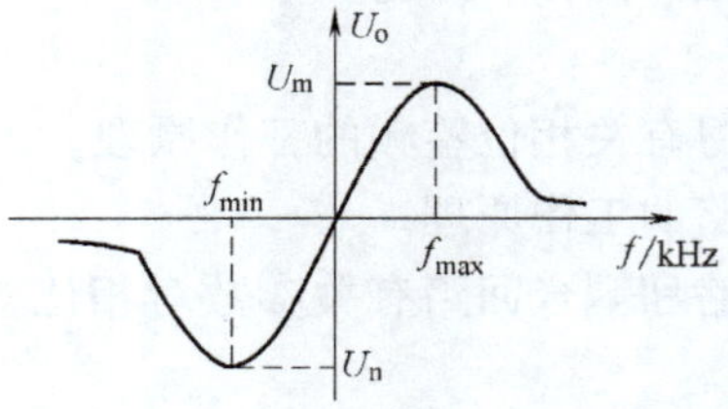

b) 鉴频特性曲线

图 8-1 相位鉴频器的实验电路及鉴频特性曲线

中心点两边频带对称。

注意：此处扫频仪检波器探头应为高阻抗探头。

2）调整鉴频特性曲线（S 曲线）。扫频仪输入检波探头改用双夹子电缆线，接至鉴频器输出端 OUT 即可看到 S 曲线如图 8-1b 所示。如果曲线不理想，可适当调整 C_{T1}，以使 S 曲线上下对称；调整 C_{T2} 使曲线中心为 6.5MHz；调 C_{T3} 可使中心点附近线性度最佳。调好后，记录上、下两峰点的频率和高度格数，即 f_{max}、f_{min}、U_m、U_n。

（2）用高频信号发生器逐点测出鉴频特性 输入信号改为高频信号发生器输出的信号，输入电压约为 50mV，用万用表测鉴频器的输出电压，在 5.5 ~ 7.5MHz 范围内、每格 0.2MHz 的条件下测得相应的输出电压，并填入表 8-1 中。

表 8-1 鉴频器高频输入信号的频率值与低频输出电压的关系

f/MHz	5.5	5.7	5.9	6.1	6.3	6.5	6.7	6.9	7.1	7.3	7.5
U_o/mV											

注意：找出 S 曲线正、负两峰点的频率 f_{min}、f_{max} 及 U_m、U_n。

（3）观察回路 C_{T1}、C_{T2}、C_{T3} 对 S 曲线的影响

1）调整电容 C_{T2} 对鉴频特性的影响。记下 $C_{T2} > C_{T2-0}$ 或 $C_{T2} < C_{T2-0}$（回路谐振时 C_{T2} 的电容量）时的变化并与 $C_{T2} = C_{T2-0}$ 曲线比较，再将 C_{T2} 调至 C_{T2-0} 正常位置。

2）调节 C_{T1}，重复 1）的实验。

3）将 C_{T3} 调至电容量较小的位置，微调 C_{T1}、C_{T2}，得 S 曲线。记下曲线中点及上下两峰点的频率（f_0、f_{min}、f_{max}）和两峰点的高度格数 U_m、U_n。再将 C_{T3} 调节到最大，重新调 S 曲线为最佳，记录 f'_0、f'_{min}、f'_{max} 和 U'_m、U'_n 的值。

定义峰点带宽 $f_{BW}=f_{max}-f_{min}$，曲线斜率 $S=(U_m-U_n)/BW$，比较 C_{T3} 最大、最小时的 f_{BW} 和 S。

（4）将调频电路与鉴频电路连接　将调频电路的中心频率调为 6.5MHz，鉴频器中心频率也调谐在 6.5MHz，将调频输出信号送入鉴频器输入端，并将 $f=2$kHz、$U_m=400$mV 的音频调制信号加至调频电路输入端进行调频。

用双踪示波器同时观察调制信号和解调信号，比较二者的异同，如果输出波形不理想可调相位鉴频器中的 C_{T1}、C_{T2}、C_{T3}。将音频信号 U_m 加大至 800mV、1000mV，…，观察波形变化并分析原因。

6. 实验报告要求

1）整理实验数据，画出鉴频特性曲线（S 曲线）。

2）分析回路参数对鉴频特性的影响。

3）分析在调频电路和鉴频电路联机实验中遇到的问题及解决方法，画出调频输入和鉴频输出的波形，指出其特点。

实验与实训9

混 频 器

1. 实验目的

1）熟悉集成电路实现混频器的工作原理。

2）了解混频电路的构成及其混频过程中的寄生干扰。

3）通过实验中频率的变换，学会分析实验现象。

2. 预习要求

1）学习混频电路的有关知识。

2）认真阅读实验指导书，对实验电路的工作原理进行分析。

3. 实验仪器及设备

双踪示波器、高频信号发生器（最好是有产生调制信号功能的信号源）、频率计、TPE-GP3 型高频电路实验箱主机箱、实验板、连接（或跳线）导线若干。

4. 实验电路说明

目前高质量的通信接收机中多采用二极管环形混频器和由双差分对管平衡调制器构成的混频器，本实验采用的是由 MC1496 集成模拟乘法器构成的混频器，电路如图 9-1 所示。

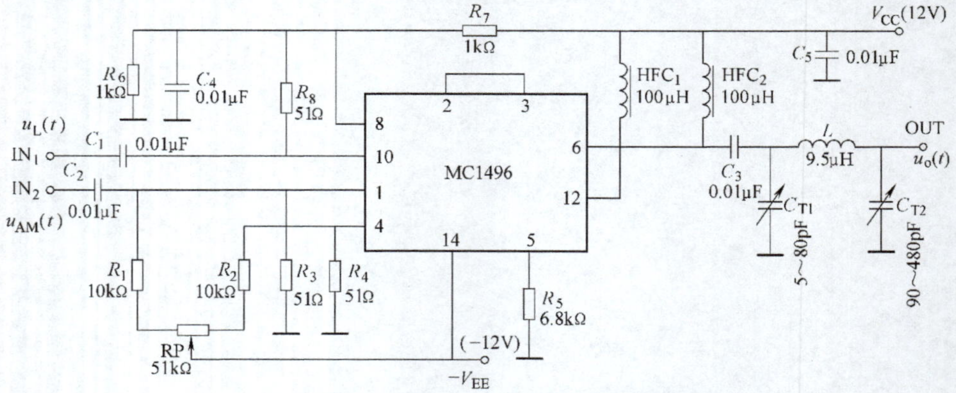

图 9-1 由 MC1496 集成模拟乘法器构成的混频器

将本振信号 $u_L(t)$（频率为 6MHz）接到输入端 IN_1，将调幅信号 $u_{AM}(t)$（频率为 4.5MHz）接到输入端 IN_2，混频后的中频信号（即差频 6MHz − 4.5MHz = 1.5MHz）由 OUT 端输出。C_{T1}、L、C_{T2} 组成 Π 形带通滤波器（其调谐在 1.5MHz，带宽为 450kHz）。C_1、C_2、C_3 为耦合电容。

为了实现混频功能，混频器件必须工作在非线性状态，而作用在混频器上的除了输入信号电压 $u_{AM}(t)$ 和本振电压 $u_L(t)$ 外，不可避免地存在干扰和噪声信号。它们之间任意两者都有可能产生组合频率，这些组合频率如果等于或接近中频，将与输入信号一起通过中频放大器、鉴频器，对输出级产生干扰，影响输入信号的接收。因此不可避免地会产生干扰，其中影响最大的是中频干扰和镜像干扰。

5. 实验内容与步骤

在实验箱的左下角找到本实验电路，本实验设有独立的电源开关，向上拨动开关，接通实验电路的电源，指示灯亮。

本实验用到实验板（石英晶体振荡器实验）的输出信号。在进行本实验前必须调整好石英晶体振荡器的输出，使之满足本实验的要求。

测量时应用双踪示波器同时观察本振—载波、载波—中频，以便进行比较。

（1）中频频率的观测　将实验板中石英晶体振荡器产生的6MHz（$U_{p-p}=0.2V$）信号作为本振信号接到混频电路的IN_1端，高频信号发生器的输出（4.5MHz，$U_{p-p}=0.1V$的载波）作为调幅波（未调制的调幅波也可称载波）信号接到混频电路的IN_2端，观察混频电路输出端OUT的输出波形和频率（中频），可以适当调节RP使输出波形最大，记录测试结果。

（2）镜像干扰频率的观测　用双踪示波器观测IN_2端和OUT端的波形，缓慢调节高频信号发生器的输出频率（由4.5MHz调至7.5MHz），观测调幅波和中频，并记录。验证下列关系：

$$f_{镜像}-f_{调幅波}=2f_{中频}$$

（3）混频的综合观测　重复（1）的内容，将高频信号发生器输出的调幅波（4.5MHz，$U_{p-p}=0.1V$）加入调制信号（1kHz）接到IN_1端，用示波器对照观测IN_1端、IN_2端、乘法器的6脚和OUT端的混频过程，记录结果。

6. 实验报告要求

1）根据观测的结果，画出波形图。

2）分析本振频率、调幅波载波频率、中波频率、镜像干扰频率之间的关系。

3）根据个人理解，完整叙述信号混频的过程，并讨论与振幅调制电路的异同点。

4）分析产生寄生干扰的原因，讨论预防措施。

实验与实训10

锁相调频与鉴频器

1. 实验目的

1）掌握PLL的基本概念。

2）了解CD4046集成电路的内部结构和工作原理。

3）掌握由集成PLL组成的调频/鉴频电路的工作原理。

2. 预习要求

1）复习反馈控制电路的相关知识。

2）PLL的工作原理。

3. 实验仪器及设备

高频信号发生器、频率计、双踪示波器、万用表、TPE-GP3型高频电路实验箱。

4. 实验电路说明

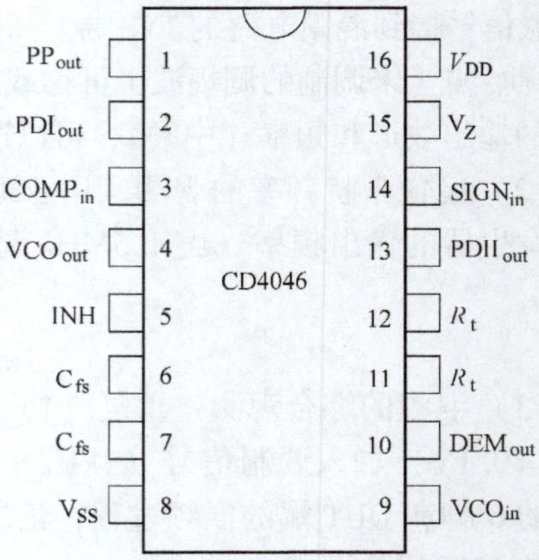

图10-1　CD4046引脚排列图

调频是用调制信号直接线性地改变载波振荡的瞬时频率，即使载波振荡频率随调制信号的电压变化而变化。其逆过程为频率解调（也称频率检波或鉴频）。

本实验采用数字集成PLL芯片CD4046来实现调频/鉴频（解调）的功能。CD4046的引脚排列如图10-1所示，引脚功能见表10-1。

表10-1　CD4046的引脚功能

引脚	符号	引脚名称	引脚	符号	引脚名称
1	PP_{out}	相位脉冲输出	9	VCO_{in}	压控振荡器输入
2	PDI_{out}	鉴相器Ⅰ输出	10	DEM_{out}	解调输出
3	$COMP_{in}$	鉴相器输入	11	R_t	定时电阻
4	VCO_{out}	压控振荡器输出	12	R_t	定时电阻
5	INH	禁止	13	$PDII_{out}$	鉴相器Ⅱ输出
6	C_{fs}	频率设定电容	14	$SIGN_{in}$	信号输入
7	C_{fs}	频率设定电容	15	V_Z	稳压二极管
8	V_{SS}	负电源	16	V_{DD}	正电源

锁相就是相位同步的自动控制，完成两个电信号相位的自动反馈控制的系统称为锁相环路（PLL），PLL技术在信号处理和数字通信系统中有着广泛应用，如频率调制、频率锁定、

时钟同步、频率合成等都要用到 PLL 技术。

一般情况下，CMOS PLL 由 3 个基本单元构成：鉴相器（相位比较器）、电压控制振荡器和低通滤波器。由于 CD4046 内部只包含前面两个单元，因此，使用时需要外接低通滤波器（由阻容元件构成）来构成完整的 PLL。

（1）PLL 调频原理 PLL 调频电路原理框图如图 10-2 所示。将调制信号加到压控振荡器（VCO）的控制端，使压控振荡器的输出频率在自由振荡频率（中心频率 f_0）上下随调制信号的变化而变化，于是生成了调频波。

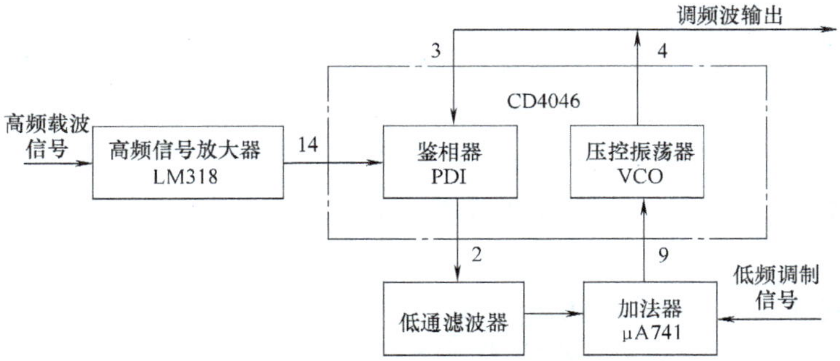

图 10-2 PLL 调频电路原理框图

当载波频率与自由振荡频率相近时，载波频率与压控振荡器的振荡频率锁定。低通滤波器只保证压控振荡中心频率与载波频率锁定时所产生的相位误差电压通过，该电压与调制信号同经加法器，用以控制压控振荡器的频率，从而获得与载波频率具有同样频率稳定度的调频波。

（2）PLL 检波原理 PLL 检波电路原理框图如图 10-3 所示。调频波（经过放大器放大后）与压控振荡器的输出被送入鉴相器，经鉴相获得变化着的相位误差电压，该误差电压通过低通滤波器被滤掉高频成分，继而获得随调频信号频率变化而变化的信号，经跟随器得到检波信号，从而实现了检波（鉴频）过程。

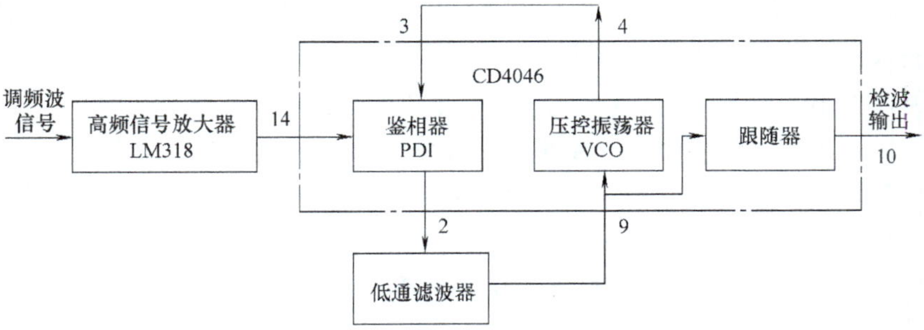

图 10-3 PLL 检波电路原理框图

（3）PLL 振荡频率 f_0、同步带与捕捉带的测量方法 PLL 的典型电路如图 10-4a 所示，同步带和捕捉带如图 10-4b 所示。

图 10-4a 中，14 脚为高频信号输入端（要求方波信号），3 脚为鉴相器输入端，2 脚鉴相器输出端，9 脚为压控振荡器输入端，4 脚为压控振荡器输出端。C_1、R_1、R_2 决定自振频率，R_3、C_2 为低通滤波器。

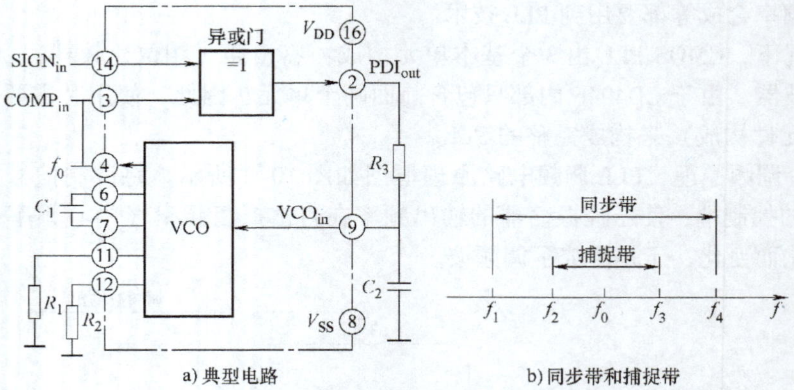

图 10-4 PLL 的典型电路、同步带和捕捉带

1）自振频率（f_0）的测量。用示波器观察 4 脚的输出波形（方波），用频率计测量自振频率（f_0）。

2）锁定的判别。从 14 脚（$SIGN_{in}$）输入方波信号，用示波器观察 2 脚的波形，如锁定，可得到一个稳定的矩形脉冲。若 14 脚输入信号的频率与压控振荡的频率相等，则 2 脚输出为稳定的两倍频方波信号。

3）同步带宽（锁定范围）和捕捉带宽（捕捉范围）的测量。从 14 脚输入一个方波信号（最好用频率计检测），其频率与 f_0（压控振荡器的自振频率）相同。

① 改变 14 脚输入信号的频率，使频率逐渐降低，直至 4 脚（或 2 脚）输出方波刚好出现不稳定时，环路进入失锁状态，该点的频率定义为同步带的下限频率（f_1）。

② 改变 14 脚输入信号的频率，由 f_1 开始频率逐渐增加，直至 4 脚输出方波刚好再次稳定时，环路进入锁定状态，该点的频率定义为捕捉带的下限频率（f_2）。

③ 改变 14 脚输入信号的频率，由 f_1 开始频率逐渐增加，直至 4 脚输出方波刚好不稳定时，环路再次进入失锁状态，该点的频率定义为同步带的上限频率（f_4）。

④ 改变 14 脚输入信号的频率，由 f_4 开始频率逐渐降低，直至 4 脚输出方波刚好出现稳定时，环路进入锁定状态，该点的频率定义为捕捉带的上限频率（f_3）。

由以上可计算出，同步带宽为：$\Delta f_H = f_4 - f_1$，捕捉带宽为：$\Delta f_P = f_3 - f_2$。

注意：当测量压控振荡器的自振频率时，必须先将 IN_1 端短路，当要测量压控振荡器的同步带和捕捉带时，必须将 IN_2 端短路。由于电路是锁相环路，改变滤波器参数即可改变压控振荡器的自振频率，因此调节 RP_1 或 RP_2 可改变压控振荡器的自振频率。改变 C_3、C_4、R_{11}、R_{12}、R_{13}、R_{14}也可在较大范围内改变压控振荡器的输出频率。

5. 实验内容与步骤

接先前实验步骤，找到本次实验单元并打开相应的电源。

（1）调频部分的测试　本实验电路如图 10-5 所示，电路主要由 IC_1、IC_2 和 IC_3 等元器件组成。

1）PLL 自振频率 f_0 的测量。将 IN_1、IN_2 分别对地短路，调节电位器 RP_1 至合适位置，测量 D 端直流电压（约 5.3V，近似电源电压的 1/2），用示波器观察图 10-5 中 OUT_1 端的波形，记录其波形特性、频率、幅度，填入表 10-2 中。

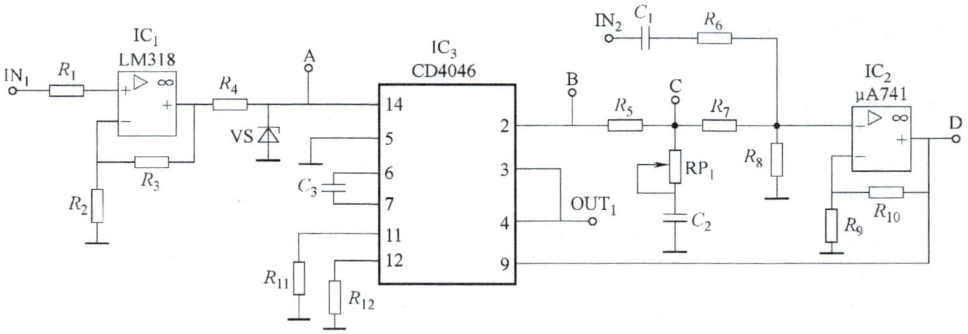

图 10-5　由 CD4046 为核心构成的 PLL 调频电路

表 10-2　PLL 压控振荡器输出（OUT$_1$ 端）自振波形

波形特性	频率/kHz	幅度（峰-峰值）/V

观察图 10-5 中 B 端（IC$_3$ 的 2 脚）的波形，记录测量结果并填入表 10-3 中。

表 10-3　PLL 鉴相器输出（B 端）的波形

波形特性	频率/kHz	幅度（峰-峰值）/V	相位

观察图 10-5 中 C 端的预积分波形，记录测量结果并填入表 10-4 中。

表 10-4　PLL 鉴相器输出端（C 端）的预积分波形

波形特性	频率/kHz	幅度（峰-峰值）/V	相位

观察 PLL 的压控振荡器输入端（IC$_3$ 的 9 脚，即 IC$_2$ 的 D 端）的波形，将测量结果填入表 10-5 中。

表 10-5　PLL 的压控振荡器输入端（D 端）的积分波形

波形特性	频率/kHz	幅度（峰-峰值）/V	相位

2）锁定的判断。将信号发生器输出的方波信号（幅度为 3.5V（峰-峰值），频率为自振频率 f_0）加到载波输入端 IN$_1$，用双踪示波器同时观察 PLL 输出端 OUT$_1$ 和 A 端的波形。如波形稳定则表示频率被锁定。改变信号发生器的输出信号频率，可发现在较大范围内 PLL 均能锁定。记录测量结果。

思考：当频率锁定时，观察 OUT$_1$ 端和 B 端，会出现什么现象？如何解释？

3）测量同步带宽（锁定范围）和捕捉带宽（捕捉范围），观察 A 端和 OUT$_1$ 端，改变信号发生器的输出频率（即载波频率）。

① 调节载波信号的频率，由自振频率f_0开始逐渐缓慢降低，直至IC_3的4脚（VCO_{out}端）波形抖动（即失锁），记录此时的载波输入信号（f_1，下限失锁频点）。

② 调节载波信号的频率，由自振频率f_0开始逐渐缓慢增加，直至IC_3的4脚（VCO_{out}端）波形抖动（即失锁），记录此时的载波输入信号（f_2，上限失锁频点）。

③ 同步带宽（锁定范围）为f_2-f_1。

④ 调节载波信号的频率，由f_1开始逐渐缓慢增加，直至IC_3的4脚（VCO_{out}端）波形不抖动（即锁定），记录此时的载波输入信号（f_3，下限锁定频点）。

⑤ 调节载波信号的频率，由f_2开始逐渐缓慢降低，直至IC_3的4脚（VCO_{out}端）波形不抖动（即锁定），记录此时的载波输入信号（f_4，上限锁定频点）。

⑥ 捕捉带宽（捕捉范围）$=f_4-f_3$。

锁定范围和捕捉范围如图10-6所示。

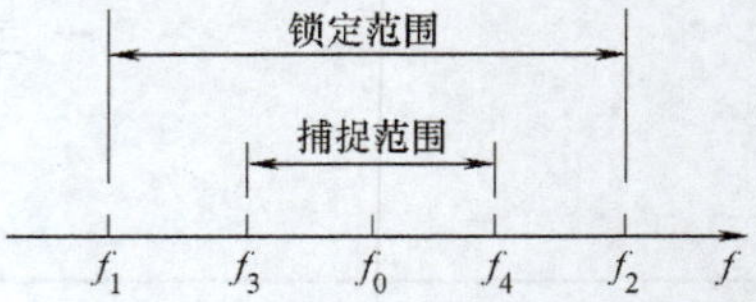

图10-6 锁定范围和捕捉范围

（2）解调部分的测试

1）PLL自振频率的测量。实验电路如图10-7所示。调节微调电位器RP_2至合适位置，测量G端（即IC_4的9脚）的直流电压，并用示波器观察电路中E端（即IC_4的4脚）的波形，记录波形特性、频率、幅度，填入表10-6中。

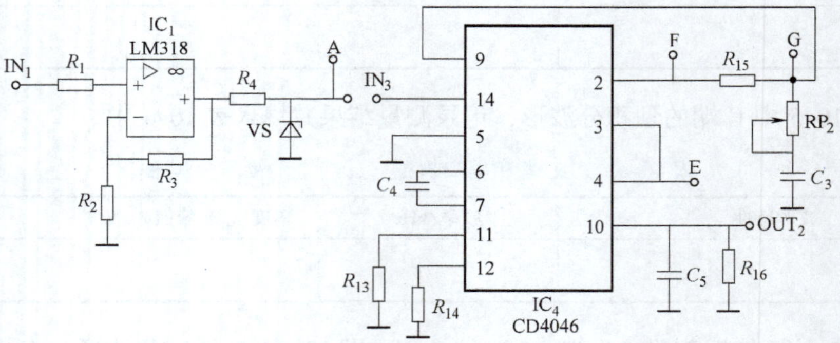

图10-7 由CD4046为核心构成的锁相环检波电路

表10-6 PLL输出（E端）自振波形

波形特性	频率/kHz	幅度（峰-峰值）/V

观察鉴相器输出端（F端）的波形，将测量结果填入表10-7中。

表10-7 鉴相器输出端（F端）的波形

波形特性	频率/kHz	幅度（峰-峰值）/V

观察压控振荡器输入端（G端）的波形，将测量结果填入表10-8中。

表10-8　压控振荡器输入端（G端）的波形

波形特性	频率/kHz	幅度（峰-峰值）/V

2）锁定的判断。将信号发生器输出的方波信号［幅度（峰-峰值）为3.5V，频率为自振频率f_0］加到载波输入端IN_1，连接A端和IN_3端。

用双踪示波器同时观察PLL的IN_3端和E端（即PLL的14脚和4脚）的波形，如波形稳定则表示频率被锁定。改变信号发生器的输出信号频率，可发现在较大范围内PLL均能锁定。记录结果。

锁定时观察A端和F端（即图10-7中IC_4 14、2脚）的波形，有何结论？

（3）观察系统的调频情况　实验电路如图10-5所示。IN_1端输入幅值（峰-峰值）为3.5V、频率与自振频率相同的方波信号（定义为载波）；IN_2端输入幅值（峰-峰值）为0.4V、频率为1kHz的正弦波（定义为调制波）。

用双踪示波器仔细观察OUT_1端和IN_2端的波形，为了清楚观看调频波的疏密变化，可微调调制信号的频率。

（4）观察系统的解调（鉴频）情况　保持第（3）步的状态，连接图10-5中的OUT_1端与图10-7中的IN_3端（即将调频波接入检波电路），用示波器观测图10-7中IN_3端和OUT_2端的波形，可清楚地观察到频率为1kHz的正弦波（即解调输出的波形）。将该波形与图10-5中IN_2端的调制信号进行比较，会发现其相位和频率相同。

注意：用双踪示波器观察波形时要注意波形的锁定，通常是用低频信号作为触发信号，这样更容易观察到波形。

6. 实验报告要求

1）整理所观测到的波形与数据，填入相应实验表中，绘制相应的波形图。

2）在实验报告中分析PLL调频时，外加载波信号频率与压控振荡器的中心频率，哪个频率稳定度要求较高。

3）PLL调频与鉴频均有低通滤波器，在实验报告中说明它们有何不同。

实验与实训11

调幅广播超外差式收音机的组装与调试

1. 实训目的

1）掌握电子元器件的识别及质量检验的方法，掌握一般小型电子产品的装配工艺、焊接技术、调试方法，掌握调幅广播超外差式收音机的工作原理。

2）培养动手能力，理论联系实际、分析问题、解决问题的能力及严谨的科学作风，积累实际工作经验，提高学生的综合素质和就业竞争实力。

3）使学生在做中学，然后在学中做，先知其然，然后知其所以然；促进学生职业能力发展，体现“以能力为本位、以学生为中心”的教学方法。

2. 实训所用器材

1）晶体管收音机套件：元器件明细见表 11-1。

表 11-1　元器件明细表

名称	数量	名称	数量
电阻器	9 个	二极管（1N4148）	1 个
电位器（带螺钉）	1 +1 个	印制电路板	1 块
圆片电容器	6 个	螺钉（ϕ2. 5mm ×4mm）	3 个
电解电容器	5 个	自攻螺钉（ϕ3mm ×6mm）	2 个
可变电容器	1 个	弹簧	1 个
磁棒、线圈	1 +1 个	正极片	1 个
磁棒支架	2 个	大拨轮	1 个
中频变压器	3 个	小拨轮	1 个
音频变压器	2 个	电线	4 根
晶体管（9018）	3 个	立柱	1 个
晶体管（9014）	1 个	螺钉（ϕ4mm ×10mm）	1 个
晶体管（9013 或 3DX201）	2 个	机壳（带扬声器）	1 套
		电路图	1 张

2）焊接、调试工具：电烙铁、焊锡、松香、斜口钳、螺钉旋具等。

3）万用表一块，信号发生器一台。

3. 实训所用知识点

（1）元器件及其作用

1）电阻器、电位器、扬声器的特性与应用。电阻器、电位器在电路中起到分压、分流、限流的作用，用于调节电路中的电压与电流。扬声器为消耗电能的负载，把音频电信号转换成声音。

2）电容器、电感器的特性与应用。电容器具有隔直流通交流的特性，频率越高容抗越小，在电路中可作为耦合电容、旁路电容或滤波电容使用，并可与电感器组成谐振回路应用于选频电路。电容器的介质损耗要小，绝缘电阻要大。电感的线圈电阻 R 越小、Q 越高、损耗越小，谐振回路的选择性越好、灵敏度越高。

3）变压器（磁性天线、振荡线圈）的特性与应用。变压器线圈的直流电阻很小，而一次侧、二次侧之间的电阻为无穷大，具有电压变换、耦合与阻抗变换的作用；也可利用变压器线圈的电感和电容组成谐振回路，具有选频作用。

4）二极管的特性与应用。二极管具有单向导电性，可应用于整流、稳压、检波、开关与钳位电路中。

5）晶体管的特性与应用。晶体管对信号具有放大作用，它是放大（混频、振荡）电路的核心器件。

6）电池（电源）的特性与应用。电池内阻很小，可提供稳定的直流电压（能源）。

（2）静态工作点的设置

1）甲类：为晶体管正常工作提供一个平台，保证晶体管工作在放大状态，对输入的交流小信号进行不失真的放大。混频器、振荡器正常工作，也应要有合适的静态工作点。

2）甲乙类：消除交越失真，提高功率放大器的效率。

（3）各单元电路的组成及工作原理　调幅（AM）广播超外差式收音机框图如图 11-1 所示。

天线接收到众多广播电台发射出的高频调幅（AM）信号，经输入回路选出所需要的电台信号，将它送到变频器，经变频后输出频率为 465kHz 的中频信号，将其送入中频放大器进行放大，经放大后的中频信号再送入检波器检波，还原成音频信号。音频信号再经前置低频放大器放大和末级功率放大器进行功率放大后送到扬声器，由扬声器将音频电信号还原成声音。为了提高收音机的性能还增加了 AGC（自动增益控制）电路。超外差式收音机是一种性能较好的接收机，具有灵敏度高、选择性好等优点。

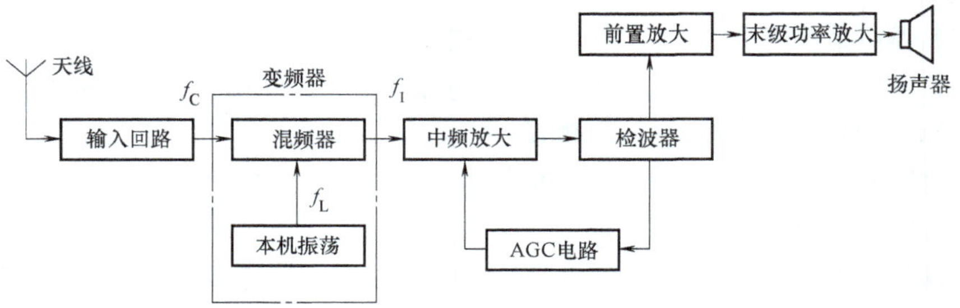

图 11-1　调幅（AM）广播超外差式收音机框图

1）输入回路：输入回路如图 11-2 所示。它处于收音机电路的最前方，由 L_1、C_{1a}、C'_{1a} 及 L_2、C_2 组成。

T_1 为高 Q 磁性天线，它由一根扁长形中波磁棒和线圈 L_1、L_2 组成。一般磁棒越长接收的灵敏度越高，中波磁棒用锰锌铁氧体材料制成，长度大于 50mm。线圈用漆包线绕制而成。C_{1a}、C_{1b}（见图11-3）为同轴的双联可变电容器，用于选择广播电台。C'_{1a}、C'_{1b}（见图11-3）为微调电容器，分别用于统调时调整补偿和调整高端频率刻度时调整补偿。

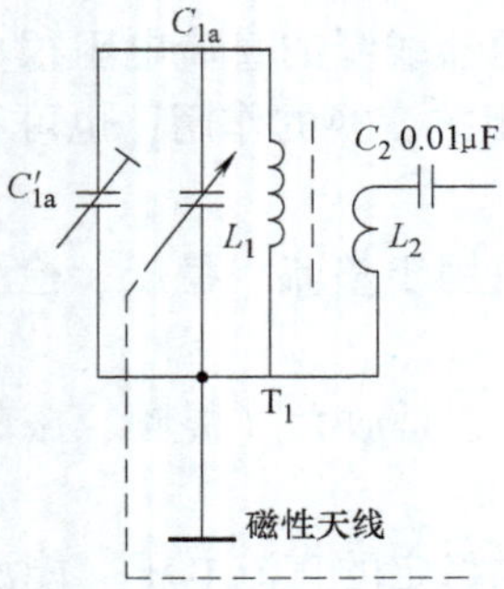

图11-2 输入回路

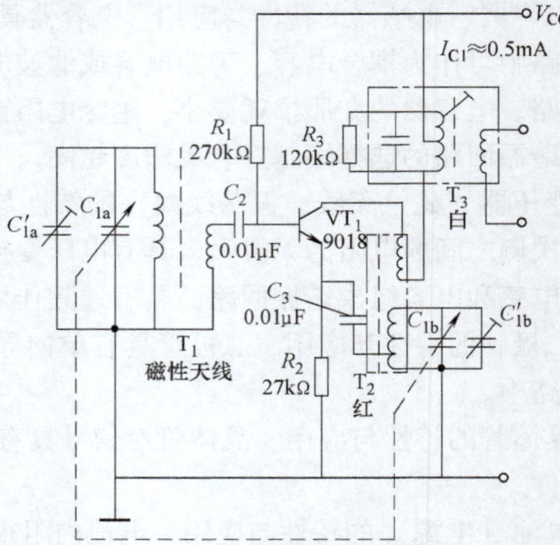

图11-3 变频器电路

接收天线接收无线电高频信号，输入回路利用并联回路的谐振特性选择出所要收听的广播电台信号，并将它送到收音机的变频器中，把那些不想收听的电台信号有效地加以抑制。因此，输入回路应具有良好的选择性、合适的通频带（9kHz），还要具有较大且均匀一致的电压传输系数、良好的工作稳定性和正确的频率覆盖（535～1605kHz）。

2）变频器：本机振荡器的作用是产生一个频率稳定的等幅振荡信号。混频器是超外差式收音机的核心部分，它将天线接收到的高频调幅（AM）已调信号通过和本地振荡器产生的等幅振荡信号混频，产生465kHz的中频信号。因为混频器和本机振荡器共用一个非线性器件（晶体管），所以合称为变频器。

变频器是超外差收音机的关键部分，它的质量对收音机的灵敏度和信噪比都有很大的影响。它取本机振荡器产生的振荡信号频率和输入回路选择出来的电台高频信号频率的差频465kHz作为中频信号输出，送往下一级。对变频器电路，要求增益要大、非线性失真要小、选择性要好、噪声系数要小、工作要稳定，本机振荡频率f_L要始终比输入回路选择出的高频信号频率f_C高465kHz。这种作用就是所谓外差作用，这就是超外差式接收机名称的由来。在我国，调幅（AM）广播收音机的中频频率规定为465kHz。

变频器电路如图11-3所示。它由晶体管VT_1及振荡线圈T_2、中频变压器T_3、偏置电阻R_1、发射极电阻R_2、阻尼电阻R_3、耦合电容C_3等组成，可同时完成本机振荡和混频。

本机振荡信号由振荡线圈T_2的中间抽头经C_3耦合到VT_1的发射极，输入回路输出的电台信号经T_1、C_2耦合到VT_1的基极，二者在VT_1中混频。由于晶体管的非线性作用，两信号混频后将产生多种频率成分的信号，其中有差频为465kHz的中频信号，由于中频变压器T_3的谐振频率为465kHz，所以只有频率为465kHz的中频信号才能在这个并联谐振回路中产生电压降，而其他频率信号几乎被短路。调节同轴的双联可变电容器C_{1a}、C_{1b}时，本机振荡频率f_L和输入回路谐振频率f_C同时改变，而中频频率$f_I=f_L-f_C=465\text{kHz}$则不变。

3）中频放大电路：高频载波经变频以后，把原来的高频信号变换成一个载频为465kHz

的中频信号，这个中频信号电压较弱，必须经过放大，才能进行解调。中频放大电路承担着放大中频电压的任务，且具有一定的选频作用，这就要求带宽为9kHz，为满足检波电路对输入信号电平的要求，增益控制在60dB左右。

中频放大电路常常是自动增益控制的受控级。

中频放大电路如图11-4所示。它由晶体管VT_2及R_4、R_5、T_4等元件组成。在中频放大电路中，要兼顾增益、通频带和选择性，尽可能地使谐振曲线趋于理想矩形曲线。超外差收音机的灵敏度和选择性基本上由中频放大电路决定。

中频变压器（T_3、T_4）通常称为中周，是超外差收音机的重要器件，在电路中起耦合、选频和阻抗变换的作用。

4）检波电路：在调幅（AM）广播中，从振幅受到调制的载波信号中取出原来的音频调制信号的过程称为检波，也叫解调。完成检波作用的电路叫检波电路或检波器。

一般的检波电路由非线性元器件和低通滤波器组成，要求检波效率高、失真小。

检波电路如图11-5所示。它由晶体管VT_3、电位器RP、电容C_5、C_7、电阻R_6和VT_4等组成。VT_3为非线性器件，这里当二极管使用；C_5、RP组成低通滤波器；R_6、C_7为耦合元件；VT_4作为检波电路的负载。

5）AGC（自动增益控制）电路：AGC电路的作用是当输入信号变化时，保证输出信号幅度基本恒定。AGC电路能够产生一个随输入信号大小变化而变化的控制电压，即AGC电压（$\pm U_{AGC}$），利用AGC电压去控制某些级的增益，即可实现自动增益控制。

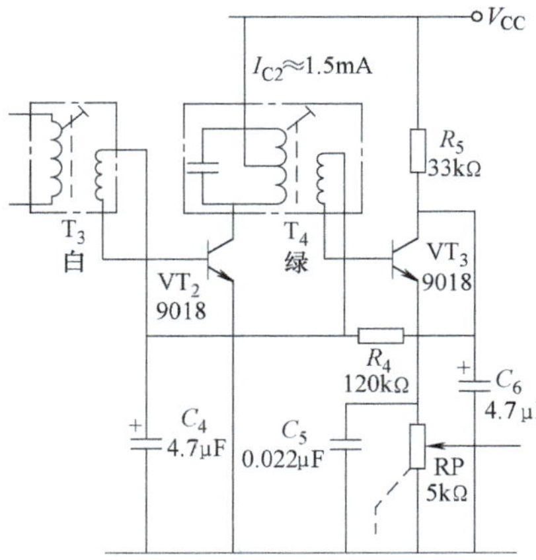

图11-4　中频放大电路

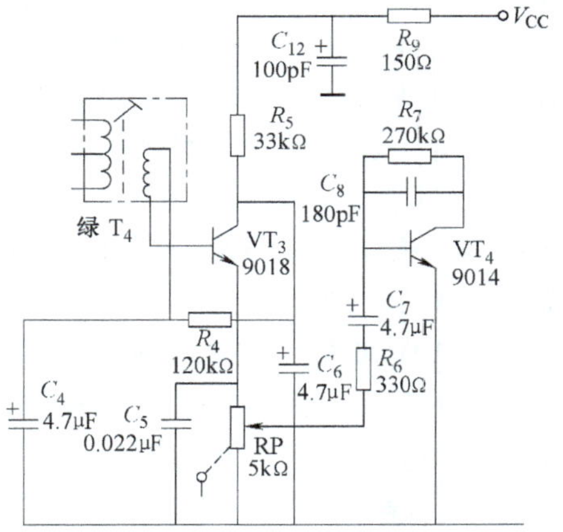

图11-5　检波电路

AGC电路如图11-6所示。该电路以晶体管VT_2、VT_3为核心组成，C_6、R_4和C_4组成π形低通滤波器，输出AGC电压U_{AGC}。

通过改变中频放大电路中晶体管（VT_2、VT_3，见图11-4）的工作点，达到自动增益控制的目的。当VT_3的集电极的输出信号增大时，通过反馈U_{AGC}电压增大，使U_B增大、I_B增大、β减小，本级增益减小，使检波输出电压减小，该电路又称基极电流控制电路。确定被控晶体管（VT_2）的工作点要兼顾增益和控制效果两方面的要求。

6）前置放大电路：从检波电路以后到扬声器的这部分电路称为低频放大电路，它通常包括前置放大器（低频电压放大器）电路和末级功率和放大（低频功率放大）电路两部分。

其中，低频电压放大电路工作在甲类、非线性失真小、电压增益大工作点稳定。

前置放大电路如图 11-7 所示，它以晶体管（VT_4）为核心，包括 R_6、C_7、R_7、C_8、T_5 等元器件，为末级低频功率放大电路提供具有一定电平的音频信号。

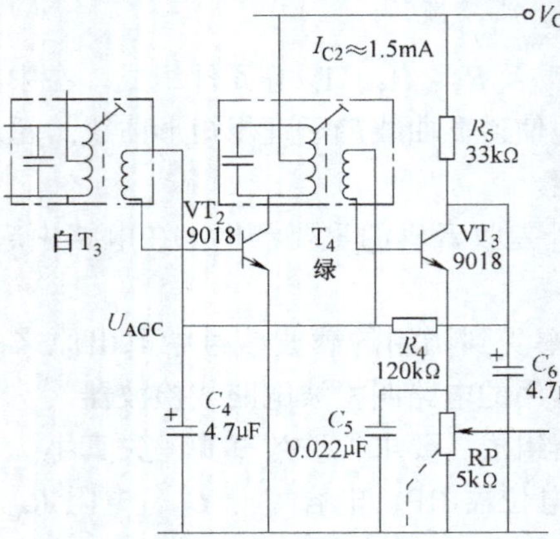

图 11-6 AGC 电路

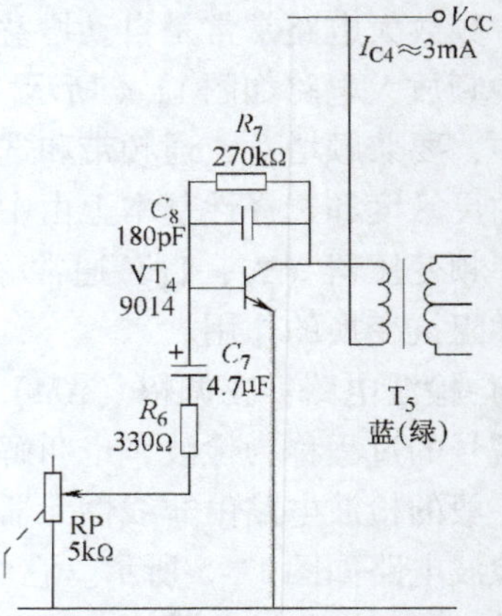

图 11-7 前置放大电路

该电路中输出采用音频变压器 T_5 耦合，可获得较大的功率增益；R_6 和 C_7 为耦合元件；R_7 为偏置、反馈电阻；C_8 为反馈电容器，起改善音质的作用。

7）末级功率放大电路：末级功率放大电路如图 11-8 所示。该电路以 VT_5、VT_6 为核心，包括了 R_8、VD、T_5、T_6、C_9、C_{10} 等元器件，是一种甲乙类互补推挽功率放大电路，用来推动扬声器（BL）工作。同时为了适应推挽功率级的需要，耦合变压器 T_5 的二次侧有中心抽头，把上一级的输出信号分成大小相等、相位相反的两个信号，分别推动两个推挽晶体管 VT_5、VT_6 工作。

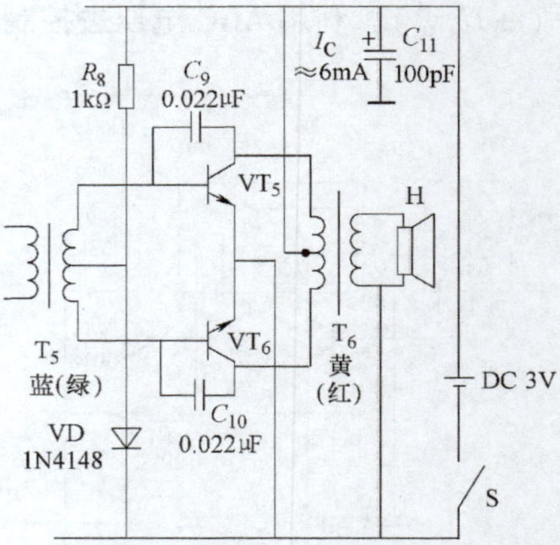

图 11-8 末级功率放大电路

注：VT_5、VT_6 采用 9013 或 3DX201 均可。

二极管 VD 和 R_8 为 VT_5、VT_6 提供静态偏置，使其工作在甲乙类，提高效率且克服交越失真；音频变压器 T_6 起阻抗变换和波形合成的作用；C_9、C_{10} 为反馈电容器，起改善音质的作用；C_{11} 为电解电容器，起电源去耦合作用，可提高电路工作的稳定性。

4. 实训内容与步骤

（1）认知 按材料清单（随套件发）清点全套零件，认知元器件，了解它们的型号、规格、性能和作用，熟悉图样上的元器件符号，并与实物对照。在本实训图中：

VT 表示晶体管，VD 表示二极管，T 表示变压器，R 表示电阻，C 表示电容。

（2）读图 以收音机为例，电子设备读图的一般步骤如下：

1）了解用途。本设备为普通调幅（AM）广播超外差式晶体管收音机。

2）化整为零。本设备可划分为天线、输入回路、变频电路、中频放大电路、检波电路、自动增益控制（AGC）电路、前置放大电路、末级功率放大电路和扬声器。

3）找出通路。找出直流通路（偏置电路）和交流信号通路。

4）抓住联系。找出耦合元件、输入电阻和输出电阻。

5）估算指标。估算出灵敏度、通频带、选择性、增益、输入电阻和输出电阻、检波效率、频率范围（一般为535～1605kHz）、输出功率（一般不小于100mW）、效率等。

6）对照收音机电原理图看懂印制电路板图。

（3）检测元器件　在安装之前，需要对所有的元器件进行检测，保证元器件质量达到要求。可用万用表测量元器件的电阻值，测量结果见表11-2、表11-3。

表11-2　变压器内阻的测量（用万用表“Ω×1”档）

变压器名称	文字符号	内阻实测数据	
		一次侧内阻/Ω	二次侧内阻/Ω
磁性天线	T_1	3.8	0.8
振荡线圈（红）	T_2	0.3	0.3、0.8
中频变压器（白）	T_3	1.0、3.8	3.8
中频变压器（绿）	T_4	2.4、3.0	1.0
音频（输入）变压器（蓝、绿）①	T_5	180	85、85
音频（输出）变压器（黄、红）	T_6	6、6	0.8

① 需用万用表“Ω×10”档测量。

表11-3　元器件的检测

类别	测量内容	电阻档	参　考　值
R	电阻值	Ω	见电阻上的色环标识
VD	正、反向电阻值	Ω×100	正向电阻为1.0kΩ左右，反向电阻为∞
VT	NPN型晶体管（E、B、C间）正、反向电阻值	Ω×100	9018高频晶体管：正向电阻为1.4kΩ左右，反向电阻为∞ 9013、9014低频晶体管：正向电阻为1.2kΩ左右，反向电阻为∞
T	绕组内阻	Ω×1	见表11-2
	绕组与壳的绝缘电阻	Ω×1k	中频变压器绕组与壳的绝缘电阻为无穷大
C	圆片电容器的绝缘电阻值	Ω×1k	绝缘电阻值为无穷大
	电解电容器绝缘电阻及质量	Ω×1k	表针应摆动一下，然后退回到机械零位。摆动程度视电容量大小而异，电容量大则摆动角度大，且返回原位的速度较慢。如果不能返回原位，则说明电容器漏电，一般不能采用

（4）安装　要认真细心地进行元器件安装，元器件安装的质量及顺序将直接影响到整机质量。部分元器件的安装顺序及要点见表11-4。

1）把3个中频变压器和2个音频变压器安装在印制电路板上，要求按到底。3个中频变压器的外壳固定支脚内弯90°，要求焊上。

2）安装晶体管时，应注意型号（9013、9014、9018）、管脚（E、B、C）和安装高度。

3）安装电阻时，应注意使色环方向保持一致，一般要立式安装，有允许偏差标记的一端在下面。

4）安装二极管和电解电容器时，应注意极性和安装高度。

5）用ϕ2.5mm×4mm的螺钉将可变电容器固定在印制电路板上。

表 11-4 部分元器件的安装顺序及要点（分类安装）

序号	安装内容	示意图及注意要点
1	T_2、T_3、T_4	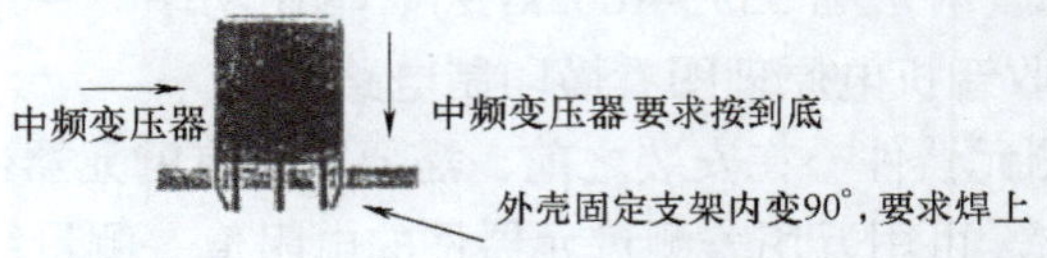
2	T_5、T_6	
3	VT_1 ~ VT_6	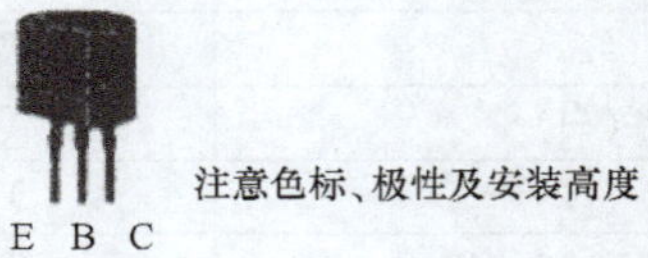
4	全部 R	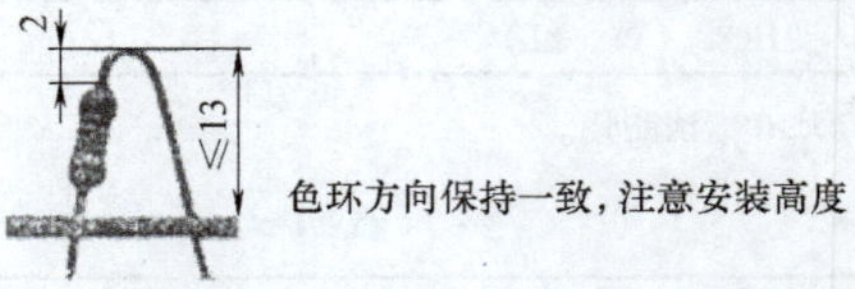
5	全部 C	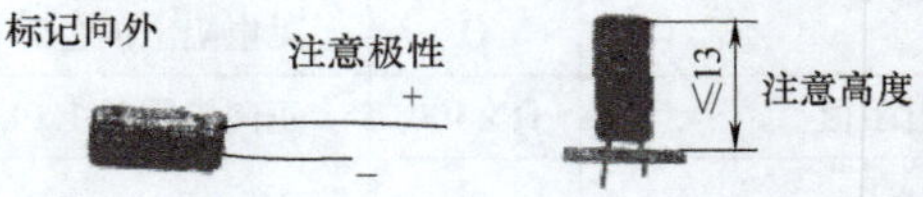

注意：所有元器件的高度不得高于中频变压器的高度，圆片电容器不分正、负极。

（5）焊接 安装后，为防止安装有误，给后续工作带来麻烦，经辅导人员或同学之间检查后才允许进行焊接工作。引线或元器件引脚要进行镀锡处理，镀锡层未氧化时可以不再处理。手工焊接5步操作法如图11-9所示。

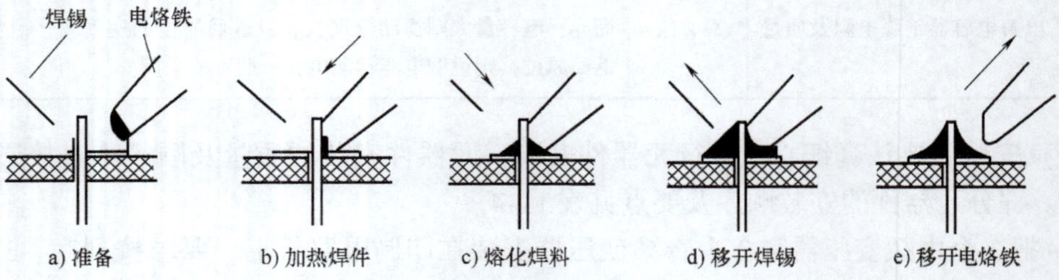

图 11-9 手工焊接5步操作法

焊接时，电烙铁头上要有少量焊锡，并接触到元器件的引脚与铜箔，这时将焊锡丝与烙铁头相触碰，焊锡丝就会很快熔化，把元器件的引脚与铜箔连在一体，然后迅速依次移开焊锡及电烙铁，这样就焊好了。焊接后应检查焊点有无漏焊、虚焊和短接。

注意：焊接时送锡量要适中，焊点应成圆锥形。

印制电路板焊好后，需修整引线，剪断引线多余部分，注意不可留得太长，焊点高度应小于2mm，但也不可太短。在电位器和双联上安上拨轮，用4根电线连接扬声器、正极片与弹簧，并将正极片、弹簧分别插入机壳。

注意： 电线两头露出的铜丝不要太长（露出3mm为宜），防止与其他地方碰触造成短路。

（6）直流测量

1）通电前的准备。接入电源前必须检查电源有无输出电压（3V）和引线正、负极是否正确。对实验电路进行自检、互检，使得焊接及印制电路板质量达到要求，特别注意各电阻器阻值是否与图样相同，各晶体管、二极管和电解电容器是否有极性焊错、位置装错以及电路印制板线条断线或短路现象，还需检查焊接时有无漏焊、虚焊、焊锡过多造成电路短路现象。

2）接入电源后。印制电路板留有4个测电流的插孔，用万用表分别在4个插孔处测量晶体管的静态工作电流：$I_{C1}\approx0.5\text{mA}$，$I_{C2}\approx1.5\text{mA}$，$I_{C4}\approx3\text{mA}$，$I_{C5}=I_{C6}\approx6\text{mA}$。测量合适后要用焊锡将电流测量插孔封住，这时收音机就可以正常工作了，慢慢转动调谐拨轮，应能听到广播声。如果遇到哪一级电流太小或太大，要重点检查该级的二极管、晶体管极性是否装错，周围元器件是否装错，是否有焊接短路的现象。

注意： 可用万用表100mA直流电流挡测量整机静态总电流。将表笔跨接于电源开关（开关为断开位置）的两端（若表针反偏，将表笔对调一下）。

① 若电流为0，这是由于电源的引线已断，或电源的引线及开关虚焊所致。如果这一部分证明是完好的，应检查印制电路板，看有无断裂处。

② 若电流很大，表针满偏，这是由于输出变压器一次侧对地短路，或VT_5、VT_6的集电极对地短路（可能VT_5或VT_6的C、E脚间搭锡所致），要重点检查二极管（VD）是否焊接反，测量其两端电压（正常值应为0.62V左右），如电压偏高，则应更换二极管。

③ 本机正常总电流约为10mA±2mA。注意在此过程中不要调节中频变压器及微调电容器，经通电检查并正常发声后，可进行调试工作。

（7）调试

1）调整中频频率（俗称调中周）。目的是将中频变压器的谐振频率都调整到固定的中频频率465kHz这一点上。

打开收音机开关，转动调谐拨轮，选择接收某一广播电台信号，这时用螺钉旋具按顺序（由后级向前级）微微分别调试两个中频变压器（绿色T_4、白色T_3）的磁帽（反复调整2~3次），使扬声器的输出音量最大。

2）调整频率范围（俗称调覆盖或对刻度）。目的是使双联可变电容器在从全部旋入到全部旋出时，所接受的频率范围恰好是整个中波波段，即535~1605kHz。

① 低端调整。将信号发生器调至535kHz，把收音机调谐拨轮指示转到低端535kHz位置上（将双联可变电容器全部旋入），此时调整振荡线圈（T_2）使收音机信号出现并最强。

② 高端调整。将信号发生器调至1605kHz，把收音机调谐拨轮指示转到高端1605kHz位置上（将双联可变电容器全部旋出），调微调电容器$C_{1b'}$使收音机信号出现并最强。

注意： 高、低端应反复调整2~3次，使信号最强。

频率范围的调整也可用广播电台信号进行。收听熟悉的几个不同频段范围内的广播电台，将声音调至最大，再使指针对准其频率刻度即可。

3）统调（调灵敏度、跟踪调整）。目的是使本机振荡频率始终比输入回路的谐振频率高出一个固定的中频频率465kHz。

① 低端调整。把收音机的调谐拨轮指示转到低端600kHz左右的位置上，接收一电台信号，调整磁性天线T_1线圈在磁棒上的位置使低端信号最强，收音机输出的音量最大（一般线圈位置应靠近磁棒的右端）。

② 高端调整。把收音机的调谐拨轮指示转到高端1500kHz左右的位置上，接收一电台信号，调整微调电容器使高端信号最强，收音机输出的音量最大。

注意：高、低端应反复调整2~3次，调试完后即可用蜡将线圈固定在磁棒上。

收音机的调试流程如图11-10所示。

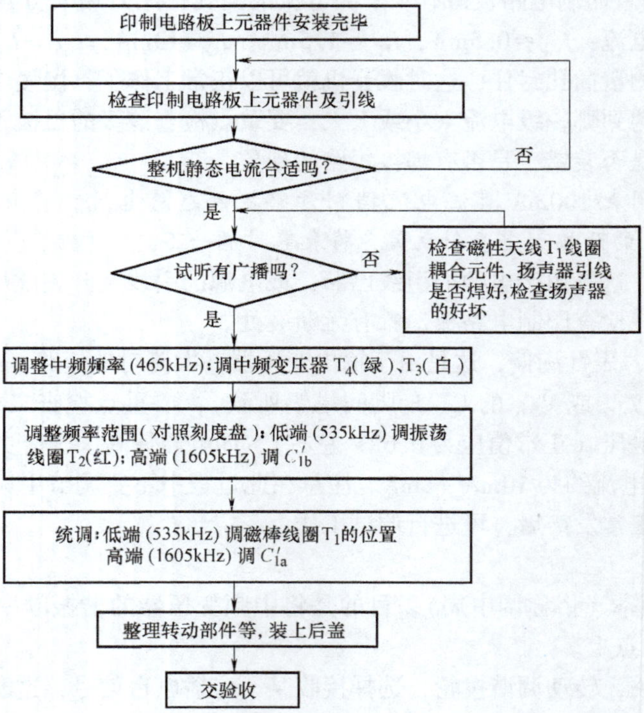

图11-10 收音机的调试流程

（8）故障排除 检测要领：耐心细致、冷静有序。按步骤进行，一般由后级向前级检测，先判断故障位置，再查找故障点，循序渐进，排除故障。切忌乱调乱拆，盲目烫焊，导致越修越坏。

常用的简易方法是将万用表置于“Ω×10”档，红表笔单接电池负极（地），黑表笔碰触晶体管基极（通常为功率放大器或中频电压放大器的输入端），或手握螺钉旋具的金属部分去碰（晶体管基极），此时，可从扬声器听到“咯咯”声。否则，碰触点后面电路有问题。

1）完全无声。接通电源开关，将音量电位器开至最大，若扬声器中没有任何响声，可以判定低频部分有问题。首先检查4个电流测量插孔是否封住，再检查扬声器及其引线、电池引线是否焊好，电位器开关接触是否良好，输出变压器 T_6 的二次侧是否断线。

2）有“沙沙”声但收不到电台。出现这种故障的原因在高频部分。首先检查磁性天线 T_1 的线圈引线是否焊好，注意线圈引线上是有漆的，必须先刮漆后焊才能焊好；检查双联可变电容器（C_{1a}、C_{1b}）的3个引线是否焊好；检查中频变压器及周围的焊点是否有短路的现象；检查红色中频变压器（即振荡线圈 T_2）是否装错位置。

3）收台少。故障原因是统调没调好，应按顺序再重新进行认真统调。

4）声音小。首先检查各晶体管的电流是否太小，再检查耦合元件是否正常。

5）啸叫。首先检查各晶体管的电流（I_C）是否太大，再检查甲类低频放大反馈电容 C_8 是否失效。

（9）产品验收

1）外观。机壳、频率盘清洁完整，不得有划伤烫伤及缺损。

2）印制电路板。安装整齐，无损伤，焊接质量好、光亮美观，不得有虚焊、桥接，特别是导线与正负极片间的焊接质量要好。

3）整机安装合格。转动部分要灵活，固定部分要可靠，后盖松紧要合适。

4）性能指标要求。

① 频率范围535～1605kHz。

② 灵敏度较高、选择性较好。

③ 音质清晰、洪亮、噪声低。

5. 实训考核

（1）平时成绩考核（占50%）　内容包括：出勤率、工具和仪器的使用与操作、实训产品完成质量情况。

（2）实训报告考核（占50%）　实训报告内容包括：实训目的、所用仪器及元器件；实训电路原理图（包括框图、总体电路图），画出各单元电路图，并说明各单元电路的作用；实训内容摘要；安装、焊接与调试过程中出现了的问题和解决方法；阐述课题的核心及实用价值，提出改进意见，并总结实训的收获、体会。实训报告要求书写认真、绘图规范。

博士—618型调幅（AM）广播超外差式收音机原理电路如图11-11所示。

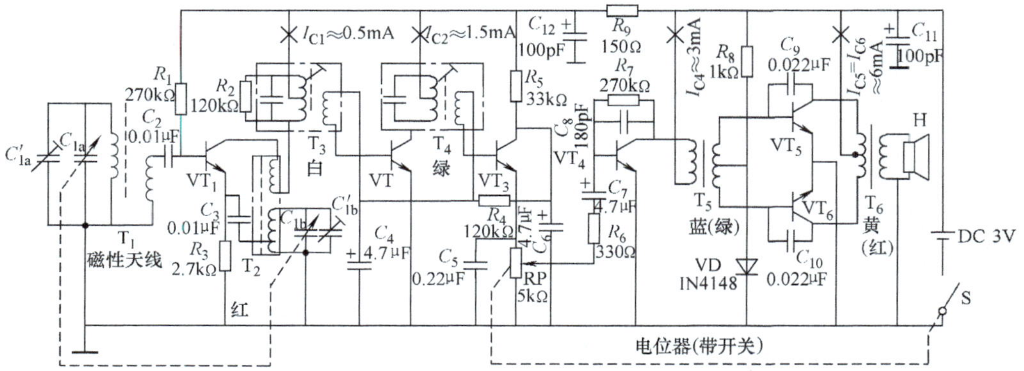

图11-11　博士—618型调幅（AM）广播超外差式收音机原理电路

博士—618 型调幅（AM）广播超外差式收音机印制电路板图如图 11-12 所示。

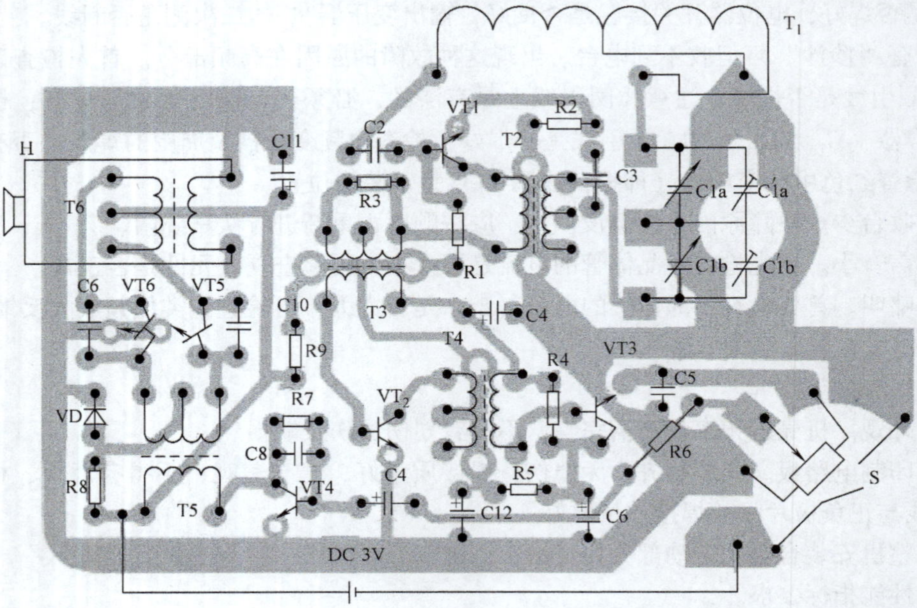

图 11-12 博士—618 型调幅（AM）广播超外差式收音机印制电路板图

实验与实训12

调频收音机/对讲机的组装与调试

1. 实训目的

1）读懂调频（FM）收音机/对讲机电路的工作原理图。

2）掌握电子元器件的识别、安装、焊接工艺及相关工具、仪表的使用方法。

3）掌握简单电子产品的整机装配工艺，并达到产品质量要求。

4）学会编制简单电子产品的工艺文件，能按照行业规程要求，撰写实训报告。

2. 实训器材和电路

1）工具和仪表：25W 电烙铁、尖嘴钳、斜口钳、镊子、螺钉旋具和万用表等。

2）材料：仿手机型调频（FM）收音机/对讲机套件，焊锡、松香等。

3）电路：仿手机型调频（FM）收音机/对讲机原理如图 12-1 所示。

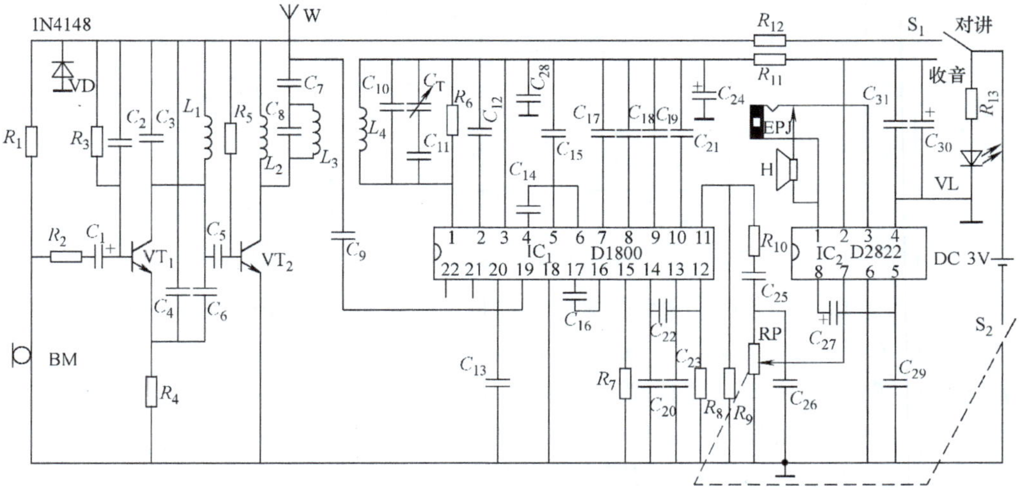

图 12-1　仿手机型调频（FM）收音机/对讲机原理图

3. 原理概述

本套件用的核心芯片为 D1800 收音接收专用集成电路，功率放大部分选用 D2822 双声道功率放大集成电路。对讲发射部分采用两级放大电路，第一级为调频振荡电路，第二级为功率放大兼发射部分，采用专用的发射管使发射效率和对讲距离大大提高。该套件具有造型美观、体积小、外围元器件少、灵敏度高、性能稳定、耗电省及输出功率大等优点。

收音机/对讲机参数为：

① 工作频率：调频波段 88～108MHz。

② 工作电源电压为 3V，静态电流为 13.5mA。

③ 输出功率大于等于 350mW，发射机工作电流为 18mA。

④ 信噪比大于 80dB，谐波失真小于 0.8%。

⑤ 对讲距离为 50 ~ 100m。

仿手机型调频（FM）收音机/对讲机的组成框图如图 12-2 所示。

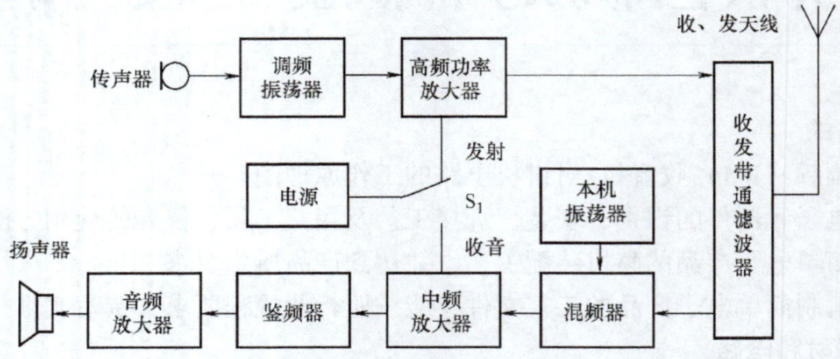

图 12-2 仿手机型调频（FM）收音机/对讲机的组成框图

D1800 收音接收专用集成电路的逻辑功能框图及引脚排列如图 12-3 所示。

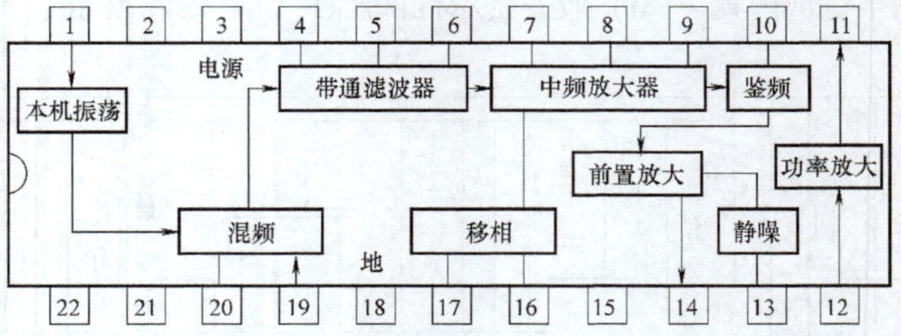

图 12-3 D1800 收音接收专用集成电路的逻辑功能框图及引脚排列

D2822 双声道功率放大集成电路的逻辑功能框图及引脚排列如图 12-4 所示。

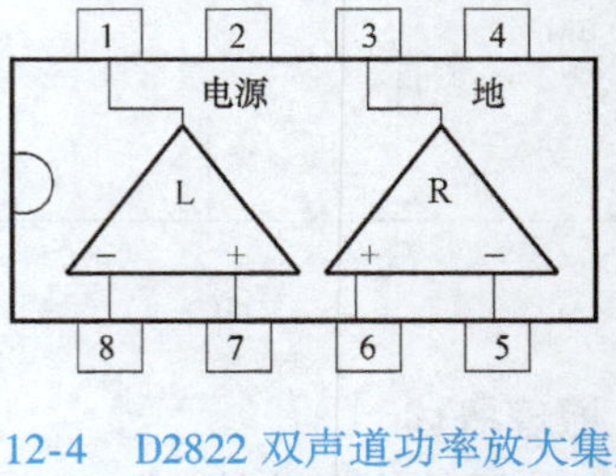

图 12-4 D2822 双声道功率放大集成电路的逻辑功能框图引脚排列

（1）收音（或接收）单元 调频信号由天线 W 接收，经 C_9 耦合到 $IC_1$19 脚内的混频电路，IC_1 的 1 脚内部为本机振荡电路，1 脚为本机振荡信号输入端，L_4、C_T、C_{10}、C_{11} 等元件构成本机振荡电路的谐振回路。在 IC_1 内部混频后的信号经带通滤波器后得到 10.7MHz 的中频信号，中频信号由 IC_1 的 7 脚、8 脚、9 脚内电路进行中频放大、频率检波，7 脚、8 脚、9 脚外接的电容为高频滤波电容。此时，中频信号频率仍然是变化的，经过鉴频后变成变化的电压，这个变化的电压就是音频信号。IC_1 的 10 脚外接电容为鉴频电路的滤波电容。经过静噪的音频信号从 14 脚输出耦合至 12 脚内的功率放大电路，第一次功率放大后的音频信号从 11 脚输出，经过 R_{10}、C_{25}，RP，耦合至 IC_2 进行第二次功率放大，推动扬声器发出声音。

（2）对讲（发射）单元 对讲（发射）单元原理电路如图 12-5a 所示。变化的声波被驻极体传声器（BM）转换为变化的电信号，经过 R_1、R_2、C_1 阻抗均衡后，由 VT_1 进行调制振荡放大。C_2、C_3、C_4、C_5、L_1 以及 VT_1 集电极与发射极之间的结电容 C_{CE} 构成一个 LC 振荡电路。在调频电路中，很小的电容变化也会引起很大的频率变化。当输入电信号变化时，相应的 C_{CE} 也会有变化，这样振荡频率就会有变化，就达到了调频的目的。经过 VT_1 调制放大的信号经 C_6 耦合至发射晶体管 VT_2 并通过天线 W、C_7 向外发射调频信号。VT_1 采用 9018，是振荡放大晶体管；VT_2 采用 D40，是专用发射晶体管。L_2 为集电极负载，C_1、C_6 为耦合电容，L_3、C_8、C_7 组成滤波匹配网络。

调频（FM）振荡器交流通路如图 12-5b 所示。它是一个并联改进型的电容三点式正弦波振荡器（西勒振荡器）。C_2 的电容量较大，容抗较小，对高频振荡信号相当于短路。

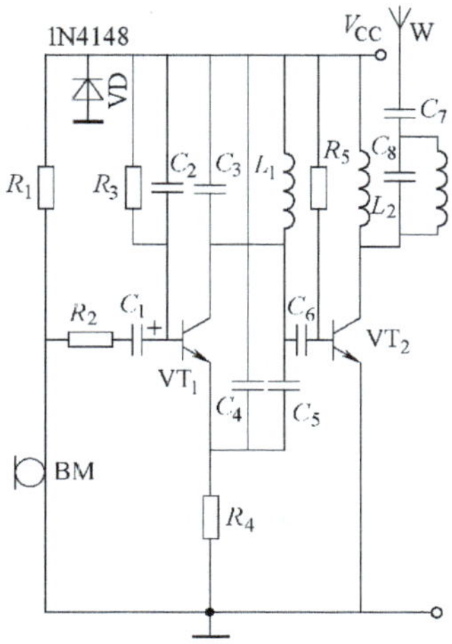

a) 原理电路

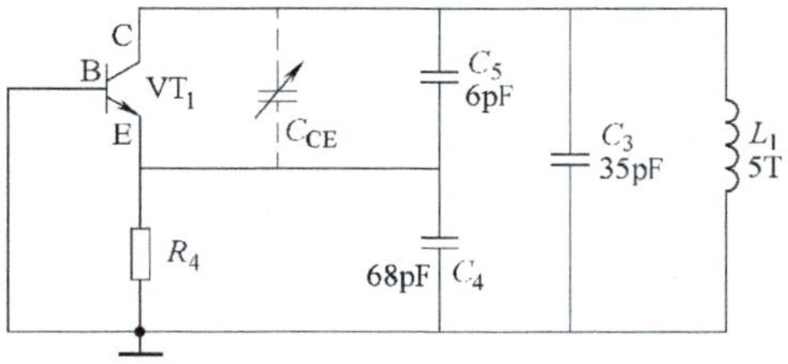

b) 调频(FM)振荡器交流通路

图 12-5　对讲（发射）单元原理电路

4. 实训步骤与内容

（1）领料　按照仿手机型调频（FM）收音机/对讲机套件清单领料，见表 12-1。

表 12-1　仿手机型调频（FM）收音机/对讲机套件中主要元器件清单

序　号	名　称	型号与规格	文字符号	数　量
1	集成块	D1800、D2822	IC_1、IC_2	各 1 块
2	高频晶体管	9018	VT_1	1 个
3	发射晶体管	D40 或 9018	VT_2	1 个
4	开关二极管	1N4148	VD	1 个
5	发光二极管	ϕ3mm，红色	VL	1 个
6	驻极体传声器	50dB	BM	1 个
7	扬声器	ϕ36mm	BL	1 个
8	电感线圈	ϕ3mm，5T	L_1、L_3、L_4	3 个
9	电感线圈	ϕ3mm，6T	L_2	1 个
10	电阻器	15Ω、47Ω、100Ω	R_{12}、R_{11}、R_4	各 1 个
11	电阻器	120Ω、330Ω、560Ω	R_1、R_{13}、R_9	各 1 个
12	电阻器	2. 2kΩ、47kΩ	R_{10}、R_2	各 1 个

（续）

序 号	名 称	型号与规格	文字符号	数 量
13	电阻器	1kΩ、10kΩ、36kΩ	R_6、R_5、R_3	各1个
14	电阻器	5.1kΩ	R_7、R_8	2个
15	电位器	5kΩ	RP	1个
16	瓷片电容器	10pF、15pF、18pF	C_{10}、C_9、C_{15}	各1个
17	瓷片电容器	33pF	C_3、C_7、C_8、C_{19}	4个
18	瓷片电容器	39pF、68pF、75pF	C_{11}、C_4、C_{16}	各1个
19	瓷片电容器	100pF、220pF、1000pF	C_{17}、C_{14}、C_2	各1个
20	瓷片电容器	6pF、0.015μF	C_5、C_6、C_{20}、C_{26}	各2个
21	瓷片电容器	0.22μF、0.1μF	C_{12}、C_{13}、C_{23}、C_{25}	各2个
22	瓷片电容器	0.01μF	C_{18}、C_{21}、C_{22}	3个
23	瓷片电容器	0.01μF	C_{28}、C_{29}、C_{31}	3个
24	电解电容器	0.47μF、10μF	C_1、C_{27}	各1个
25	电解电容器	220μF	C_{24}、C_{30}	2个
26	双联可变电容器	CBM—223P	C_T	1个

（2）核对与检查　根据表12-1对照图12-1核实元器件及各种结构件。

（3）安装与焊接　一般先装低矮、耐热的元器件，最后装集成电路。应按如下步骤进行焊接：

1）清查元器件的质量，并及时更换不合格的元器件。

2）确定元器件的安装方式，由孔距决定，并对照图12-1核对印制电路板。

3）将元器件弯曲成形，本电路所有的电阻（除R_{12}外）均采用立式插装，尽量将字符置于易观察的位置，字符应从左到右、从上到下，以便于以后检查，对元器件的引脚上锡，以便于焊接。

4）插装。应对照图12-1对号插装，有极性的元件要注意极性，如集成电路的脚位等。

5）焊接。各焊点加热时间及用锡量要适当，防止虚焊、错焊、短路。其中，耳机插座、晶体管等焊接时要快，以免烫坏。

6）焊后剪去多余引脚，检查所有焊点，并对照图12-1仔细检查，确认无误后方可通电。

（4）安装提示

1）发光二极管应焊在印制电路板反面。对比好高度和孔位再焊接。

2）由于本电路工作频率较高，安装时请尽量紧贴印制电路板，以免高频衰减而造成对讲距离缩短。

3）焊接前应先将双联可变电容器用螺钉固定好，并剪去双联可变电容器拔盘圆周多余高出的引脚再焊接。

4）跳线可以用剪下的多余元器件引线代替，天线W的引线用粗软线连接。

5）为了防止集成电路被烫坏，套件中配备了集成电路插座（22脚），请务必要焊上。

6）耳机插座上的引脚要插好，否则后盖可能会盖不紧。

7）印制电路板请用两个 ϕ2mm×5mm 的自攻螺钉固定。

8）按钮 S_1 外壳上端的引线要焊接起来，以保证 VD 的正极与地可靠接触。

（5）测试与调整　元器件以及连接导线全部焊接完后，经过认真仔细检查后即可通电调试：

1）静态测试。在调试前，先对收音机进行静态测试。将收音机调至无电台的位置。断开电源，将万用表调至直流电流档（50mA），跨接在开关两端，此时的静态电流值为 10mA 左右。

接通电源，将万用表调至直流电压档（10V），分别测试集成电路各引脚的电位。记录并填入实训报告表，正常情况下的测试结果见表 12-2、表 12-3。

表 12-2　D1800 各引脚静态电压参考值

引脚	电压/V	引脚	电压/V	引脚	电压/V	引脚	电压/V	引脚	电压/V	引脚	电压/V
1	2.4	5	1.7	9	1.9	13	0.4	17	1.9	21	0.8
2	2.1	6	1.3	10	2.2	14	1.3	18	0	22	0
3	2.4	7	1.3	11	0.5	15	0.1	19	1.3		
4	1.8	8	1.3	12	0	16	1.9	20	1.3		

表 12-3　D2822 各引脚静态电压参考值

引脚	电压/V	引脚	电压/V	引脚	电压/V	引脚	电压/V
1	1.3（左输出）	3	1.3（右输出）	5	0.6（右入负）	7	0（左入正）
2	3（电源）	4	0（地）	6	0（右入正）	8	0.6（左入负）

2）动态调整。

① 收音（或接收）部分的调整：打开电源开关 S_2，并将音量开至最大，再细调双联可变电容器，这时应可收到广播电台，若还收不到，则应检查元器件有没有装错，印制电路板有没有短路或开路等，还可以试换一下 IC_1。

排除故障后找一台标准的调频收音机，分别在低端和高端收一个电台，并调整被调收音机中 L_4 的松紧度，使被调收音机也能收到这两个电台。那么这台被调收音机的频率覆盖就调好了。若在低端收不到这个电台，说明应减少 L_4 的匝数；若在高端收不到这个电台，则说明应增加 L_4 的匝数，直至这两个电台都能收到为止。收音部分调整电路如图 12-6 所示。

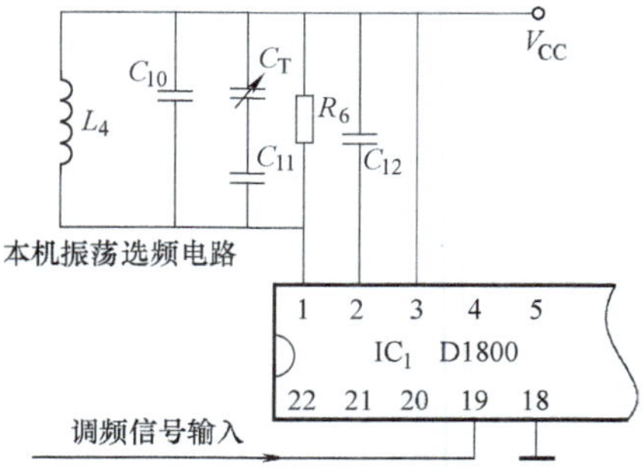

图 12-6　收音部分调整电路

注意：调整时应用无感螺钉旋具或牙签拨动 L_4 的松紧度。当 L_4 被拨松时频率就增高，反之则降低。调整前还应将频率指示标牌贴好，使整个圆弧上的数值都能在前盖的小孔内看得见（旋转调台拨盘时）。

② 发射（或对讲）部分的调整：首先将一台标准的调频收音机的频率指示调在 100MHz 左右，然后将被调收音机的发射部分的按钮 S_1 按下，并调节 L_1 的松紧度，使标准收音机有

啸叫，若没有啸叫则可将距离拉开0.2~0.5m，直到有啸叫声为止，然后再拉开距离对着驻极体传声器讲话。若有失真，则可调整标准收音机的调台旋钮，直到消除失真。还可以调整 L_2 和 L_3 的松紧度，使距离拉得更开，信号更稳定。

若要实现对讲，请再装一台本套件并按同样的方法进行调整。对讲频率可以自己定（调节 L_1），如88MHz、98MHz、108MHz、…，这样可以实现互相保密也不致相互干扰。

(6) 调频（FM）收音机/对讲机产品的验收 按照产品出厂的要求进行验收。

1）外观：机壳及频率盘清洁完整，不得有划伤、烫伤及缺损。

2）印制电路板安装整齐美观，焊接质量好、无损伤。

3）导线焊接可靠，不得有虚焊，特别是导线与正、负极的焊接位置和质量要好。

4）整机安装合格：转动部分灵活、固定部分可靠、后盖松紧合适。

5）性能指标要求。

① 频率范围：FM 广播 88~108MHz。

② 灵敏度较高。

③ 音质清晰、洪亮、噪声低。

5. 实训报告要求

1）按实训要求的内容整理测量数据。

2）简述安装、调试收音机的步骤与方法。

3）记录在安装与调试过程中遇到的问题、常见故障及排除方法。

实验与实训13

集成电路调频/调幅收音机的组装与调试

1. 实训目的

1）读懂集成电路（单片）调频/调幅收音机电路的基本组成、工作原理及印制电路板的安装图。

2）掌握电子元器件的识别、安装、焊接工艺及相关工具、仪表的使用方法。

3）掌握简单电子产品的整机工艺、装配、调试方法，并达到产品质量要求。

4）学会编制简单电子产品的工艺文件，能按照要求撰写实训报告。

2. 实训器材和电路

1）工具和仪表：25W 电烙铁、烙铁架、尖嘴钳、斜口钳、镊子、螺钉旋具、小刀和万用表等。

2）材料：德生 202T 型调频/调幅/电视伴音收音机套件、焊锡、松香、无水酒精等。

3）电路：德生 202T 型调频/调幅/电视伴音收音机原理图如图 13-1 所示，其印制电路板图如图 13-2 所示。

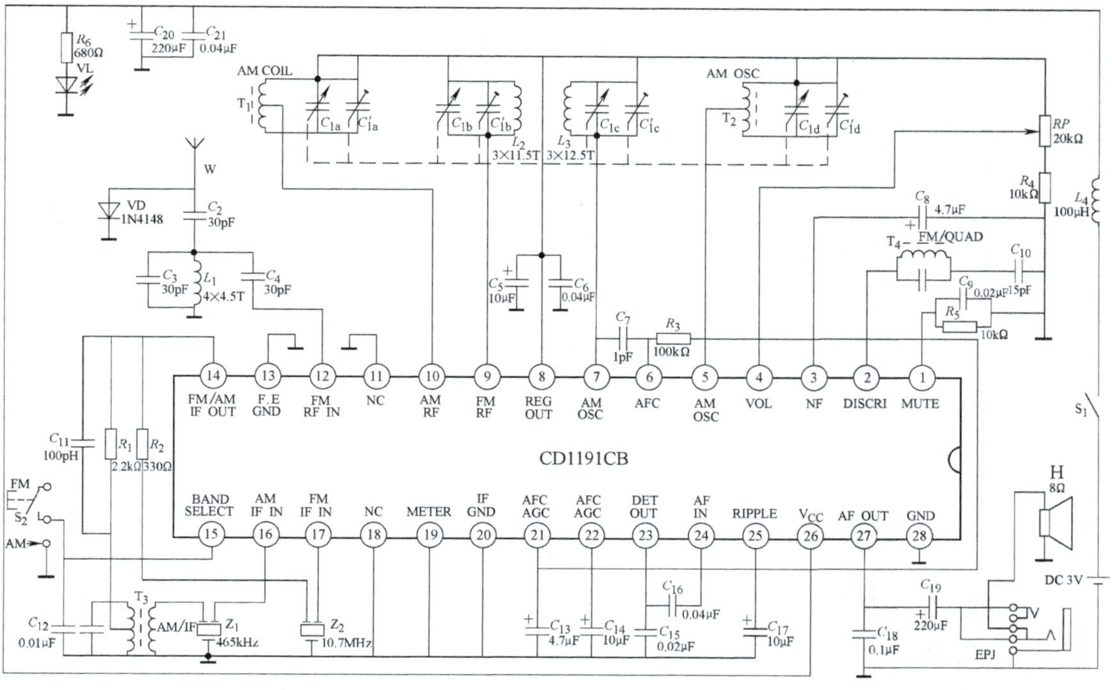

图 13-1　德生 202T 型调频/调幅/电视伴音收音机原理图

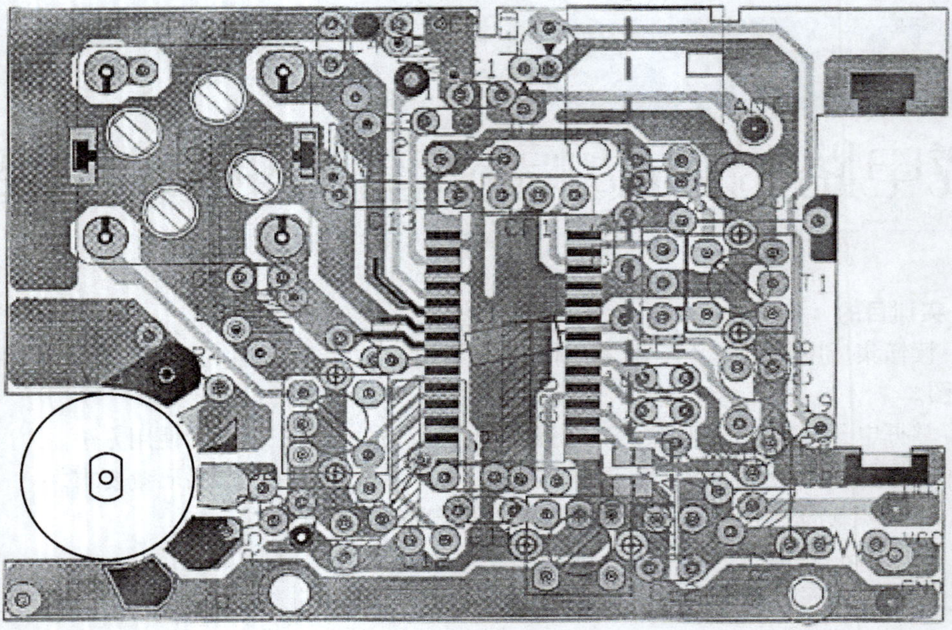

图 13-2 德生 202T 型调频/调幅/电视伴音收音机印制电路板（主板）图

3. 原理概述

由于集成技术的迅速发展，分立元器件的晶体管收音机早已被集成电路取代，大规模集成电路可将调幅、调频收音机的绝大部分电路集成在一个芯片内，不但大大简化了电路，而且工作更加可靠。集成电路收音机是由集成电路配以适当的外围元器件构成的。目前收音机的高频放大、中频放大、检波、鉴频及低频放大电路均已实现集成化，而且集成度越来越高。为了满足接收不同频率的需要，输入谐振电路一般使用分立元器件或专用集成电路，其他各功能电路均集成在一个芯片内。调幅收音机的基本原理在实验与实训 11 已经叙述，下面简单概述调频收音机的组成及基本原理。

调频收音机的组成框图如图 13-3 所示。

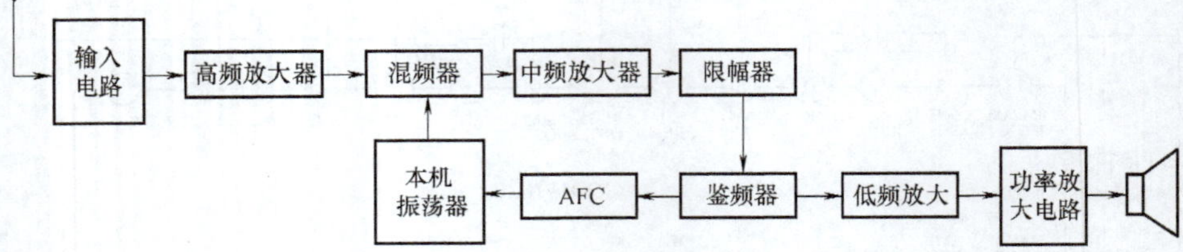

图 13-3 调频收音机组成框图

调频（FM）广播使用的是超短波发送，本实训产品接收的频段为 64 ~ 108MHz，中频频率为 10.7MHz。它和调幅（AM）超外差式收音机的电路结构相似，是由输入电路、高频放大器、混频器、中频放大器、限幅器、鉴频器、低频电压放大器、低频功率放大器、本机振荡器及 AFC 电路等组成。

天线接收到的调频无线电波经输入电路选频和高频放大器放大后送给变频级，变频级利用晶体管的非线性作用，将调频信号和本机振荡器产生的正弦波信号进行混频，得到10.7MHz的差频（中频）信号，即完成超外差过程。10.7MHz的中频信号经中频放大器放大后送到限幅器。限幅器的作用是切除调频波上的干扰和噪声，使中频信号变成一个等幅的调频波，然后送到鉴频器。鉴频器相当于调幅收音机的检波，将频率变化的信号转变成电压变化的信号。低频电压放大器和低频功率放大器功能同调幅收音机。此外，为防止电源电压及温度变化而引起振荡频率的漂移，电路还设有自动频率控制（AFC）电路。

（1）CD1191CB芯片的特点　本实训收音机电路的核心器件是CD1191CB芯片，该芯片是一块集成度高、外围元器件少的单片FM/AM收音机集成电路。其特点如下：

① 静态电流小。$V_{CC}=3V$时，FM的$I_{CCQ}=5.3mA$；AM的$I_{CCQ}=3.4mA$（典型值）。

② 带有FM/AM选择开关。

③ 输出功率大。$V_{CC}=6V$、$R_L=8\Omega$时，$P_o=500mW$（典型值）。

④ 内置AFC可变电容。

⑤ 内含RF AGC、IF AGC。

⑥ 电子音量控制，FM静音。

⑦ 封装形式为SOP28。

（2）CD1191CB功能框图　CD1191CB芯片AM信号接收主要功能框图如图13-4所示，FM信号接收主要功能框图如图13-5所示。

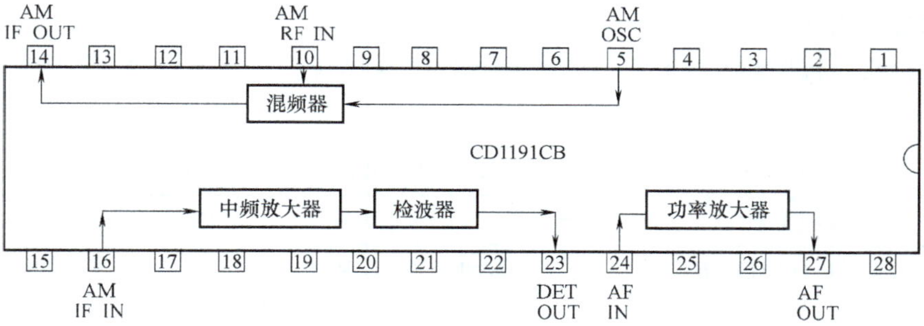

图13-4　AM信号接收主要功能框图与引脚说明

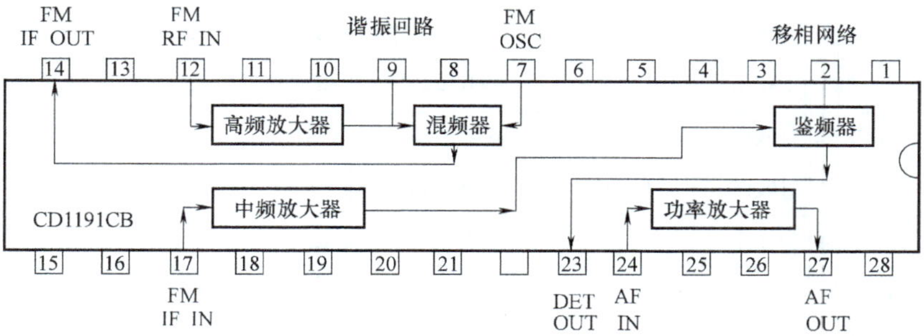

图13-5　FM信号接收主要功能框图与引脚说明

（3）CD1191CB引脚功能说明　CD1191CB的引脚功能说明见表13-1。

表 13-1 CD1191CB 的引脚功能说明

引脚号	引脚符号	引脚功能	引脚号	引脚符号	引脚功能
1	MUTE	静音	15	FM/AM SW	FM/AM 波段选择
2	DISCRI	FM 移相	16	AMIFIN	AM 中频输入
3	NF	负反馈	17	FMIFIN	FM 中频输入
4	VOL	音量控制	18	NC	空脚
5	AMOSC	调幅本振	19	METER	调谐指示
6	AFC	自动频率控制	20	IFGND	中频地
7	FMOSC	调频本振	21	AFC/AGC	AFC/AGC 控制
8	REGOUT	基准源输出	22	AFC/AGC	AFC/AGC 控制
9	FMRF	FM RF 调谐	23	DETOUT	检波输出
10	AMRFIN	AM 射频输入	24	AFIN	功率放大输入
11	NC	空脚	25	RIPC	纹波滤波
12	FMRFIN	FM 射频输入	26	V_{CC}	电源（电源正极）
13	FEGND	高频地	27	AFOUT	功率放大输出
14	AMIFOUT	中频输出	28	PGND	地（电源负极）

4. 实训步骤和内容

（1）领料　按照德生202T型调频/调幅/电视伴音收音机套件清单领料，见表13-2、表13-3。

表 13-2 德生 202T 型调频/调幅/电视伴音收音机套件主要元器件清单

文字符号	名称（规格）	文字符号	名称（规格）	文字符号	名称（规格）
IC	集成电路（CD1191CB）	C_6	瓷片电容器（0.04μF）	C_{20}	电解电容器（220μF）
VD	二极管（1N4148）	C_7	瓷片电容器（1pF）	C_{21}	瓷片电容器（0.04μF）
VL	（GYFR503）发光二极管	C_8	电解电容器（4.7μF）	L_1	电感线圈（4×4.5T）
R_1	电阻器（2.2kΩ）	C_9	瓷片电容器（0.02μF）	L_2	电感线圈（3×11.5T）
R_2	电阻器（330Ω）	C_{10}	瓷片电容器（15pF）	L_3	电感线圈（3×12.5T）
R_3	电阻器（100kΩ）	C_{11}	瓷片电容器（100pF）	L_4	色环电感器（100μH）
R_4	电阻器（10kΩ）	C_{12}	瓷片电容器（0.01μF）	T_1	AM（磁棒）线圈
R_5	电阻器（10kΩ）	C_{13}	电解电容器（4.7μF）	T_2	AM 振荡线圈（红）
R_6	电阻器（680Ω）	C_{14}	电解电容器（10μF）	T_3	AM 中频变压器（黄）
C_1	可变电容器(444HF—4CAF)	C_{15}	瓷片电容器（0.02μF）	T_4	FM 移相线圈
C_2	瓷片电容器（30pF）	C_{16}	瓷片电容器（0.04μF）	Z_1	滤波器（465kHz）
C_3	瓷片电容器（30pF）	C_{17}	电解电容器（10μF）	Z_2	滤波器（10.7MHz）
C_4	瓷片电容器（30pF）	C_{18}	贴片电容器0805型（0.1μF）	RP	电位器（20kΩ）
C_5	电解电容器（10μF）	C_{19}	电解电容器（220μF）	H	扬声器（8Ω）

表 13-3　德生 202T 型调频/调幅电视伴音收音机套件结构件清单

序号	名　　称	数量	序号	名　　称	数量
1	面壳、手挽带	2 个	9	电源小板	1 个
2	底壳、电池门	2 个	10	负极弹簧	1 个
3	印制电路板	1 个	11	引线	6 个
4	跳线（J_1、J_2、J_3、J_4）	4 个	12	调谐盘、音量盘	2 个
5	波段转换小板	1 个	13	电源开关按钮、波段按钮	2 个
6	耳机接插小板	1 个	14	指针、镜片	2 个
7	耳机插座	1 个	15	固定螺钉	9 个
8	磁棒、磁棒支架	2 个	16	天线	1 个

（2）核对与检查　根据表 13-2、表 13-3 对照图 13-1 核实元器件及各种结构件。

1）外观检查。要求元器件外观完整无损、标志清晰，引线无锈蚀和断脚等现象。观察电位器的引线是否松动，转动转轴时感觉是否平滑，不应有过松过紧等情况；观察电感线圈的表面有无发霉现象，绝缘有无损坏，线圈是否松散，引脚有无折断或生锈等现象。如果电感器带有磁心（如中频变压器、振荡线圈），还要检查磁心的螺纹是否配合，有无松脱现象。

2）质量检查。电阻器、电容器、二极管、变压器等常用元器件的具体检查方法见实验与实训 11 有关内容。

（3）装配　装配原则：安装时先装低矮或耐热的元器件（如电阻），再装大一点的元器件，最后安装怕热的元器件。

元器件安装质量好坏，直接影响到产品的电路性能与功率，要按照电子工艺规范的焊接技术认真练习后，再进行整机的安装。

建议装配顺序：

1）贴片部分。印制电路板、跳线（4 个）、CD1191CB 芯片、0805 贴片电容器。

2）较小的元器件。金属膜电阻器（5 种）、瓷介电容器（7 种）、二极管（2 个）、色环电感器、电感线圈（3 个）。

3）较大的元器件。滤波器（2 个）、电解电容器（3 种）、电位器、薄膜介质可变电容器、AM 中频变压器、AM 振荡线圈、FM 移相线圈、磁棒支架、磁棒、AM 线圈。

4）小板部分。波段转换小板、耳机接插小板、耳机插座、扬声器、引线。

5）电源部分。电源小板、负极弹簧、引线。

6）开关部分。调谐盘、音量盘、电源开关按钮、波段按钮。

7）机械部分。面壳、镜片、指针、底壳、手挽带、电池门。

（4）检测　收音机组装完毕后，需要进行检测和调试，可按以下步骤进行：

1）通电前的检测。对安装好的印制电路板进行自检和互检，主要检查各元器件位置与图样所示的位置是否相同，二极管、电解电容器的极性是否正确，焊点有无虚焊、短路等情况（焊接之前和焊接之后分两步进行）。焊接完的印制电路板通过检查无误后可装配其他部分结构件。

2）通电后的初步检测。具体检测方法如下：

① 将电位器开关关掉，用万用表的 50mA 档，将表笔跨接在电位器开关两端（黑表笔

接电池负极，红表笔接开关的另一端），若电流小于10mA，则说明可以通电。

② 收音机装上电池（注意正、负极性），测量电源电压3V，不得小于2.8V。

③ 若装上电池后，电源指示灯不亮：检查电池是否装反；检查电源小板上的跳线是否焊接好；检查电源线、地线是否焊接好。如果以上情况都不存在，检查是否元器件焊反或焊错位置，是否存在虚焊或搭焊现象。

④ 若装上电池后，电源指示灯亮，但扬声器没有声音：检查元器件是否焊反或焊错位置了，是否存在虚焊或搭焊现象。

⑤ 若装上电池后，电源指示灯亮，扬声器有声音，但是收不到电台：检查AM天线或拉杆天线部分（看看黄线是否焊接在了主印制电路板W和拉杆天线上）。

⑥ 若电源开关按钮很紧，开关困难：电源开关按扭和波段开关按扭安装反了。

⑦ 若音量旋钮不起作用：检查电位器的5个焊点是否都进行了焊接，是否焊接完好。

⑧ 若调谐盘转动时存在阻力：调谐盘和附近元器件存在摩擦，将附近元器件位置放低些。

（5）测试与调试　相对来讲，集成电路收音机的调试项目比分立元器件收音机调试的内容要少，因为各功能电路都在集成芯片内，各级电路静态工作点按要求设计，不必再进行调整，所以只对调幅和调频部分进行必要的测试和调试。

1）调幅（AM）部分。

① 静态测试。将收音机波段开关 S_2 置于AM位置，此时收音机为中波接收状态，将收音机调至无电台的位置。

断开电源，将万用表调至直流电流档（50mA），跨接在开关两端，此时的静态电流值为8mA左右。

接通电源，将万用表调至直流电压档（10V），分别测试集成电路各脚的电位。记录并填入实训报告表，正常情况下的测试结果见表13-4。

表13-4　调幅（AM）状态下集成电路各引脚参考电压

引脚	电压/V	引脚	电压/V	引脚	电压/V	引脚	电压/V	引脚	电压/V	引脚	电压/V	引脚	电压/V
1	0.4	5	1.3	9	1.3	13	0	17	0	21	1.5	25	2.3
2	2.7	6	1.4	10	1.3	14	0.002	18	0	22	1.1	26	3
3	1.5	7	1.3	11	0	15	0	19	0	23	1.0	27	1.5
4	1.3	8	1.3	12	0	16	0	20	0	24	0.002	28	0

② AM中频频率的调试。将AM/FM高频信号发生器的调制方式开关置于AM，调制量程开关置于30（即调制度为30%），调制选择开关置于1000（即调制频率为1000Hz），载波频率调到465kHz。

为避免电台信号的干扰，将收音机的可变电容器旋至频率的低端（此处无电台广播），接通电源并将音量电位器调到最大音量处，使收音机接收到高频信号发生器环形天线发射的调幅中频信号，可适当调整高频信号发生器的输出强度，使扬声器发出清晰的1000Hz音频声，在扬声器的两端接入示波器，观看1000Hz信号波形（也可用毫伏表测量扬声器两端的电压值）。用无感螺钉旋具调整中频变压器 T_3 的磁帽使声音最大，或使示波器显示的正弦信号幅度最大且不失真、无干扰。

另外，可在高频信号发生器的射频输出电缆端串接一个0.01～0.047μF的电容器，将信号直接加在集成电路的14脚（FM/AM中频输出端）上，调整中频变压器T_3的磁帽使声音最大。

③ AM频率范围的调试。高频信号发生器的设置不变，根据频率范围的高、低改变载波频率。示波器接到扬声器的两端。

将收音机的四联电容器（C_{1a}/C'_{1a}～C_{1d}/C'_{1d}）旋到低频端（旋到底），高频信号发生器的载波频率调到535kHz，收音机将通过磁性天线接收到高频信号发生器所发射的信号（可将信号发生器的输出电缆线直接夹在磁棒上），用无感螺钉旋具调整振荡线圈T_2的磁帽，示波器显示正弦波，并使其幅值最大。

然后，将高频信号发生器的载波频率调到1605kHz，并将收音机的四联电容器旋至高频端（旋到底），调整振荡回路的补偿电容（C'_{1d}），示波器显示正弦波，并使其幅值最大。

高、低端频率在调整时相互影响，所以要反复调整几次，直到调准为止。

④ AM统调。高频信号发生器的设置不变，载波频率调到800kHz，将其输出电缆线直接夹在磁棒上。

调节频率调谐盘，使收音机收到800kHz信号，此时用无感螺钉旋具调整磁性天线T_1线圈的位置。观察示波器的波形，使其波形最好且幅值最大。

将高频信号发生器的载波频率调到1200kHz，调节频率调谐盘，使收音机收到1200kHz信号，此时用无感螺钉旋具调整补偿电容（C'_{1a}）。观察示波器的波形，使其波形最好且幅值最大。

高、低端频率在调整时相互影响，同样要反复调整几次，直到调准为止。

2）调频（FM）部分。

① 静态测试。将收音机波段开关S_2置于FM位置，此时收音机为调频接收状态，将收音机调至无电台的位置。

断开电源，将万用表调至直流电流档（50mA），跨接在开关两端，此时的静态电流值为6mA左右。

接通电源，将万用表调至直流电压档（10V），分别测试集成电路各引脚的电位。记录并填入实训报告表中，正常情况下的测试结果见表13-5。

表13-5 调频（FM）状态下集成电路各引脚参考电压

引脚	电压/V	引脚	电压/V	引脚	电压/V	引脚	电压/V	引脚	电压/V	引脚	电压/V	引脚	电压/V
1	0.1	5	1.3	9	1.3	13	0	17	1.3	21	1.3	25	2.7
2	2.2	6	1.3	10	1.3	14	0.004	18	0	22	1.3	26	3
3	1.5	7	1.3	11	0	15	1.3	19	0	23	1.3	27	1.5
4	1.3	8	1.3	12	0.4	16	0	20	0	24	0	28	0

② FM中频频率的调试。将AM/FM高频信号发生器的调制方式开关置于FM，调制量程开关置于30（即调制度为30%），调制选择开关置于1000（即调制频率为1000Hz），载波频率调到10.7MHz。

为避免电台信号的干扰，将收音机的可变电容器旋至频率的低端（此处无电台广播），接通电源并将音量电位器调到最大音量的2/3处。信号可由拉杆天线接收，或在高频信号发生器的射频输出电缆端串接一个100pF的电容器，将信号直接加在集成电路的14脚（FM/AM中频输出端）上。

可适当调整高频信号发生器的输出强度，使扬声器发出清晰的1000Hz音频声，在扬声器的两端接入示波器，观看1000Hz信号波形。用无感螺钉旋具调整FM移相线圈（T_4）的磁帽使声音最大，示波器显示的正弦信号幅度最大且不失真、无干扰。

③ FM频率范围的调试。电视伴音2～5频道的载波频率为64.25～91.75MHz，调频广播的载波频率为88～108MHz。高频信号发生器的设置不变，根据频率范围的高、低改变载波频率。示波器接到扬声器的两端。

将收音机的四联电容器旋到低频端（旋到底），高频信号发生器的载波频率调到64.25MHz，收音机将通过拉杆天线接收到高频信号发生器所发射的信号（可将信号发生器输出电缆线直接夹在拉杆天线上，另一端接地），用无感螺钉旋具调整调频振荡线圈L_3的匝间距离，示波器显示正弦波，并使其幅值最大。

然后，将高频信号发生器的载波频率调到108MHz，收音机的四联电容器旋至高频端（旋到底），调整调频振荡回路的补偿电容（C'_{1c}），示波器显示正弦波，并使其幅值最大。

高、低端频率在调整时相互影响，同样要反复调整几次，直到调准为止。

④ FM统调。高频信号发生器的设置、接法及示波器的接法不变，载波频率调到88MHz，将其输出电缆线直接夹在拉杆天线上。

调节频率调谐盘，使收音机收到88MHz信号，此时用无感螺钉旋具调整调频调谐回路线圈L_2的匝间距离。观察示波器的波形，使其波形最好且幅值最大。

将高频信号发生器的载波频率调到108MHz，调节频率调谐盘，使收音机收到108MHz信号，此时用无感螺钉旋具调整补偿（C'_{1b}）。观察示波器的波形，使其波形最好且幅值最大。

高、低端频率在调整时相互影响，同样要反复调整几次，直到调准为止。

统调的频点也可自己设定为72MHz、90MHz及104MHz，调试方法同上。

（6）收音机产品的验收 按照产品出厂的要求进行验收。

1）外观：机壳及频率盘清洁完整，不得有划伤、烫伤及缺损。

2）印制电路板安装整齐美观，焊接质量好、无损伤。

3）导线焊接可靠，不得有虚焊，特别是导线与正、负极的焊接位置和质量要好。

4）整机安装合格：转动部分灵活、固定部分可靠、后盖松紧合适。

5）性能指标要求。

① 频率范围：AM广播535～1605kHz；FM广播88～108MHz；电视伴音2～5频道的频率为64.25～91.75MHz。

② 灵敏度较高。

③ 收音机的音质清晰、洪亮、噪声低。

5. 实训报告要求

1）画出调频/调幅/电视伴音收音机的原理图。

2）按实训要求内容整理测量数据。

3）简述收音机的安装、调试的步骤与方法。

4）记录在安装与调试过程中遇到的问题、常见故障及排除方法。

实验与实训14

实用调幅及发射电路

实用调幅及发射电路如图 14-1 所示。它由振荡、缓冲、选频放大、高频功放（集电极调幅）及发射电路组成。

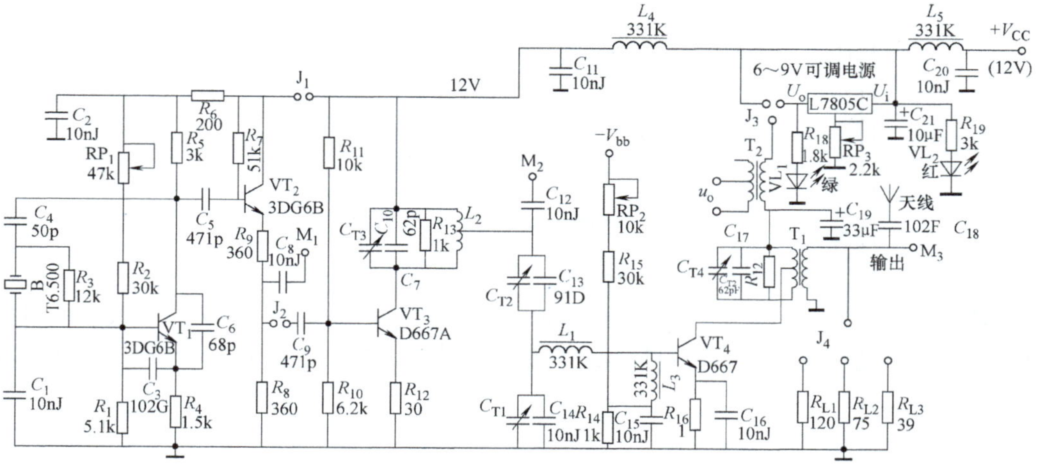

图 14-1　实用调幅及发射电路

在观察实际电路或读实用电路图时，请注意以下三点：

1）色环元件误差：精密元件第五环棕色表示 ±1%，红色表示 ±2%；普通元件第四环金色表示 ±5%，银色表示 ±10%。

2）误差的文字符号意义：D 表示 ±0.5%，F 表示 ±1%，G 表示 ±2%，J 表示 ±5%，K 表示 ±10%。

3）电阻的默认单位是欧姆（Ω）。电容的默认单位是皮法（pF），例如，10nJ = 10000pF = 0.01μF，误差为 ±5%，$102F = 10 \times 10^2 pF = 1000pF = 0.001μF$，误差为 ±1%。电感的默认单位是微亨（μH），例如，$331K = 33 \times 10^1 μH = 330μH$，误差为 ±10%。

振荡电路：以晶体管 VT_1 为核心的电路与石英晶体 B 组成并联型石英晶体振荡电路。振荡输出信号频率为 6.5MHz，调节电位器 RP_1 可改变输出信号的幅度。

缓冲电路：以 VT_2 为核心组成射极输出器电路，电路具有输入电阻高，输出电阻低的特点，可减小负载对振荡电路的影响，提高带负载能力。

选频放大电路：以 VT_3 为核心的电路与选频网络组成选频放大电路，调节可变电容 C_{T3} 使选频网络谐振在 6.5MHz 频率上。

高频功放（集电极调幅）及发射电路：以 VT_4 为核心的电路与选频网络、变压器（T_1、T_2）和天线等组成高频丙类谐振功率放大器（集电极调幅）电路及发射电路。

J_1、J_2、J_3、J_4 为跳线，M_1、M_2 为测试点。

高频振荡、缓冲及选频放大电路如图 14-2 所示。

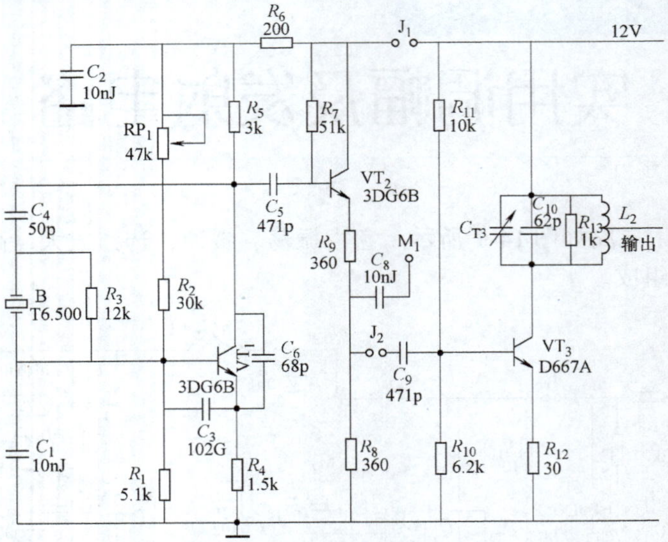

图 14-2　高频振荡、缓冲及选频放大电路

高频功放（集电极调幅）及发射电路如图 14-3 所示。图中以 L7805C 为核心的电路与电位器 RP_3 组成直流稳压电路。调节 RP_3 使稳压电路输出电压范围为 6～9V，以满足高频功放电路的要求。

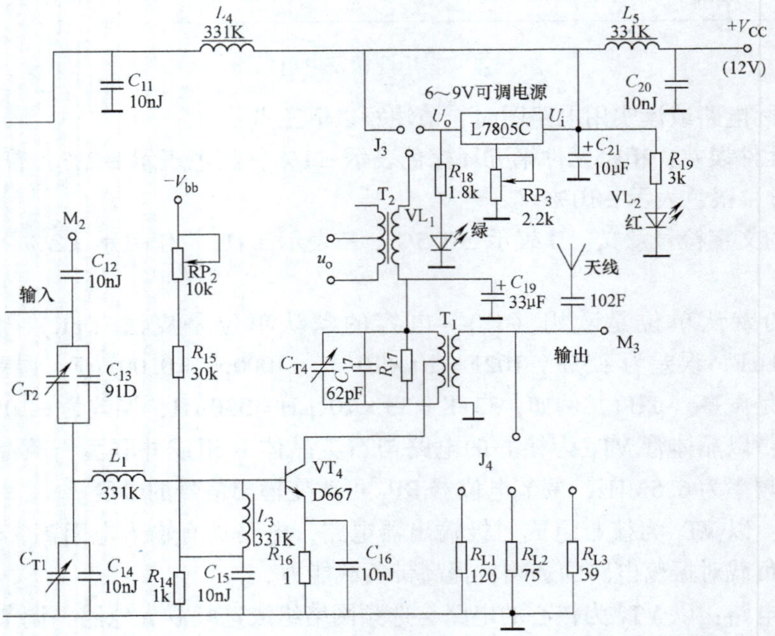

图 14-3　高频功放（集电极调幅）及发射电路

实验内容及步骤参见“实验与实训 2　高频丙类谐振功率放大器”。